Luc D'Haeninck • Leen Dekeersmaeker
ICT: Bart Vanopré

BIOgenie 3.2

Biologie voor het derde leerjaar

leerboek

KÉNO

de boeck

m.m.v.
Paul Busselen
Geert Hespel
Peter Hespel
Johan Verbanck
leerkrachten van de proefscholen Immaculata-instituut De Panne, Xaveriuscollege Borgerhout,
Sint-Jozefinstituut Oostende en Sint-Victor Turnhout

Science Photo Library: p. 30 – 54 – 90 – 112 – 114 – 115 (2) – 125 – 178 – 208 – 218

Corbis: p. 9 – 10 – 11 (2) – 12 (3) – 13 – 14 – 16 – 17 (2) – 18 – 20 (2) –
                         21 (2) – 23 – 29 – 31 – 34 – 37 – 40 – 42 – 44 (3) – 46 – 47 – 48
                         – 49 (3) – 50 – 54 – 55 – 56 (3) – 57 – 60 – 62 (3) – 64 – 65 – 67
                         (3) – 68 – 69 (2) – 70 – 74 – 76 (3) – 77 (3) – 78 – 81 (2) – 82 (3)
                         – 84 – 86 (5) – 87 (3) – 92 – 94 (3) – 95 – 97 – 99 – 101– 102
                         (2) – 103 – 106 – 108 (2) – 109 – 112 (7) – 113 – 115 – 116 (4)
                         – 117 (3) – 120 – 123 (2) – 126 – 127 (2) – 128 – 131 (2) – 132
                         – 133 – 134 – 137 – 138 (2) – 139 – 140 – 141 – 142 – 146 –
                         148 – 149 – 151 – 152 – 153 – 154 (2) – 156 (3) – 157 (3) – 160
                         – 163 – 165 – 167 – 172 – 175 (3) – 178 – 180 – 182 – 183 –
                         188 – 192 – 193 – 194 (2) – 197 – 210 – 216 – 218 – 219 (2) –
                         224 – 226 – 227 – 232

Louis Schoeters: p. 10 – 155

Vormgeving, zetwerk en tekeningen: Geert Verlinde

2de druk, 5de oplage 2015

© 2012 Uitgeverij De Boeck nv, Berchem
Verantwoordelijk uitgever: Uitgeverij De Boeck nv, Belpairestraat 20, 2600 Berchem

Wettelijk depot: D/2012/9442/143
ISBN 978 90 455 3963 8
NUR 126

Woord vooraf voor de leerling

Mensen zijn nieuwsgierige wezens. We onderzoeken en verkennen en zijn continu op zoek naar nieuwe ervaringen, voorwerpen en omgevingen. Als we onbekende fenomenen of nieuwe dingen ontdekken, willen we ook weten hoe die in elkaar zitten en hoe ze precies werken.

De leerinhouden van het derde jaar biologie behandelen heel wat van die menselijke kenmerken. De manier waarop je de omgeving waarneemt met je zintuigen, hoe in je lichaam de opgenomen informatie wordt verwerkt en hoe je erop reageert, vormen de rode draad doorheen BIOgenie 3.

Wellicht heb je al gewerkt met BIOgenie+ 1 en 2 en herken je ook in BIOgenie 3 de **pijlers van de BIOgenie-methode**.

- De tekst is opgebouwd rond **kernwoorden** die **vetgedrukt** zijn.

- De rijkdom aan **illustraties** en de bijbehorende **onderschriften** maken het je mogelijk de leerstof op een zo concreet mogelijke manier voor te stellen.

- De **samenvatting** aan het einde van elk thema moet je helpen bij het zoeken naar samenhang tussen de verschillende onderdelen van een thema.

Deze 3 pijlers zijn handige instrumenten om de leerstof te herhalen in functie van een overhoring of examen.

Ook in BIOgenie 3 vind je tussen de **basisleerstof** teksten op een gekleurde achtergrond en aangekondigd met een BIOgenie-icoontje. Deze 'weetjes' geven extra informatie over een bepaald onderwerp. Dergelijke aanvulling van de basisleerstof is vooral voer voor de leer- en weetgierige student.

De **verdiepingsleerstof** wordt aangeduid met de letter V en de **uitbreidingsleerstof** met de letter U.

Naast de feitenkennis die van je wordt verwacht, moet je ook op een inzichtelijke manier kunnen nadenken over een aantal **biosociale problemen**. Zo proberen we je inzicht te geven in de oorzaken van toenemend gehoorverlies en diabetes bij jongeren, en ook in de gevolgen van druggebruik.

We hopen dat werken met BIOgenie 3 een aangename en leerrijke ervaring mag zijn!

De auteurs

Inhoud

Deel 2
Organismen reageren op prikkels
uit hun omgeving 106

Deel 3
Organismen verwerken prikkels   160

Inleidende begrippen

INHOUD

1 Organismen kunnen reageren op prikkels

1.1 Prikkel en reactie

Dat organismen kunnen reageren op prikkels, kun je uit de volgende **waarnemingen** en **voorbeelden** afleiden:

- Als er fel licht in je ogen valt, knijp je je ogen toe of wend je je hoofd af.
- Een rinkelende bel aan een spooroverweg trekt je aandacht en doet je afremmen en stoppen.
- Bij het pellen van een ui beginnen je ogen te tranen.
- Een pasgeboren baby vertoont een grijpreflex als je zijn handpalm aanraakt.
- Als je plots schrikt, gaat je hart sneller slaan.
- Bij het sporten, ga je zweten.
- Als een merelwijfje vlakbij haar nest neerstrijkt, sperren de jongen hun bekjes wijd open.
- Een waakhond is bij het minste geluid alert.
- De alarmroep van een merel doet zijn soortgenoten opvliegen.
- Pissebedden zoeken een donkere en vochtige omgeving op.
- Een kalfje dat honger heeft, zoekt bij het moederdier de tepel om melk te drinken.
- Insecten, zoals bijen en hommels, worden gelokt door de kleur en de geur van bloemen.
- Regenwormen kruipen dieper of minder diep in de bodem naargelang het bodemwater lager of hoger staat.

Fig. 1 Een baby reageert op aanraking van zijn handpalm met een grijpreflex.

Uit al die voorbeelden kun je afleiden dat een **prikkel een waarneembare verandering is die bij een organisme een reactie uitlokt**. De **reactie** zelf komt neer op een **activiteit**, op iets wat het organisme doet.

Fig. 2 Mereljongen sperren hun bekje open als de moedervogel neerstrijkt vlakbij het nest.

Fig. 3 Een hongerig kalfje gaat melk drinken bij de koe.

1.2 Uitwendige en inwendige prikkels

De prikkels waarop organismen reageren, zijn dikwijls **veranderingen in de omgeving** van het organisme. In dat geval spreken we van **uitwendige prikkels**. Zo zijn licht, geluid, warmte, koude, aanraking en geuren voorbeelden van uitwendige prikkels.

Veranderingen in het lichaam van organismen kunnen ook een reactie uitlokken. Die veranderingen noemen we **inwendige prikkels**, zoals bv. honger, dorst en warmteproductie als gevolg van spierwerking.

Fig. 4 Dorst is een voorbeeld van een inwendige prikkel; de reactie is drinken.

1.3 Chemische en fysische prikkels

Volgens de aard van de prikkel maken we een onderscheid tussen chemische en fysische prikkels.

Chemische prikkels hebben rechtstreeks te maken met **stoffen** die prikkelend werken, zoals reukstoffen en smaakstoffen. Bij weefselbeschadiging, bv. bij een kneuzing, komen er stoffen vrij die werken als inwendige chemische prikkels en een ontsteking veroorzaken.

Fysische prikkels zijn veranderingen die meestal te maken hebben met **kracht** en **energie**. Voorbeelden van fysische prikkels zijn druk, aanraking, zwaartekracht, licht, geluid en warmte.

Fig. 5 De stoffen die vrijkomen bij weefselbeschadiging zijn inwendige chemische prikkels; de reactie is een ontsteking met lokale zwelling en roodheid.

1.4 Prikkeldrempel

Om een reactie op een prikkel uit te lokken, moet de **prikkel sterk genoeg** zijn. Zo kan het gebeuren dat op een fuif waar veel achtergrondlawaai is, iemand je naam roept en dat je het niet hoort. Je wordt dan niet geprikkeld, waardoor je niet reageert.

In verband met de sterkte van een prikkel hanteren we het begrip **prikkeldrempel**. Het is de **minimumsterkte waarbij een bepaalde prikkel nog waarneembaar is**. Zo is een te zwak geluid dat je niet meer hoort, een prikkel die onder de prikkeldrempel blijft.

2 Structuren om te reageren op prikkels

2.1 Receptoren

Zien, horen, ruiken, smaken, voelen zijn voor mens en dier maar mogelijk als ze in staat zijn bepaalde prikkels te registreren. Dat gebeurt in de **zintuigen** waarin bepaalde cellen liggen die gevoelig zijn voor specifieke prikkels. Die cellen noemen we **receptoren**. Zo is het oog een zintuig waarin lichtreceptoren, lichtgevoelige cellen, liggen. Het **vermogen om je zintuigen te gebruiken**, noemen we de **zin**. Zo is het oor een zintuig; het vermogen om te horen is de gehoorzin.

Fig. 6 Ray Charles, legendarisch blind pianist.
Bij een blinde ontbreekt de gezichtszin. De tast- en gehoorzin zullen zich bijzonder goed ontwikkelen ter compensatie.

2.2 Effectoren

Reacties op prikkels zijn heel dikwijls **bewegingen**. Die komen tot stand door **spierwerking**. Soms reageer je door **klierwerking** nl. door afscheiding van stoffen uit **klieren**, bijvoorbeeld als je zweet.
Spieren en klieren die een reactie bewerkstelligen, noemen we **effectoren**.

Fig. 7
Spieren zijn effectoren.

Fig. 8
Zweetklieren zijn effectoren.

2.3 Conductoren

Van de receptoren moeten signalen naar de effector. Voor de geleiding van die signalen (impulsen) zorgt het **zenuwstelsel**. Daarnaast kan ook het **hormoonstelsel** signalen (hormonen) versturen.

Zenuwstelsel en hormoonstelsel noemen we **conductoren** omdat ze als geleider werken tussen receptoren en effectoren.

2.4 Samenhang tussen receptoren, conductoren en effectoren

Receptoren, conductoren en effectoren werken gecoördineerd. Dat kun je afleiden uit het volgende **voorbeeld**.

Stel dat je je handen warmt bij een vuur. Als het te heet wordt, trek je je handen terug. Hoe komt deze efficiënte reactie tot stand?

De receptoren voor warmte liggen in je huid. Die geven een signaal naar de hersenen (conductoren). Van daaruit vertrekt er opnieuw een signaal naar je spieren (effectoren), zodat je je handen van het hete vuur weg zal bewegen. Door de samenwerking van receptoren, conductoren en effectoren zul je je handen niet verbranden.

Fig. 10 stelt de onderlinge **samenhang tussen receptoren, conductoren en effectoren** in een schema voor.

Fig. 9 Je handen op tijd terugtrekken van een heet vuur is een voorbeeld van coördinatie tussen receptoren, conductoren en effectoren.

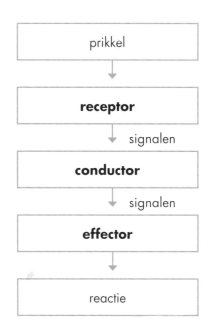

Fig. 10 Schema van de samenhang tussen receptor, conductor en effector bij de reactie op een prikkel

THEMA

1

LICHTRECEPTOREN

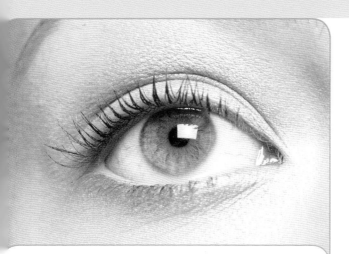

INHOUD

Waarover gaat dit thema?

Organismen krijgen veel informatie over hun omgeving in de vorm van **lichtprikkels**. Mens en dier registreren lichtprikkels met hun ogen. Daarin bevinden zich lichtgevoelige cellen, **lichtreceptoren** of **fotoreceptoren** die lichtprikkels omvormen tot elektrische signalen (impulsen). Die signalen worden naar de hersenen vervoerd. Dat leidt tot de gewaarwording van het **zien**.

In dit thema leer je hoe ingenieus het **menselijk oog** gebouwd is en functioneert om scherpe beelden van de omgeving te maken.
Ook enkele **stoornissen van het oog**, zoals scheelzien, astigmatisme, cataract, netvliesloslating, accommodatieafwijkingen, nachtblindheid, kleurenslechtziendheid en glaucoom komen aan bod. Daarbij bespreken we de oorzaak van de stoornissen en hoe ze kunnen gecorrigeerd of behandeld worden.

Organismen krijgen veel informatie over hun omgeving in de vorm van lichtprikkels. Zoals je weet, is licht **zichtbare straling**, straling die je dus met je ogen kan waarnemen. Omdat straling het uitzenden van **energie als golven** is, kunnen we straling – en dus ook licht – voorstellen als een golfbeweging met een bepaalde **golflengte**. De golflengte is de afstand tussen opeenvolgende toppen van een golf.

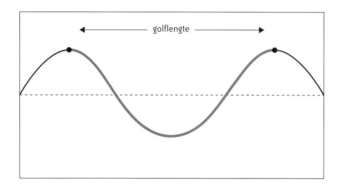

Fig. 1.1 Voorstelling van golflengte

Een deel van het licht, uitgestraald door de zon, is **zichtbaar licht** dat een golflengte van 400 tot 700 nm heeft (1 nanometer = 1 nm = 0,000 000 001 m = 10^9 m). Elke golflengte komt overeen met een bepaalde **kleur**.

Wit licht (bv. van de zon, van een lamp ...) wordt door een prisma gebroken en daarbij ontbonden in alle zichtbare kleuren tussen rood en violet. We noemen die waaier van kleuren het **kleurenspectrum** met als hoofdkleuren rood, oranje, geel, groen, blauw, indigo en violet (roggbiv). Wit licht bestaat dus uit alle zichtbare kleuren.
Als het regent terwijl de zon schijnt, kan je soms een regenboog zien. De waterdruppels breken het witte zonlicht waarbij het wordt ontbonden in alle kleuren waaruit het zonlicht is samengesteld.

Ⓐ
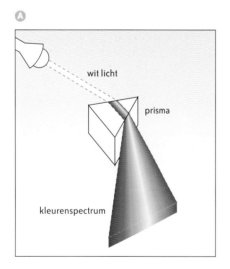

Ⓑ

400 nm　　　　　　　　　　　　　　　　　　　　　70

Ⓒ

Fig. 1.2
A Wit licht wordt door een prisma ontbonden in een kleurenspectrum.
B Het spectrum van zichtbaar licht, van korte (400 nm) naar lange (700 nm) golflengte
C Een regenboog kan ontstaan wanneer wit licht door waterdruppels wordt ontbonden in een kleurenspectrum.

2 Bouw van het oog

2.1 Beschermende delen rond het oog

Het oog is gelegen in de **oogkas**. Dat is een trechtervormige holte die gevormd wordt door meerdere beenstukken van de aangezichtsschedel.

De oogbol heeft een diameter van ongeveer 24-25 mm en is omgeven door een **vetkussen**. Het vet vult de ruimte tussen de oogkas en de oogbol op. Op die manier is het oog zowel beschermd door een benig omhulsel als door een zacht omhulsel. Het vetkussen houdt de oogbol op zijn plaats en kan schokken opvangen.

Op de huid boven de ogen staan de **wenkbrauwen**. De haren van de wenkbrauwen zijn dik en staan zo ingeplant dat ze naar opzij wijzen. Zo verhinderen ze dat water en zweet van het voorhoofd rechtstreeks in de ogen lopen.

De dunne huidplooien boven en onder het oog zijn de **oogleden**. Aan de binnenkant van de oogleden zet de huid zich voort in de vorm van een slijmvlies. De oogleden beschermen de ogen tegen stofdeeltjes en te fel licht.

Het **sluiten van de ogen** gebeurt met een kringspier die rond het oog ligt. Bij prikkeling door een tekort aan traanvocht, stof of sterk licht sluiten we de oogleden reflexmatig. Die reactie is de **lidslagreflex**.
Voor het **openen van de ogen** is er de **ooglidopheffer**, een spier die het bovenste ooglid omhoog trekt. Het onderste ooglid zakt vooral door de zwaartekracht naar beneden.

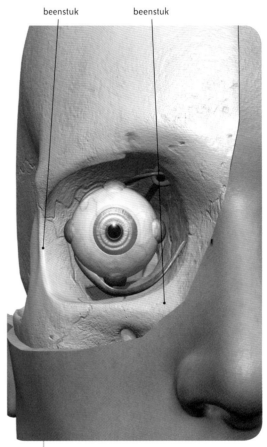

beenstuk   beenstuk

Fig. 1.3 Tussen de benige oogkas en de oogbol is er ruimte voor het vetkussen.

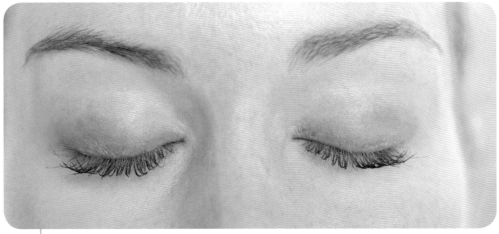

Fig. 1.4 Wenkbrauwen, oogleden en wimpers beschermen de ogen.

Op de randen van de oogleden staan er **wimpers**. Ze beschermen de ogen tegen inwaaiend stof. Tussen de inplantingen van de wimperharen liggen er **talgklieren**. Ze produceren talg, een waterafstotende stof. Door de vettige talg zal het traanvocht de randen van de oogleden niet week maken. Daardoor zijn die randen minder vatbaar voor infecties.

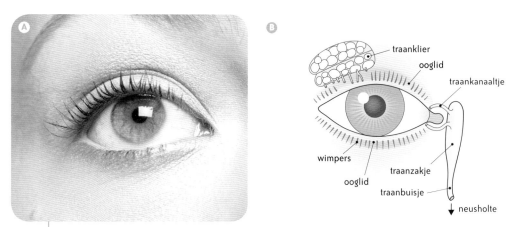

Fig. 1.5 De wimpers (A) en de traanklier met afvoerwegen (B) van het rechteroog

Om te voorkomen dat het oppervlak van het oog zou uitdrogen, wordt het continu vochtig gehouden door het traanvocht van de **traanklieren**. Deze klieren liggen zijdelings in de bovenhoeken op de oogbol.

Traanvocht is vooral water met een beetje zout. Het bevat ook een bacteriedodende stof en heeft daardoor een ontsmettende werking. Via een aantal afvoerbuisjes komt het traanvocht op de voorkant van het oog terecht en wordt het door de ooglidbewegingen uitgesmeerd.

Het **traanvocht wordt continu afgevoerd** via twee traankanaaltjes die samenkomen in het traanzakje. Het traanbuisje verbindt het traanzakje met de neusholte, waar het traanvocht zal verdampen. Wanneer het verdampen niet snel genoeg gebeurt, ga je snotteren. Als je meer traanvocht produceert dan de traankanaaltjes kunnen verwerken, zullen tranen over je wangen lopen (huilen).

2.2 Oogspieren

2.2.1 Functie van de oogspieren

Onze ogen maken voortdurend bewegingen. Daarvoor zijn er op de oogbol zes oogspieren aangehecht: vier rechte en twee schuine. De **rechte oogspieren** gebruik je om de ogen naar links en naar rechts te bewegen en om naar boven of naar onder te kijken.

De bovenste en onderste rechte oogspieren zijn zo gericht dat ze tegelijk de ooglens naar de neus richten. De **schuine oogspieren** compenseren dat en beletten zo dat je scheelziet.

Gewoonlijk werken de zes oogspieren zo samen dat beide ogen op eenzelfde punt gericht zijn. Dat punt is het **fixatiepunt**.

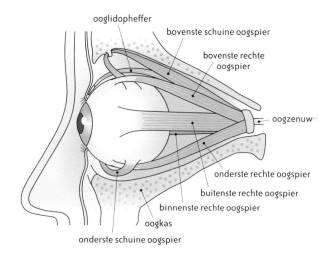

Fig. 1.6 De linkeroogbol met de zes oogspieren. De ooglidopheffer wordt niet tot de oogspieren gerekend omdat die niet aangehecht is op de oogbol maar wel op het bovenste ooglid.

2.2.2 Stoornis in de functie van de oogspieren: scheelzien

Soms zijn de oogspieren, die gestuurd worden vanuit de hersenen, niet in staat de ogen te coördineren op het fixatiepunt. De ogen kijken dan niet in dezelfde richting en we spreken van **scheelzien** of loensen (ook strabisme genoemd).

Bij kinderen kan scheelzien behandeld worden met het **afdekken van het goede oog**. De bedoeling hiervan is om de spieren van het weg-draaiende oog – het zogenaamde luie oog – meer te oefenen.
Soms is een **operatie aan de oogspieren** no-dig. Daarbij worden de aanhechtingspunten van oogspieren verplaatst om een blijvende verbete-ring te verkrijgen.

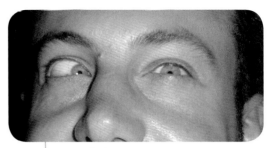

Fig. 1.7 Scheelzien

2.3 Inwendige bouw van het oog

2.3.1 Oogbolwand

De wand van de oogbol bestaat uit drie lagen, ook **oogvliezen** of **oogrokken** ge-noemd.

* **Hard oogvlies**

    Het **harde oogvlies** is de **buitenste oogrok**. Het is wit van kleur en erg dik, waardoor het de hele oogbol beschermt. Vooraan is het harde oogvlies doorzichtig en heet het **hoornvlies**. Het hoornvlies is sterker gekromd dan het harde oogvlies en puilt daarom wat naar voren uit.

* **Vaatvlies**

    Het **vaatvlies** vormt de **mid-delste oogrok**. Het is rijk aan bloedvaten en heeft daardoor een rode kleur. Via de bloedva-ten heeft het vaatvlies een voe-dende functie voor het oog.
    Vooraan in het oog splitst het vaatvlies in twee kringvormige delen. Het eerste is het **straal-lichaam**, waarin zich een kring-spier bevindt: de **accommoda-tiespier**. Aan het straallichaam is de ooglens opgehangen door middel van **lensbanden**.
    Het tweede kringvormige deel is de **iris of het regenboog-vlies**. Het ligt tegen de lens aan. De iris is rijk aan pigment en is daardoor gekleurd. Het ronde gaatje in de iris is de **pupil**.

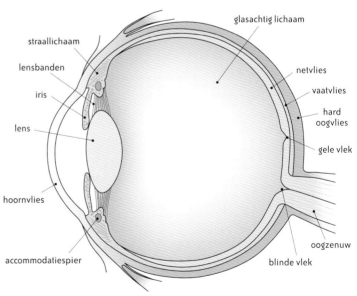

Fig. 1.8 Doorsnede van het oog

* **Netvlies**

    Het **netvlies** is de **binnenste oogrok**. Het ligt aan de binnenkant tegen het vaat-vlies. Het netvlies bevat de lichtgevoelige cellen, nl. de **lichtreceptoren** of **fotore-ceptoren** (zie 3.4.1). Die cellen liggen het dichtst bij elkaar in de **gele vlek**. Op de plaats waar de **oogzenuw** de oogbol verlaat, liggen er geen lichtreceptoren in het netvlies. Daar bevindt zich de **blinde vlek**.

2.3.2 Afwijking in de kromming van het hoornvlies: astigmatisme

Bij een normaal oog vertoont het **hoornvlies in elke richting dezelfde kromming**. Het is voor te stellen als een deel van een mooie ronde voetbal. De lichtbreking op het hoornvlies is dan in alle richtingen gelijk.

Astigmatisme is een afwijking waarbij de kromming van het hoornvlies meer uitgesproken is in de ene richting dan in de andere, te vergelijken met een rugbybal. Dat verschil in kromming stoort de vorming van een scherp beeld. Het beeld is wazig of vervormd. Een **aangepaste bril of lenzen** kunnen astigmatisme verhelpen. Soms moeten er met een **laserbehandeling** insnijdingen op het hoornvlies gemaakt worden om de kromming te wijzigen.

Fig. 1.9
A Scherp zicht
B Astigmatisme geeft een wazig beeld, zowel veraf als dichtbij.

2.3.3 Doorzichtige structuren binnen de oogbol

- **Oogkamers**

  De ruimte tussen het hoornvlies en de iris is de **voorste oogkamer**. Tussen de iris en de lensbanden ligt de veel kleinere **achterste oogkamer**. De beide oogkamers zijn met een helder waterig vocht gevuld. Dat kamerwater is een oplossing van zouten, suikers en eiwitten met een voedende functie voor het hoornvlies en de lens. Die bestaan uit levende, doorzichtige cellen zonder bloedvaten ertussen. Ondanks de afwezigheid van bloedvaten wordt de aanvoer van voedingsstoffen naar hoornvlies en lens toch verzekerd door het kamerwater.

- **Ooglens**

  Achter de pupil ligt de **ooglens**. Ze is glashelder. De ooglens is een bolle lens waarvan de voorzijde minder sterk gekromd is dan de achterzijde. De lens is elastisch en kan vervormen.

- **Glasachtig lichaam**

  De oogbolruimte achter de ooglens is gevuld met een heldere, geleiachtige massa: het **glasachtig lichaam**, dat het oog op "spanning" houdt. Zonder glasachtig lichaam zou de oogbol gemakkelijk vervormen door het samentrekken van de oogspieren. De druk in het glasachtig lichaam houdt ook het netvlies op zijn plaats door het tegen het vaatvlies te drukken.

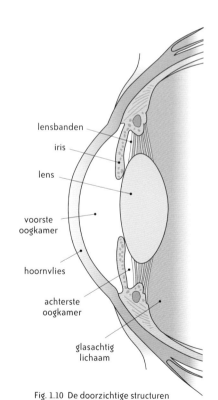

lensbanden
iris
lens
voorste oogkamer
hoornvlies
achterste oogkamer
glasachtig lichaam

Fig. 1.10 De doorzichtige structuren van het oog: hoornvlies, oogkamers, ooglens en glasachtig lichaam

2.3.4 Vertroebeling van de ooglens: cataract

Soms kan de ooglens troebel worden. Dat is dikwijls het gevolg van een normaal verouderingsproces. Het licht kan dan moeilijker tot bij het netvlies doordringen. Het zicht wordt troebel en kleuren vervagen. Het is te vergelijken met kijken door een vuil venster. Zo'n **vertroebeling van de ooglens** noemen we **cataract** (grijze staar).

De behandeling van cataract bestaat uit een **oogoperatie** waarbij de ooglens wordt vervangen door een **kunstlens**. In de westerse wereld laten mensen met cataract zich meestal tijdig behandelen, maar in minder ontwikkelde gebieden is cataract de belangrijkste oorzaak van blindheid.

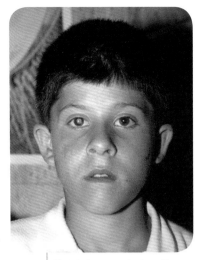

Fig. 1.11 Jongen met cataract in het rechteroog

Fig. 1.12
A Scherp zicht
B Troebel zicht ('vuilvensterzicht') als gevolg van cataract

2.3.5 Krimpen van het glasachtig lichaam: netvliesloslating

Met het ouder worden verandert de samenstelling van het glasachtig lichaam en gaat het ook krimpen. Daarbij oefent het glasachtig lichaam een trekkracht uit op het netvlies. Dat kan **scheurtjes in het netvlies** veroorzaken. In een verdere fase kan er vloeistof van het glasachtig lichaam doorheen een scheurtje achter het netvlies geraken. Er ontstaat dan een blaas in het netvlies te vergelijken met behang dat net geplaatst werd. Daardoor **komt het netvlies los van het vaatvlies**. We spreken van **netvliesloslating**. Men ziet dan een duidelijk afgelijnde zwarte vlek in het gezichtsveld.

Een **netvliesscheur** kan men behandelen met **laserstralen**, speciale energierijke lichtstralen. Daarbij wordt het netvlies rondom de scheur vastgezet (met een soort laspuntjes) zodat er geen vocht door de scheur onder het netvlies kan komen en het netvlies dus niet los kan laten.
Bij een **netvliesloslating** is een **oogoperatie** nodig waarbij verschillende technieken mogelijk zijn om het netvlies opnieuw op zijn plaats te krijgen.

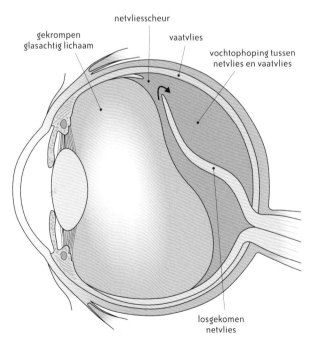

gekrompen glasachtig lichaam

netvliesscheur

vaatvlies

vochtophoping tussen netvlies en vaatvlies

losgekomen netvlies

Fig. 1.13 Netvliesloslating als gevolg van vochtophoping tussen netvlies en vaatvlies

3 Werking van het oog

3.1 Regeling van de lichttoevoer

Licht kan alleen via de pupil binnenin het oog terechtkomen. De lichtintensiteit in de omgeving is niet altijd even groot. Het oog moet dus in staat zijn om de lichttoevoer te regelen. Dat tonen we aan met het volgende **experiment**.

onderzoeksvraag
Hoe wordt de lichttoevoer in het oog geregeld?
waarnemingen

1 Je neemt de grootte van de pupil waar bij een proefpersoon die dicht bij een raam staat.
2 Je vraagt de proefpersoon om gedurende 30 s zijn ogen af te dekken met de handen.
3 Onmiddellijk daarna neem je de grootte van de pupil opnieuw waar.
Je stelt vast dat de pupil groter is geworden.

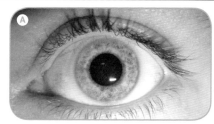

Fig. 1.14 Regeling van de lichttoevoer
A Vernauwde pupil bij sterk licht
B Vergrote pupil bij zwak licht

besluit
De lichttoevoer in het oog wordt geregeld door de **iris**. Bij **zwak licht** wordt de **pupil groter**. Bij **sterk licht** wordt de **pupil kleiner**.

De **verklaring** voor het groter en kleiner worden van de pupil ligt in de werking van de **irisstraalspieren** en de **iriskringspieren**. De irisstraalspieren lopen in de iris straalsgewijs van de pupil weg. De iriskringspieren lopen rondom de pupil.

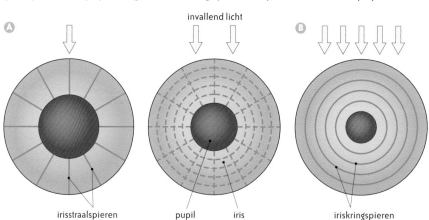

invallend licht

Fig. 1.15
A Wanneer de hoeveelheid invallend licht afneemt, trekken de irisstraalspieren de pupil open.
B Wanneer de hoeveelheid invallend licht toeneemt, trekken de iriskringspieren samen, waardoor de pupil vernauwt.

irisstraalspieren   pupil   iris   iriskringspieren

Als er zwak licht is, trekken de irisstraalspieren samen en wordt de pupil groter. Bij sterk licht trekken de iriskringspieren samen zodat de pupil vernauwt. De spierwerking is een **reactie op lichtintensiteit**. Deze reactie noemen we de **pupilreflex**.

Het vernauwen van de pupil heeft naast het regelen van de lichttoevoer nog een andere functie: je krijgt een **scherper beeld** wanneer de randen van de ooglens afgeschermd zijn door de iris. Dat komt omdat de randen van de lens de lichtstralen op een andere manier breken dan het midden. Als de randen van de lens bedekt zijn door de iris, dus bij sterke lichtinval, kun je scherper zien.

De iris speelt nog een andere rol in de lichttoevoer. In de iris zit een hoeveelheid **pigment** waardoor het vlies gekleurd is. De kleur van de iris is erfelijk bepaald. Een iris met veel pigment is bruin, een iris met weinig pigment blauw. De functie van het pigment is het **overtollig licht afschermen**.

Eigenschappen van licht

Voortplanting van licht

Licht plant zich langs een rechte weg voort. We stellen licht dan ook voor als een **rechte lijn**. Met een pijl geven we aan in welke zin het licht zich voortplant op die lijn. Zo'n lijn noemen we een **lichtstraal**.

Lichtbreking

Lichtstralen worden gebroken wanneer ze van de ene middenstof (medium) in de andere overgaan, bv. van lucht naar water. Dat verklaart waarom een voorwerp dat zich half in lucht en half in water bevindt, gebroken lijkt. Bij loodrecht invallende lichtstralen is er geen afbuiging.

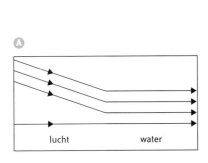

Fig. 1.16
A Lichtbreking bij de overgang van lucht naar water
B Als gevolg van lichtbreking lijkt het potlood niet recht.

Lichtweerkaatsing

Een lichtstraal die op een oppervlak invalt, wordt door dat oppervlak weerkaatst. Daarbij is de terugkaatsingshoek gelijk aan de invalshoek.

Lichtabsorptie

Licht wordt aan de oppervlakte van een niet-doorzichtig voorwerp gedeeltelijk geabsorbeerd en gedeeltelijk weerkaatst. Dat geeft alle voorwerpen hun typische kleur.

Als wit licht bv. op een rode appel invalt, wordt vooral het rode deel van het licht weerkaatst; de andere kleuren worden geabsorbeerd door de appel. Een wit blad papier kaatst alle kleuren evenveel terug. Een **zwart** voorwerp **absorbeert alle kleuren**.

Fig. 1.17
Weerkaatsing van licht aan een oppervlak

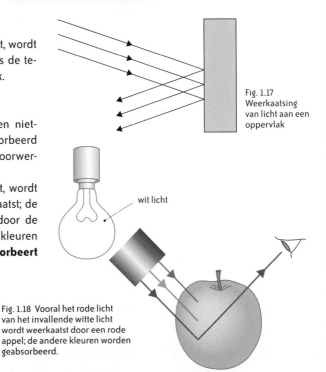

wit licht

Fig. 1.18 Vooral het rode licht van het invallende witte licht wordt weerkaatst door een rode appel; de andere kleuren worden geabsorbeerd.

3.2 Beeldvorming in het oog

3.2.1 Lichtbreking door een bolle lens

Een lens is een doorzichtig voorwerp dat begrensd is door een gebogen oppervlak. Een **bolle** (positieve) **lens** is aan de rand dunner dan in het midden. De ooglens is een voorbeeld van een bolle lens.

Wanneer een lichtstraal invalt op een bolle lens, loopt die in een andere richting verder. We zeggen dat het **licht gebroken** wordt. Bij een bolle lens gebeurt de afbuiging altijd in de richting van de lijn door het midden van de lens (hoofdas). De afbuiging zal het grootst zijn aan de uitersten van de lens en nul in het midden.

Evenwijdige lichtstralen die invallen op een bolle lens, gaan na de lens door één punt. We noemen dat **convergeren**. Het punt waar die samenkomende lichtstralen elkaar snijden, is het **brandpunt** van de lens.

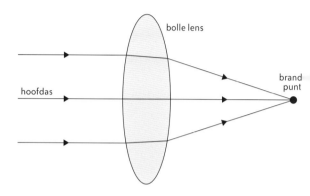

Fig. 1.19 Lichtbreking door een bolle lens.

3.2.2 Beeldvorming op het netvlies

Om de beeldvorming in het oog te onderzoeken, kun je **experimenteren met een optische bank**. Dat is een proefopstelling met een speciale lamp (reuterlamp), een voorwerp, een bolle lens en een scherm. Alle onderdelen zijn gemonteerd op een rail en daardoor verplaatsbaar ten opzichte van elkaar.

onderzoeksvraag
Welke kenmerken heeft het beeld dat op het netvlies in het oog gevormd wordt?
waarneming
1 Met een optische bank boots je op een eenvoudige manier de beeldvorming in het oog na. Daarbij   • komt het scherm overeen met het netvlies   • komt de bolle lens overeen met de ooglens   • komt het kartonnetje met de uitgesneden pijl overeen met het voorwerp.   2 Door de lens te verschuiven t.o.v. het scherm kun je een scherp beeld van de pijl op het scherm verkrijgen. Je stelt vast dat het beeld van de pijl kleiner is en omgekeerd staat.

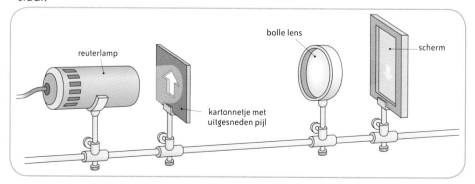

Fig. 1.20 Het beeld dat na lichtbreking door de bolle lens gevormd wordt, is verkleind en omgekeerd.

besluit
Het beeld op het netvlies is **verkleind** en **omgekeerd**.

Het beeld dat door de bolle lens op het netvlies wordt gevormd, is een **verkleind en omgekeerd beeld**. Invallende lichtstralen gaan eerst door de lucht, maar vervolgen dan hun weg in het oog door het doorzichtig hoornvlies, het waterig vocht in de voorste oogkamer, de lens en het glasachtig lichaam. Omdat al die middenstoffen een andere dichtheid hebben, worden de lichtstralen keer op keer afgebogen. Ze **convergeren** zodanig dat de **beeldvorming precies op het netvlies** gebeurt. Het deel van het beeld dat op de **gele vlek** valt, zien we het scherpst.

Als je naar de tekst op dit blad kijkt, dan lees je alleen op een beperkte plaats enkele letters of een woord; dat deel van het beeld zie je scherp en is dus geprojecteerd op de gele vlek. Je ziet nochtans veel meer van de tekst, maar dat deel van het beeld is minder scherp en je ervaart het ook minder bewust. Het wordt geprojecteerd op het deel van het netvlies buiten de gele vlek.

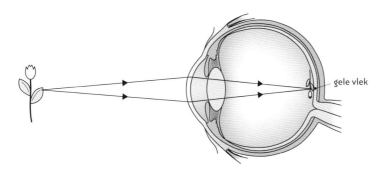

gele vlek

Fig. 1.21 Beeldvorming in het oog. Alleen het deel van de bloem dat geprojecteerd wordt op de gele vlek, wordt scherp gezien.

3.2.3 Geen beeldvorming op de blinde vlek

Op de **blinde vlek** liggen er geen lichtreceptoren en is er dus geen beeldvorming mogelijk. Dat kun je met het volgende **experiment** onderzoeken.

onderzoeksvraag
Hoe kun je de aanwezigheid van de blinde vlek gewaarworden?
waarnemingen
1 Je houdt je leerboek verticaal met de armen gestrekt zo ver mogelijk voor je uit en je knijpt je linkeroog dicht.   2 Met je rechteroog fixeer je het bolletje. Je ziet het kruisje ook, maar minder scherp.   3 Je brengt je leerboek langzaam dichter bij je rechteroog terwijl je het bolletje blijft fixeren. Op een bepaald moment zie je het kruisje niet meer.   4 Probeer het omgekeerde en kijk dus met je linkeroog naar het kruisje. Dan zie je het bolletje verdwijnen.

Fig. 1.22 Aanwezigheid van de blinde vlek onderzoeken
A Blindevlektest
B Schematische voorstelling van de beeldvorming op het netvlies van het linkeroog bij het uitvoeren van de blindevlektest

besluit
Als het beeld van een voorwerp op de blinde vlek valt, kun je het **voorwerp niet waarnemen**. Dat komt omdat er op de blinde vlek geen lichtreceptoren liggen vanwege de oogzenuw.

Je kan je afvragen waarom je geen 'gat' ziet op de plaats van de blinde vlek. Dat kun je met het volgende **experiment** onderzoeken.

---

onderzoeksvraag

Hoe komt het dat je geen 'gat' ziet op de plaats van de blinde vlek?

waarneming

1 Je houdt je leerboek verticaal met de armen gestrekt zo ver mogelijk voor je uit en je knijpt je linkeroog dicht.
2 Met je rechteroog fixeer je het witte bolletje.
3 Je brengt je leerboek langzaam dichter bij je rechteroog totdat het beeld van het sterretje op de blinde vlek valt. Je merkt dat het sterretje niet wordt vervangen door 'niets' of door een 'gat', maar dat het schaakbordpatroon doorloopt.

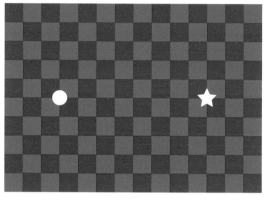

Fig. 1.23 Blindevlektest

besluit

Je ziet geen 'gat' op de plaats van de blinde vlek, omdat **het beeld wordt opgevuld** door het beeld van het omringende gebied. Dat proces speelt zich af in de hersenen (zie 4.1).

3.3 Accommodatie bij beeldvorming

3.3.1 Noodzaak van accommodatie

We kijken voortdurend naar voorwerpen, veraf en dichtbij. Om telkens scherpe beelden op het netvlies te vormen van voorwerpen op verschillende afstanden, moet de ooglens zich kunnen aanpassen. Die aanpassing van de ooglens noemen we **accommodatie of scherpstelling**.

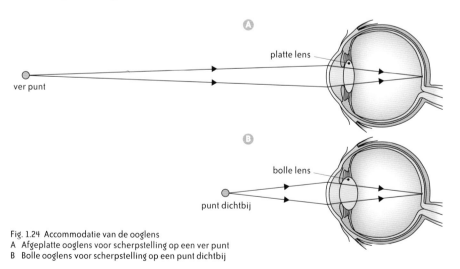

Fig. 1.24 Accommodatie van de ooglens
A Afgeplatte ooglens voor scherpstelling op een ver punt
B Bolle ooglens voor scherpstelling op een punt dichtbij

Voor een voorwerp dat zich op grotere afstand van het oog bevindt, zullen de lichtstralen minder afgebogen moeten worden om het beeld te projecteren op het netvlies dan voor een voorwerp dichtbij. Dat lukt met een afgeplatte ooglens. Voor een voorwerp dichtbij wordt de extra buiging van de lichtstralen verkregen door de ooglens boller te maken.

3.3.2 Mechanisme van accommodatie

Accommodatie komt erop neer dat de ooglens haar kromming moet kunnen wijzigen. Daarbij spelen de **accommodatiespier** in het straallichaam en de **lensbanden** een rol.

Ook de **elasticiteit en de vervormbaarheid van de ooglens** zijn van belang. Als de lens ontspannen is, neemt ze nagenoeg de bolvorm aan. Als er rondom aan de lens getrokken wordt door de lensbanden, wordt de lens platter. Zodra die krachtwerking verdwijnt, neemt de lens door haar veerkracht opnieuw de bolle vorm aan.

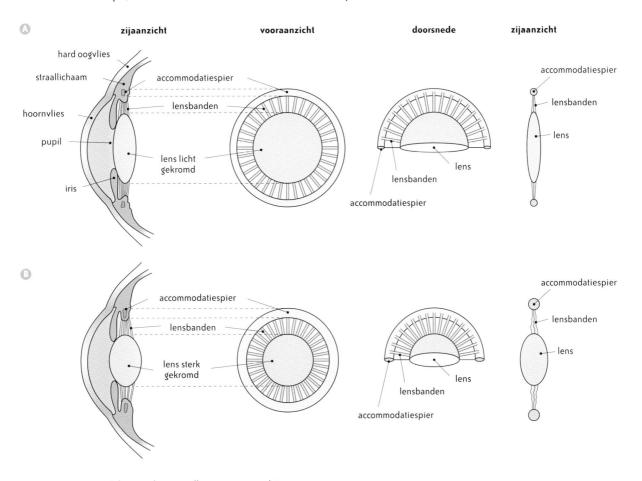

Fig. 1.25 Schematische voorstelling van accommodatie
A Ontspannen accommodatiespier, aangetrokken lensbanden en afgeplatte lens voor scherpstelling op 'ver'
B Samengetrokken accommodatiespier, doorhangende lensbanden en bolle lens voor scherpstelling op 'dichtbij'

Als de **accommodatiespier ontspannen** is, staat ze wijd uit. Daardoor wordt er aan de lensbanden getrokken. Die trekken op hun beurt aan de lens zodat die afgeplat wordt. Als de lens minder gekromd is, wordt er op het netvlies een scherp beeld gevormd van voorwerpen die zich op grote afstand bevinden. De lens staat op **'ver'** ingesteld.

Omgekeerd, als de **accommodatiespier samentrekt**, wordt er niet aan de lensbanden getrokken. De lensbanden gaan daardoor een beetje doorhangen. De lens kan nu door haar veerkracht weer boller worden. Ze staat nu ingesteld op **'dichtbij'**.

De lens kan niet onbeperkt boller worden. Als we een voorwerp steeds dichter bij onze ogen brengen, dan bereiken we een punt waarop het beeld niet meer scherp blijft. Dat is het punt waarop de lens haar maximale natuurlijke kromming bereikt heeft. Dat punt noemen we het **nabijheidspunt**. De ligging van het nabijheidspunt is sterk afhankelijk van de kracht van de accommodatiespier en van de elasticiteit van de lens. Bij jonge personen ligt het nabijheidspunt op ongeveer 10 cm van de ogen, bij oudere personen ligt het verder. Hoe dit komt, bespreken we verderop bij ouderdomsverziendheid (zie 3.3.3).

3.3.3 Afwijkingen bij accommodatie: verziendheid, bijziendheid en ouderdomsverziendheid

In een normaal oog worden de lichtstralen vooral gebroken door het hoornvlies en de lens. Het brandpunt valt dan precies op het netvlies, wat een scherp beeld oplevert. Soms is het niet mogelijk scherpe beelden op het netvlies te vormen, omdat de accommodatie bemoeilijkt wordt. We bespreken de **meest voorkomende afwijkingen**.

- **Verziendheid en bijziendheid**

  Sommige personen zien alleen verafgelegen voorwerpen scherp; ze zijn **verziend**. Dat komt omdat de **oogbol korter** is dan normaal, of omdat de **lens te plat** is. Het brandpunt valt achter de oogbol en op het netvlies is er dan een onscherp beeld. Deze afwijking noemen we **verziendheid** (hypermetropie).

  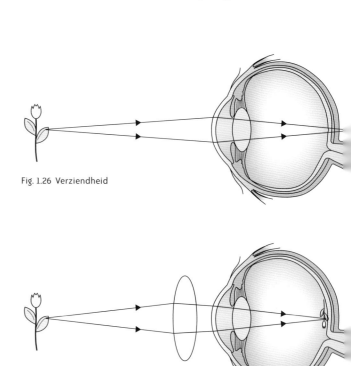

  Fig. 1.26 Verziendheid

  Verziendheid is te corrigeren met **contactlenzen of een bril met bolle** (positieve) **lenzen** om de lichtbreking te versterken. De lichtstralen worden voor het hoornvlies al gebroken, zodat ze een kortere weg door het oog moeten afleggen. Op die manier valt het brandpunt precies op het netvlies.

  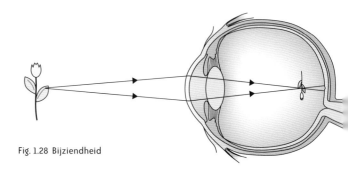

  Fig. 1.27 Correctie van verziendheid met een bolle lens

  Sommige personen zien alleen scherp van dichtbij: ze zijn **bijziend**. Dat komt omdat de **oogbol langer** is dan normaal of omdat de **lens te bol** is. Het brandpunt valt dan voor het netvlies en op het netvlies wordt er een onscherp beeld gevormd. Deze afwijking heet **bijziendheid** (myopie).

  Fig. 1.28 Bijziendheid

  Bijziendheid is te corrigeren met **contactlenzen of een bril met holle** (negatieve) **lenzen** om de lichtbreking te verminderen. Een holle lens is aan de rand breder dan in het midden. De invallende lichtstralen wijken na lichtbreking door holle lenzen uit elkaar: ze divergeren. In het oog leggen de lichtstralen dan een langere weg af. Het brandpunt zal dan precies op het netvlies vallen.

  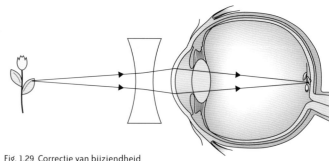

  Fig. 1.29 Correctie van bijziendheid met een holle lens

Om verziendheid en bijziendheid te verhelpen, zijn er tegenwoordig allerlei soorten brillenglazen ter beschikking. De eenvoudigste zijn **monofocale lenzen**, die zo gekromd zijn dat ze één enkel brandpunt (focus) hebben. Bij een **bifocale bril** gebruik je de bovenste helft van het brillenglas om ver te zien en de onderste helft om dichtbij te zien. Er zijn ook **multifocale brillenglazen**. Die zijn zo gekromd dat alle overgangen van ver naar dichtbij scherp gezien kunnen worden. Multifocale brillenglazen zijn wel erg duur.

Een moderne techniek om bijziendheid en verziendheid te verhelpen, is een **laserbehandeling van het hoornvlies**. De kromming van het hoornvlies kan met laserstralen zodanig gewijzigd worden dat de lichtbreking aangepast wordt aan de bouw van het oog van de patiënt. Nadien wordt een bril overbodig.
Een **laserbehandeling verloopt in verschillende stappen** (Fig. 1.30):
- Eerst wordt met een micromesje een dun flapje van het hoornvlies losgemaakt (1).
- Bij bijzienden vlakt men met een laser een dun laagje hoornvliesweefsel weg door het te verdampen (2). Bij verzienden maakt men rond het centrum van het hoornvlies een ondiepe, cirkelvormige insnijding zodat het wat boller wordt.
- Daarna wordt het flapje teruggelegd (3). Het zuigt zich vanzelf opnieuw vast en moet niet gehecht worden. Omdat de wonde zich onder het flapje bevindt en het flapje als een soort natuurlijk verband fungeert, geneest het oog snel en is het zicht vlug hersteld.

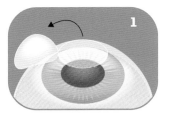  

Fig. 1.30 Stappen in de laserbehandeling van het hoornvlies om bijziendheid te verhelpen

• **Ouderdomsverziendheid**

Een veel voorkomende afwijking bij accommodatie is **ouderdomsverziendheid** (presbyopie). Deze vorm van verziendheid is niet te wijten aan de afwijkende bouw van de oogbol, maar heeft alles te maken met veroudering. De **elasticiteit van de lens neemt af** en de **accommodatiespier verslapt**. Daardoor kan de lens niet genoeg bol gemaakt worden.
Dat heeft een invloed op het nabijheidspunt. Bij een normaal oog ligt het nabijheidspunt op de leesafstand (ongeveer 30 cm). Bij een persoon met ouderdomsverziendheid ligt het **nabijheidspunt verder, tot buiten de leesafstand**.

Ouderdomsverziendheid wordt gecorrigeerd met een **leesbril met bolle lenzen** om de lichtbreking te versterken.

Fig. 1.31 Oudere man met een leesbril

3.4 Fotoreceptoren in het netvlies

3.4.1 Microscopische bouw van het netvlies

Het netvlies heeft een gelaagde structuur. Van buiten naar binnen kunnen we in het netvlies **vier lagen van cellen** onderscheiden. We bespreken eerst de microscopische bouw van de verschillende lagen en daarna de functie van elke laag afzonderlijk.

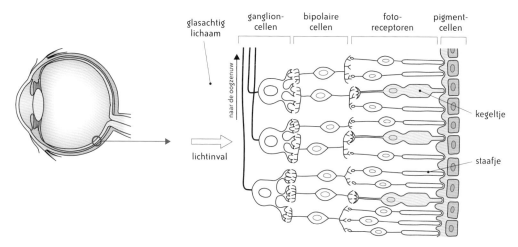

Fig. 1.32 Schematische en vereenvoudigde doorsnede van het netvlies

- **Pigmentlaag**

  Tegen het vaatvlies aan ligt de **pigmentlaag**. Ze bestaat uit pigmentcellen die veel donkere pigmentkorrels bevatten.

- **Laag met fotoreceptoren: staafjes en kegeltjes**

  Naar binnen toe, tegen de pigmentlaag aan, ligt een laag met lichtgevoelige cellen of fotoreceptoren, naar hun vorm **staafjes en kegeltjes** genoemd. Het netvlies bevat ongeveer 120 miljoen staafjes en 5 miljoen kegeltjes.

  De concentratie aan staafjes en kegeltjes is niet gelijk over het hele netvlies. De centrale vlek waar uitsluitend kegeltjes voorkomen, is de **gele vlek**. Op andere plaatsen in het netvlies liggen staafjes en kegeltjes door mekaar. Aan de rand van het netvlies zijn er geen kegeltjes meer, alleen nog staafjes.

  De **blinde vlek** bevat noch kegeltjes noch staafjes. Licht dat op de blinde vlek terechtkomt, kan dus niet waargenomen worden.

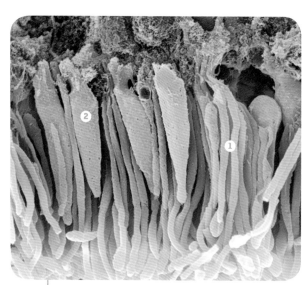

Fig. 1.33 Ingekleurd elektronenmicroscopisch beeld van staafjes (1) en kegeltjes (2) in het netvlies

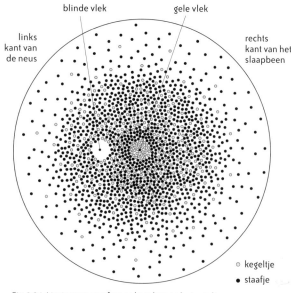

Fig. 1.34 Ligging van staafjes en kegeltjes in het netvlies van het rechteroog in de stand waarin je nu kijkt

• Laag met bipolaire cellen

De bipolaire cellen zijn doorzichtige **zenuwcellen** die als schakelcellen functioneren tussen de fotoreceptoren en de ganglioncellen.
Ter hoogte van de gele vlek is er telkens één kegeltje aangesloten op één bipolaire cel. Daardoor wordt er een scherp en gedetailleerd beeld gevormd. Op andere plaatsen in het netvlies zijn meerdere kegeltjes en staafjes met één bipolaire cel verbonden. De beeldvorming op die plaatsen is daardoor minder scherp.

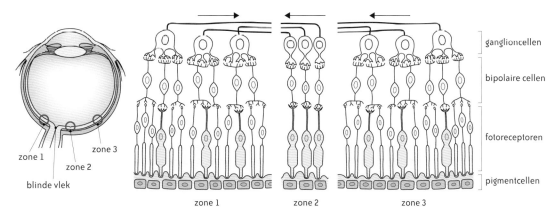

Fig. 1.35 In de gele vlek (zone 2) komen uitsluitend kegeltjes voor, die één op één op bipolaire cellen aangesloten zijn. Daardoor krijgen we in de gele vlek de scherpste beeldvorming.
Buiten de gele vlek (zones 1 en 3) zijn kegeltjes en staafjes met meer tegelijk op één bipolaire cel aangesloten. Daardoor is het beeld in deze zones minder scherp.

• Laag met ganglioncellen

De laag met doorzichtige ganglioncellen ligt tegen het glasachtig lichaam aan. Ganglioncellen zijn **zenuwcellen** waarvan de zenuwvezels zich bundelen om samen de oogzenuw te vormen.

3.4.2 Functie van de pigmentlaag

De pigmentkorrels in de cellen van de pigmentlaag **absorberen al het licht** dat erop valt. Zo wordt voorkomen dat de binnenkant van de oogbol lichtstralen zou weerkaatsen. Dat zou immers de beeldvorming op het netvlies verstoren.

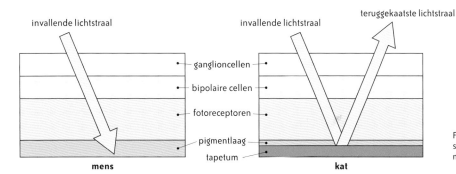

Fig. 1.36 Schematische doorsnede van het netvlies bij de mens en bij de kat

Nachtdieren zoals de kat hebben tussen de pigmentlaag en het vaatvlies een extra laag die lichtweerkaatsend werkt: het **tapetum**. De pigmentlaag bevat niet veel pigment zodat ze licht doorlaat. Dat licht wordt weerkaatst door het tapetum. Zo kunnen de lichtstralen een tweede maal – van binnenuit – de fotoreceptoren treffen. Het schaars invallende nachtlicht wordt met dit tapetum beter benut. De beelden die ermee gevormd worden, zijn wel minder scherp.

Fig. 1.37 Lichtweerkaatsing in de ogen van een kat door de aanwezigheid van een tapetum

3.4.3 Functie van de fotoreceptoren

Fotoreceptoren zijn gespecialiseerde cellen die instaan voor de **verwerking van de lichtprikkels**. Ze bevatten lichtgevoelige kleurstoffen, **fotopigmenten** genoemd, die zorgen voor de **omvorming van een lichtprikkel tot een zenuwimpuls** (kortweg **impuls**). Dat is een elektrisch signaal dat in de lichtreceptor tot stand komt door verplaatsing van geladen deeltjes (ionen) van buiten de cel naar binnen en omgekeerd.

- **Lichtverwerking door de staafjes**

  In de staafjes bevinden zich moleculen van het **fotopigment rodopsine**. Wanneer licht op een staafje invalt, wordt rodopsine afgebroken. Daarbij komt chemische energie vrij waarmee een zenuwimpuls in het staafje wordt opgewekt.
  Om opnieuw prikkelbaar te zijn, moeten de staafjes nieuw rodopsine aanmaken. Daarvoor is vitamine A nodig.

  Het rodopsine in de staafjes reageert op alle golflengten van het zichtbare licht; met staafjes kun je dus **geen kleuren waarnemen**.

  Staafjes zijn **heel lichtgevoelig**, dat wil zeggen dat ze een lage prikkeldrempel hebben. Er is maar weinig licht nodig om ze te prikkelen. Daardoor maken de staafjes het mogelijk in de schemering of in het donker te zien.

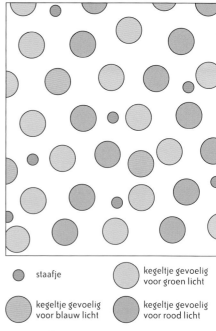

● staafje	○ kegeltje gevoelig voor groen licht
○ kegeltje gevoelig voor blauw licht	● kegeltje gevoelig voor rood licht

Fig. 1.38 De fotoreceptoren van het netvlies

- **Lichtverwerking door de kegeltjes**

  Bij de kegeltjes onderscheiden we drie typen met elk moleculen van **verschillende fotopigmenten** die verwant zijn aan rodopsine, ook wat hun werking betreft.

  Elk type kegeltje reageert op licht van bepaalde golflengten. Daardoor zijn de kegeltjes **kleurgevoelige fotoreceptoren**. Zo zijn er roodgevoelige, groengevoelige en blauwgevoelige kegeltjes. Afhankelijk van de verhouding waarin de drie typen kegeltjes geprikkeld worden, zien we de verschillende kleuren. Als bijvoorbeeld kegeltjes voor rood en groen gelijktijdig geprikkeld worden, zie je geel of oranje. Of je eerder geel of eerder oranje ziet, hangt af van hoeveel kegeltjes voor rood en hoeveel voor groen geprikkeld worden.

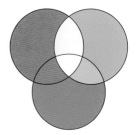

Fig. 1.39 Kleurenmenging: rood, groen en blauw geven samen wit.

  Kegeltjes zijn **minder lichtgevoelig dan staafjes**. Ze hebben een hogere prikkeldrempel dan staafjes. Er moet dus meer licht zijn om ze te prikkelen.

3.4.4 Functie van de bipolaire cellen en de ganglioncellen

Zodra de lichtprikkel door de staafjes of kegeltjes is omgevormd tot een impuls, wordt die impuls doorgegeven aan de bipolaire cellen. Op hun beurt geven de **bipolaire cellen de impuls door aan de ganglioncellen** en dan verder **via de ganglioncellen aan de oogzenuw**. Die is opgebouwd uit een bundeling van de zenuwvezels van de ganglioncellen. De oogzenuw vervoert de zenuwimpuls naar een specifieke plaats in de hersenen. Pas dan 'zien' we.

3.4.5 Stoornis in de functie van de staafjes: nachtblindheid

Nachtblindheid is een **stoornis in de werking van de staafjes**. Je ziet slecht of helemaal niet als er weinig licht is. Dat kan 's avonds of 's nachts zijn, maar ook binnen bij zwakke verlichting. Nachtblindheid kan te wijten zijn aan een gebrek aan vitamine A. Soms kan nachtblindheid verbeteren door vitamine A in te nemen.

3.4.6 Stoornis in de functie van de kegeltjes: kleurenslechtziendheid

Kleurenslechtziendheid, meestal **kleurenblindheid** genoemd, is een afwijking in het waarnemen van kleuren. Het treedt op als één of meer van de drie typen **kegeltjes niet of minder goed werken**. De meest voorkomende vorm is rood-groenkleurenblindheid waardoor het verschil tussen rood en groen niet of niet goed wordt gezien. Het is een erfelijke aandoening die meer bij mannen dan bij vrouwen voorkomt. Kleurenslechtziendheid **kan niet verholpen worden**.

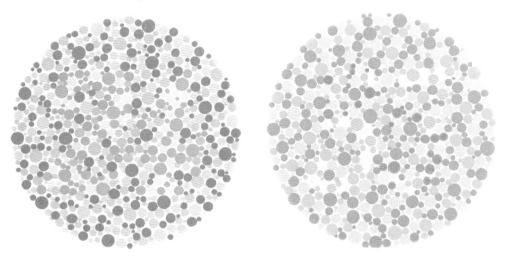

Fig. 1.40 Testkaarten voor kleurenslechtziendheid: links staat het getal 74 en rechts het getal 57; een kleurenslechtziende leest andere getallen.

3.4.7 Schade aan de oogzenuw door verhoogde oogdruk: glaucoom

Een ziekte van het oog waarbij **schade aan de zenuw-vezels van de oogzenuw** ontstaat, is **glaucoom**. Vaak speelt daarbij een verstoring van de vochthuishouding in de oogkamers een rol. In normale omstandigheden wordt er continu kamerwater geproduceerd door bloedvaten in het straallichaam en afgegeven aan de achterste oogkamer. Uit de voorste oogkamer stroomt ononderbroken kamerwater weg naar bloedvaten in het harde oogvlies. Op die manier is er een constante stroom van kamerwater vanuit de achterste oogkamer, via de ruimte tussen lens en iris en via de pupil, naar de voorste oogkamer.

In geval van glaucoom gebeurt vooral de afvoer van kamerwater uit de voorste oogkamer onvoldoende. Hoewel het probleem met de afvoer van kamerwater zich vooraan in het oog afspeelt, ontstaat er een **te hoge druk in het hele oog**. Door die verhoogde oogdruk wordt de bloedvoorziening van de oogzenuw belemmerd. Daardoor raken de zenuwvezels van de oogzenuw steeds meer beschadigd.

In het begin veroorzaakt glaucoom geen klachten. Wanneer oogzenuwvezels kapot gaan, is er een uitval van een deel van het gezichtsveld. De behandeling gebeurt vooral met **oog-druppels**. Wanneer met oogdruppels de oogdruk niet voldoende afneemt, kan een **laserbehandeling** of een **ope-ratie** de afvoer van kamerwater verbeteren.

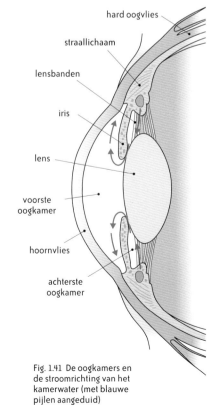

hard oogvlies
straallichaam
lensbanden
iris
lens
voorste oogkamer
hoornvlies
achterste oogkamer

Fig. 1.41 De oogkamers en de stroomrichting van het kamerwater (met blauwe pijlen aangeduid)

4.1 Interpretatie van de netvliesbeelden

Op het netvlies van beide ogen wordt een omgekeerd en verkleind beeld van een voorwerp gevormd. De hersenen verwerken de **twee netvliesbeelden tot één geheel**. Bovendien zie je **de wereld niet op zijn kop**. Door ervaring interpreteren de hersenen de beelden als rechtopstaande beelden.

Ook van de blinde vlek op het netvlies van beide ogen hebben we geen last. Er ontstaat geen 'gat' in het gezichtsveld, omdat de hersenen het **beeld aanvullen**. Het omringende beeld breidt zich uit naar het gebied van het 'gat' (zie 3.2.3).

4.2 Dieptezicht

De twee netvliesbeelden zijn niet volledig identiek. Dat komt doordat het linker- en het rechteroog het voorwerp vanuit een iets andere hoek zien. Door **met twee ogen (= binoculair)** te kijken, overlappen de gezichtsvelden van beide ogen en ontstaat **dieptezicht**. Daarmee kun je **afstanden tussen voorwerpen inschatten**. Dat lukt ook enigszins met één oog, maar veel minder precies. Diepte zien is een leerproces dat jaren duurt. Kinderen zijn maar in staat afstanden tussen bewegende voorwerpen juist in te schatten vanaf 10 jaar. Pas dan kunnen ze bijvoorbeeld veilig de straat oversteken.

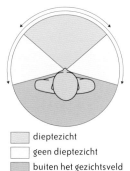

☐ dieptezicht
☐ geen dieptezicht
☐ buiten het gezichtsveld

Fig. 1.42
Gezichtsveld en dieptezicht bij de mens

Omdat bij **roofdieren** de ogen vooraan staan, is het **gezichtsveld klein**. De overlapping van de beide gezichtsvelden is wel heel groot. Het gevolg daarvan is een **sterk dieptezicht**. Hierdoor kunnen afstanden beter ingeschat worden, wat van belang is voor het bespringen van de prooi.

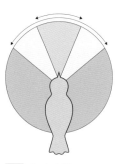

☐ dieptezicht
☐ geen dieptezicht
☐ buiten het gezichtsveld

Fig. 1.43 Stand van de ogen, gezichtsveld en dieptezicht bij een uil

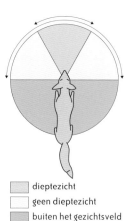

☐ dieptezicht
☐ geen dieptezicht
☐ buiten het gezichtsveld

Fig. 1.44 Stand van de ogen, gezichtsveld en dieptezicht bij een vos

Bij de meeste **prooidieren** zijn de ogen aan de zijkant van de kop ingeplant. Daardoor kunnen ze bijna de hele omgeving waarnemen zonder de kop te bewegen. Prooidieren hebben een **groot gezichtsveld** maar **weinig dieptezicht**, omdat slechts een klein deel van het gezichtsveld van elk oog overlapt. Ze kunnen veel zien, maar zijn niet goed in het inschatten van afstanden.

☐ dieptezicht
☐ geen dieptezicht
☐ buiten het gezichtsveld

Fig. 1.45 Stand van de ogen, gezichtsveld en dieptezicht bij een konijn

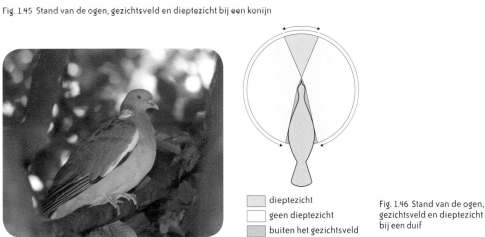

☐ dieptezicht
☐ geen dieptezicht
☐ buiten het gezichtsveld

Fig. 1.46 Stand van de ogen, gezichtsveld en dieptezicht bij een duif

4.3 Gezichtsbedrog of optische illusie

Gezichtsbedrog of optische illusie komt voor als **hetgeen we waarnemen niet overeenkomt met wat werkelijk gegeven is**. In het dagelijks leven komt gezichtsbedrog veel voor en vaak zijn we er ons niet van bewust. Zien is immers een optelsom van veel aspecten. Elk van die aspecten – afstand, vorm, afmeting, kleur, beweging, helderheid – kan fout geïnterpreteerd worden.

Aan de hand van enkele **voorbeelden** laten we je optische illusie ervaren.

Op Fig. 1.47 lijkt de horizontale lijn op de achtergrond langer dan die op de voorgrond. In werkelijkheid zijn ze even lang. We interpreteren dat verkeerd, omdat we door de zijlijnen de figuur zien alsof er diepte in zit.

Fig. 1.47 Illusie van Ponzo

De twee lijnstukken op Fig. 1.48 lijken niet even lang. Als je ze meet, kan je vaststellen dat ze dat wel zijn. We komen tot die foutieve interpretatie omdat we niet alleen de lijnstukken vergelijken, maar ook de pijlpunten.

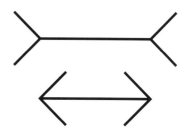

Fig. 1.48 Illusie van Müller-Lyer

De twee schuine lijnen op Fig. 1.49 lijken niet in elkaars verlengde te liggen. We interpreteren de schuine lijn als gebroken, omdat we de neiging hebben scherpe hoeken groter en stompe hoeken kleiner in te schatten.

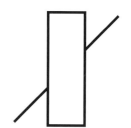

Fig. 1.49 Illusie van Poggendorff

Fig. 1.50 geeft de illusie van de roterende slangen weer. Het is een optische illusie die beweging suggereert. Dat zie je het best wanneer je niet loodrecht, maar onder een hoek naar de afbeelding kijkt. Dan kun je een ronddraaiende beweging registreren. Om dat effect te veroorzaken, is de volgorde waarin de gekleurde vlakjes weergegeven zijn, van belang.

Fig. 1.50 Bewegingsillusie van Kitaoka

Op Fig. 1.51 lijken de grijze vlakken links veel lichter dan de grijze vlakken rechts. In werkelijkheid hebben alle grijze vlakken dezelfde grijstint. We komen tot die foutieve interpretatie omdat de grijze vlakken links omringd worden door zwart en rechts door wit.

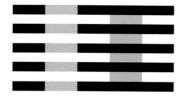

Fig. 1.51 Illusie van White

4.4 Nawerking van beelden

Een beeld dat op het netvlies valt, werkt nog een tijdje na. De fotopigmenten in de staafjes en kegeltjes worden afgebroken en moeten opnieuw aangemaakt worden. Dat gaat wel heel snel, maar toch is er een korte periode dat de fotoreceptoren niet meer prikkelbaar zijn. In de hersenen wordt geen nieuw beeld waargenomen en het vorige beeld blijft nawerken. We spreken van een **nabeeld**, een beeld dat langer aanhoudt dan de daadwerkelijke waarneming.

Nabeeld kun je ervaren met behulp van Fig. 1.52. Daarvoor moet je gedurende 30 s intensief naar het zwarte vlekje in het linkerplaatje staren. Vervolgens kijk je naar het zwarte vlekje in het rechterplaatje. Na enkele seconden ontstaat in het rechterplaatje een duidelijk nabeeld.

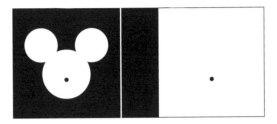

Fig. 1.52 Tekening waarmee je nabeeld kunt ervaren

Als je beelden snel achter elkaar projecteert, blijven die zolang nawerken dat ze ineenvloeien. Hierop berust filmprojectie. Om een **vloeiende beweging** te krijgen moeten de beelden snel genoeg na elkaar komen en mogen ze niet te veel van elkaar verschillen.

Fig. 1.53 Fotoreeks van Edward Muybridge (1830-1904). Muybridge werd beroemd door zijn studies van bewegingen, o.a. van het menselijk lichaam.

Lichtreceptoren
Samenvatting

1 Aard van de prikkel: licht

- Licht is **zichtbare straling**.
- Omdat straling het uitzenden van **energie als golven** is, kunnen we straling – en dus ook licht – voorstellen als een golfbeweging met een bepaalde **golflengte**.
- De golflengten van zichtbaar licht zien we als verschillende **kleuren** zoals in een regenboog (roggbiv).

2 Bouw van het oog

beschermende delen rond het oog	oogspieren
• oogkas • vetkussen • wenkbrauwen • oogleden • wimpers • traanklier met traanvocht	• 4 rechte oogspieren • 2 schuine oogspieren stoornis in de functie van de oogspieren: scheelzien

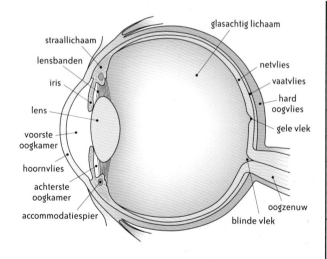

inwendige bouw van het oog
oogbolwand
• harde oogvlies met vooraan het doorzichtige hoornvlies • vaatvlies • netvlies
afwijking in de kromming van het hoornvlies: astigmatisme
doorzichtige structuren binnen de oogbol
• voorste en achterste oogkamer • ooglens • glasachtig lichaam
• vertroebeling van de ooglens: cataract • krimpen van het glasachtig lichaam: netvliesloslating

3 Werking van het oog

regeling van de lichttoevoer	
delen van de iris	**functie**
iriskringspieren	bij samentrekking de pupil vernauwen
irisstraalspieren	bij samentrekking de pupil verwijden
pigment in de iris	overtollig licht afschermen

beeldvorming in het oog

Invallende lichtstralen worden vooral gebroken op het hoornvlies en de lens.
Ze convergeren zodanig dat de beeldvorming gebeurt op het netvlies.
Er wordt een **verkleind** en **omgekeerd beeld** gevormd.

accommodatie (scherpstelling) bij beeldvorming

de lens accommoderen op 'ver'	de lens accommoderen op 'dichtbij'
• Accommodatiespier is ontspannen. • Lensbanden worden aangetrokken. • Lens is afgeplat.	• Accommodatiespier trekt samen. • Lensbanden hangen door. • Lens wordt boller.

afwijkingen bij accommodatie

verziendheid	bijziendheid	ouderdomsverziendheid
Oogbol is te kort of lens is te plat.	Oogbol is te lang of lens is te bol.	Elasticiteit van de lens vermindert. Accommodatiespier verslapt.
bril met bolle lenzen	bril met holle lenzen	leesbril met bolle lenzen

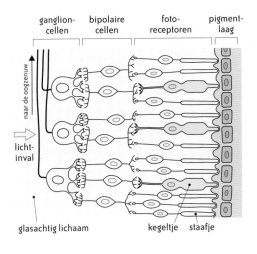

fotoreceptoren in het netvlies

bouw van het netvlies	functie
pigmentlaag	licht absorberen om weerkaatsing te vermijden
laag met fotoreceptoren	**lichtprikkel omvormen tot een zenuwimpuls** • **staafjes** met lage prikkeldrempel en niet kleurgevoelig • **kegeltjes** met hoge prikkeldrempel en kleurgevoelig
laag met bipolaire cellen	impuls doorgeven van de fotoreceptoren naar de ganglioncellen
laag met ganglioncellen	impuls doorgeven aan de oogzenuw

• stoornis in de functie van de staafjes: nachtblindheid
• stoornis in de functie van de kegeltjes: kleurenslechtziendheid
• schade aan de oogzenuw door verhoogde oogdruk: glaucoom

4   'Zien' met je hersenen

• De hersenen verwerken de **twee netvliesbeelden tot één geheel**.
• Door met twee ogen (= binoculair) te kijken, overlappen de gezichtsvelden van beide ogen en ontstaat er **dieptezicht**, waardoor je afstanden tussen voorwerpen kunt inschatten.
• **Gezichtsbedrog** of optische illusie is een foute interpretatie van een beeld waarbij hetgeen we waarnemen niet overeenkomt met wat werkelijk gegeven is.
• Een **nabeeld** is een beeld dat in de hersenen nawerkt, doordat de fotoreceptoren niet onmiddellijk opnieuw prikkelbaar zijn in de korte periode dat ze nieuwe fotopigmenten moeten aanmaken.

THEMA

2

GELUIDSRECEPTOREN

DEEL 1 Organismen krijgen informatie over hun omgeving

INHOUD

Waarover gaat dit thema?

In de omgeving van organismen komen veel prikkels voor in de vorm van **geluidsprikkels**. Geluiden zijn trillingen die zich doorheen lucht, water of een vaste stof kunnen voortplanten. Aan elk geluid kunnen we een toonhoogte en een geluidssterkte toekennen.

In dit thema bespreken we **de bouw en de werking van het oor**. Ons gehoorzintuig bestaat uit drie grote delen: het **uitwendig oor**, het **middenoor** en het **inwendig oor**. De trillingsgevoelige cellen, **geluids- of fonoreceptoren**, die de geluidsprikkels verwerken, liggen in het inwendig oor. Ze vormen geluidsprikkels om tot impulsen die naar de hersenen vervoerd worden. Dat leidt tot de gewaarwording van het **horen**.

De oorzaak en de behandeling van enkele **stoornissen van het oor**, zoals oorstoppen, middenoorontsteking, gehoorverlies en oorsuizen, komen ook aan bod.

1 Aard van de prikkel: geluid

1.1 Geluiden zijn trillingen

Dat geluiden trillingen zijn, kan je uit de volgende **experimentele waarnemingen** afleiden:

- Een plastic lat die over de rand van de tafel uitsteekt, kan je doen trillen door er een kracht op uit te oefenen; je hoort dan een geluid.
- De trilling van een aangeslagen stemvork kan je waarneembaar maken door de stemvork tegen een opgehangen pingpongballetje te brengen. Het pingpongballetje springt dan weg van de stemvork.
- Wanneer je de snaren van een viool aanstrijkt, zie je de snaren trillen. Ook de lucht in de vioolkast gaat aan het trillen en daardoor hoor je het versterkt geluid.

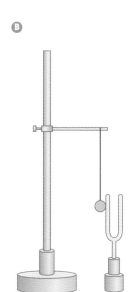

Fig. 2.1 Geluiden zijn trillingen.
A Een trillende lat brengt geluid voort.
B Een opgehangen pingpongballetje springt weg door de trilling van een aangeslagen stemvork.
C Aangestreken snaren van een viool trillen en brengen geluid voort.

Geluiden zijn trillingen die worden voortgebracht door een trillend voorwerp. We noemen dat voorwerp de **geluidsbron**. Ook de menselijke stem is een geluidsbron; bij het spreken of het zingen trillen onze stembanden.

Geluiden zijn trillingen die maar waargenomen kunnen worden als er zich een middenstof bevindt tussen ons oor en het trillend voorwerp. Meestal is die **middenstof lucht**. De trillingen van de geluidsbron veroorzaken in de omringende lucht kleine schommelingen in de luchtdruk; de lucht wordt afwisselend samengedrukt en ontspannen. Die drukschommelingen planten zich voort in de vorm van **golven**. Treffen de golven ons trommelvlies (zie 3.1.3), dan gaat het trommelvlies aan het trillen en worden de trillingen verder doorgegeven. Op die manier prikkelen ze de trillingsgevoelige cellen of **geluidsreceptoren (fonoreceptoren)** in ons oor en nemen we geluid waar.

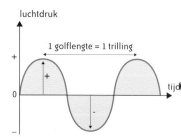

Fig. 2.2 Luchtdrukschommelingen in de vorm van golven

Wanneer je **onder water** zwemt, dan kun je de geluiden voortgebracht boven en onder het wateroppervlak horen. Geluiden kunnen zich dus ook in een vloeistof voortplanten.

Ook **doorheen vaste stoffen** kun je geluiden waarnemen. Wanneer je niet-hoorbaar met je vinger op een tafelblad tikt, dan kun je het geluid toch horen als je je oor tegen het tafelblad drukt.

1.2 Toonhoogte

De geluiden die we rondom ons horen, noemen we **tonen**. Aan elke toon kunnen we een **toonhoogte of frequentie** toekennen. De frequentie is het **aantal trillingen per seconde** en wordt uitgedrukt in **Hertz (Hz)**. 1 Hz = 1 trilling per seconde; dat komt overeen met 1 golflengte per seconde.

Met het volgende **experiment** onderzoeken we het verband tussen toonhoogte (frequentie) en golflengte.

---

onderzoeksvraag

Wat is het verband tussen toonhoogte (frequentie) en golflengte?

waarnemingen

1   Je laat een lang stuk van een plastic lat trillen en luistert naar de hoogte van de toon. Je observeert ook de snelheid van de trillingen van de lat.
Je hoort een lage toon en stelt vast dat de lat traag trilt. Weinig trillingen per seconde komen overeen met een lange golflengte van de trillingen.

2   Op dezelfde manier laat je een kort stuk van een plastic lat trillen en luister je naar de toonhoogte. Je observeert ook de snelheid van de trillingen van de lat.
Je hoort een hogere toon en stelt vast dat de lat nu sneller trilt. Veel trillingen per seconde komen overeen met een korte golflengte van de trillingen.

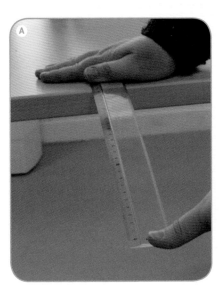
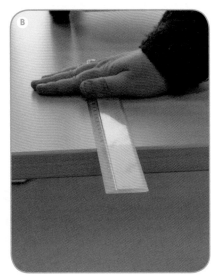

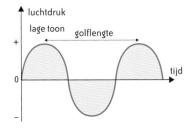
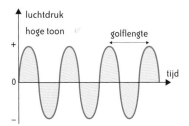

Fig. 2.3 Verband tussen toonhoogte (frequentie) en golflengte onderzoeken
A   Een lage toon (lage frequentie) heeft een lange golflengte.
B   Een hoge toon (hoge frequentie) heeft een korte golflengte.

besluit

Geluiden met een **lage frequentie** (weinig trillingen per seconde) hebben een **lange golflengte** en komen overeen met **lage tonen**.
Geluiden met een **hoge frequentie** (veel trillingen per seconde) hebben een **korte golflengte** en horen we als **hoge tonen**.

1.3 Geluidssterkte

Aan elk geluid kunnen we een **geluidssterkte** of **geluidsintensiteit** (ook **volume** genoemd) toekennen. Geluidssterkte is op te vatten als de **hoeveelheid trillingsenergie** en komt overeen met de **uitwijking** (amplitude) **van de trilling**. We drukken geluidssterkte uit in **decibel (dB)**.

Door bijvoorbeeld harder of zachter op de toets van een piano te drukken, zal de uitwijking van de trillende snaar veranderen. Hoe groter de uitwijking, hoe wijder de luchttrillingen, hoe heftiger ons trommelvlies heen en weer geschud wordt en hoe sterker het geluid wordt waargenomen.

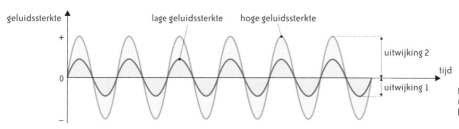

Fig. 2.4 De uitwijking (amplitude) van de trilling bepaalt de geluidssterkte.

dB			
150	straaljager	absolute gevarenzone	
140	straalvliegtuig		
130	startend vliegtuig, pneumatische pers		
		PIJNGRENS	
120	drilboor op 1 m afstand, luide claxon		
110	autoclaxon vlakbij, grasmaaier, boormachine	gevarenzone: langdurige blootstelling geeft kans op tijdelijke doofheid, soms blijvende schade	
100	dancing, revolver, remmen van de tram		
90	vrachtwagen, mixer, weefgetouw		
		GEVAARGRENS	
80	druk verkeer, rinkelende telefoon		
70	bromfiets, stofzuiger op 1 meter		
60	gewoon gesprek		
50	regen		
40	zacht gesprek, rustige straat, zachte muziek	veilige zone	
30	fluisteren		
20	leeszaal bibliotheek		
10	ruisen van bladeren		
0		**GEHOORDREMPEL**	

Fig. 2.5 De decibelschaal met aanduiding van gehoordrempel, gevaargrens en pijngrens

Onder de 80 dB zijn geluiden veilig voor onze oren. Geluidsintensiteiten vanaf 90 dB worden gevaarlijk. Dat betekent dat er bij langdurige blootstelling aan die sterke geluiden schade kan optreden aan de geluidsreceptoren in het oor. Boven de 120 dB wordt geluid als pijnlijk ervaren en treedt er zeker gehoorschade op.

We kunnen niet genoeg waarschuwen voor het gevaar van te sterke geluiden bij festivals en fuiven. Om **gehoorschade** te **voorkomen**, is het gebruik van **oordopjes** – dikwijls gratis of heel goedkoop ter beschikking gesteld – aan te raden.

Decibelschaal

De decibelschaal heeft een **speciale schaalverdeling**: per tien dB die er bijkomt, wordt de geluidsintensiteit tienmaal groter.

Plus tien op de decibelschaal komt overeen met maal tien voor de geluidsintensiteit. Een geluid van 70 dB is tienmaal sterker dan een geluid van 60 dB en honderdmaal sterker dan een geluid van 50 dB.

1.4 Resonantie bij geluidsbronnen

De werking van ons oor is gebaseerd op het verschijnsel **resonantie**. Resoneren betekent **meetrillen**. Wat resonantie is, onderzoeken we met het volgende **experiment**.

---

onderzoeksvraag

Kan een trillend voorwerp een ander voorwerp aan het trillen brengen?

waarneming

1. Je plaatst twee identieke stemvorken, elk gemonteerd op een klankkast, met de klankkasten naar elkaar toe.

2. Je slaat een van de stemvorken aan en dempt onmiddellijk het geluid met de hand.
Je hoort de niet-aangeslagen stemvork geluid geven. De luchttrillingen uit de klankkast van de aangeslagen stemvork doen de niet-aangeslagen stemvork meetrillen of resoneren.

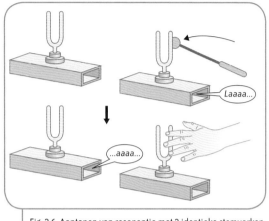

Fig. 2.6 Aantonen van resonantie met 2 identieke stemvorken

besluit

Een trillend voorwerp kan, via de middenstof, trillingsenergie overdragen en daardoor een ander voorwerp aan het trillen brengen. We noemen dat **resonantie**. Resoneren betekent **meetrillen**.

Er zijn talloze **voorbeelden van resonantie**:
- Vensters kunnen meetrillen wanneer een vliegtuig overvliegt.
- Trillingen teweeggebracht door het voorbijrijden van een zware vrachtwagen kunnen kristal of porselein in een kast doen meetrillen tot ze zelfs breken.
- Een krachtige stem van een zanger kan een kristallen glas zo doen meetrillen dat het barst.

1.5 Gehoorspectrum van de mens

Het menselijk oor neemt geluiden waar met frequenties tussen de 16 Hz en de 20 000 Hz. Die waaier van frequenties noemen we het **gehoorspectrum**. De gehoorgrenzen kunnen wel verschillen van persoon tot persoon.
De grootste gevoeligheid ligt in het gebied tussen 2000 tot 4000 Hz. De prikkeldrempel is in dit gebied het laagst. Dat betekent dat je bij een zeer lage geluidssterkte het geluid toch waarneemt. De frequenties van onze spraak liggen tussen 125 en 8000 Hz.

Het **gehoorspectrum verkleint bij het ouder worden**. De bovenste gehoorgrens van 20 000 Hz vermindert langzaam aan, tot ze bij een 80-jarige nog 5000 Hz bedraagt. Dat betekent dat vooral voor geluiden met hoge frequentie de geluidssterkte moet toenemen om het geluid nog te horen. Tegen oudere personen moet je dus luider spreken.

Geluiden met een frequentie hoger dan 20 000 Hz kunnen we niet horen. We spreken dan van **ultrageluiden**. Het gepiep van muizen bijvoorbeeld bereikt frequenties tot 100 000 Hz, ver boven onze gehoorgrens.
Tonen met een frequentie lager dan 16 Hz horen we ook niet. Dat zijn voor ons **infrageluiden**. Olifanten produceren infrageluid, dat kilometers ver kan doordringen.

Toonaudiogram

Een toonaudiogram, ook kortweg audiogram genoemd, is een **grafiek die het resultaat is van een gehoortest**. Tijdens die test krijgt de betrokken persoon via een hoofdtelefoon geluiden te horen die afwisselend hard, zacht, hoog en laag zijn. De persoon geeft telkens aan of hij het geluid hoort.

De **verticale as van de grafiek** geeft de sterkte van het geluid aan. Hierbij staat 0 decibel (dB) voor een heel zacht geluid; deze lijn staat helemaal boven in het audiogram. Hoe verder je langs de y-as omlaag gaat, hoe hoger het aantal dB, dus hoe harder het geluid.

De **horizontale as van de grafiek** geeft de toonhoogte of frequentie weer. Hoe verder je langs de x-as naar rechts gaat, hoe hoger het aantal Hz, dus hoe hoger de toon.

Een toonaudiogram combineert de scores op het aantal Hz (Hertz) en het aantal dB (decibel). Dit betekent dat **elk punt in het audiogram een ander geluid** weergeeft. Zo is het punt bij 10 dB, 250 Hz een zacht geluid met een lage toon en het punt bij 20 dB, 4000 Hz een zacht geluid met een hoge toon.

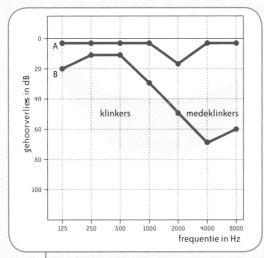

Fig. 2.7 Audiogram van een goed horende persoon (curve A) en van een slechthorende persoon (curve B), beiden getest voor het rechteroor

Het weergegeven audiogram geeft een **vergelijking van een goed horende persoon met een slechthorende**, beiden getest voor het rechteroor. De zone van de 'gele banaan' geeft de geluidssterkte en de frequenties van 'normale' spraak weer.

De slechthorende heeft bij 125 Hz een gehoorverlies van 20 dB, bij 500 Hz een verlies van 10 dB en bij 4000 Hz een kleine 70 dB gehoorverlies. Het gedeelte van de banaan dat boven de rode lijn ligt, is voor de slechthorende niet meer hoorbaar. Hij kan dus veel medeklinkers niet meer waarnemen en zal daardoor moeite hebben met het volgen van een gesprek. De slechthorende zal ook de tv en de radio luider moeten zetten om het geluid te horen.

Echolocatie

Echolocatie is het vermogen van bepaalde dieren om voorwerpen te lokaliseren door zelf **geluid uit te zenden** en het **echogeluid op te vangen**. Dieren die echolocatie kunnen gebruiken, zijn vleermuizen, dolfijnen en sommige walvissen.

Om zich te oriënteren, zendt een vliegende **vleermuis** een geluid uit dat weerkaatst op voorwerpen in de omgeving. Die weerkaatsing of echo vangt ze op met haar grote oorschelpen. Daardoor kan ze plaats en vorm van die voorwerpen bepalen en zo rondvliegende insecten detecteren. Om zich een scherp beeld te kunnen vormen aan de hand van echo's (echolocatie is 'zien met je oren'), maken vleermuizen geluiden met een zeer hoge frequentie: **ultrageluiden** van meer dan 100 000 Hz.

Dolfijnen zenden hoogfrequente klikgeluiden uit om hun prooi te lokaliseren. Omdat dolfijnen geen oorschelpen hebben, worden de echo's opgevangen door de onderkaak en vandaar naar het middenoor geleid.

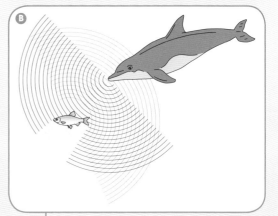

Fig. 2.8 Een vleermuis (A) en een dolfijn (B) maken gebruik van echolocatie om prooien te lokaliseren.

2 Situering van het gehoorzintuig

Uitwendig zien we van ons gehoorzintuig alleen de oorschelp. Het gedeelte met de geluidsreceptoren ligt beschermd in het **rotsbeen**. Dat is een hard en dik onderdeel van het slaapbeen. In het rotsbeen zit een klein gaatje. Dat is de opening van de gehoorgang die toegang geeft tot de dieper gelegen delen van het gehoorzintuig.

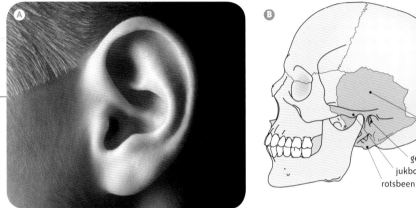

Fig. 2.9 Situering van het gehoorzintuig
A Oorschelp
B Het rotsbeen, onderdeel van het slaapbeen, bevat de inwendig gelegen delen van ons gehoorzintuig.

schelp van het slaapbeen
gehoorgang
jukboog
rotsbeen
slaapbeen

3 Bouw en werking van het oor

Ons gehoorzintuig bestaat uit drie grote delen: het **uitwendig oor**, het **middenoor** en het **inwendig oor**. De geluidsreceptoren die de geluidsprikkels verwerken, liggen in het inwendig oor.

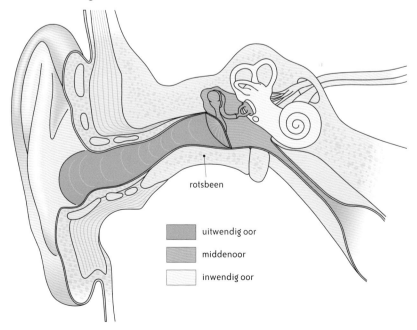

rotsbeen

uitwendig oor
middenoor
inwendig oor

Fig. 2.10
De drie delen van het menselijk gehoorzintuig

3.1 Uitwendig oor

Het uitwendig oor is het **prikkelopvangend gedeelte** van ons gehoorzintuig. Het omvat de **oorschelp**, de **gehoorgang** en het **trommelvlies**.

3.1.1 Oorschelp

De **oorschelp** bestaat uit elastisch kraakbeen, bedekt met huid. De plooien van het kraakbeen geven de oorschelp een karakteristieke vorm. In de oorlel zit geen kraakbeen maar alleen bindweefsel overdekt met huid.

De oorschelp functioneert als **een soort trechter om geluiden op te vangen**. Door zijn trechtervorm versterkt de oorschelp het geluid in enige mate. Als je je hand achter je oorschelp plaatst, vergroot je de trechter en ondersteun je de prikkelopvangende functie.

Sommige mensen zijn in staat om hun oorschelpen een beetje op en neer te bewegen. Zij kunnen nog de spieren gebruiken die van de schedel naar de oorschelp lopen. Heel wat dieren kunnen hun oorschelpen draaien naar de richting van de geluidsbron. Die functie is bij de mens weggevallen. Wij draaien ons hoofd om een geluid beter te kunnen opvangen.

Fig. 2.11 De oorschelp is een trechter om geluiden op te vangen.

3.1.2 Gehoorgang

De **gehoorgang** is ongeveer 2,5 cm lang. Het eerste gedeelte is nog ondersteund door kraakbeen, het verdere gedeelte zet zich voort in het rotsbeen. Beide delen zijn bedekt door huid. De gehoorgang is gevuld met **lucht** en loopt als het ware dood op het trommelvlies.

Aan het begin van de gehoorgang is de huid bezet met **haartjes**. Ze hebben een stofwerende functie. In de huid van de gehoorgang zitten ook **smeerklieren**. Die produceren oorsmeer om de huid en het trommelvlies soepel en waterafstotend te houden. Het oorsmeer houdt ook stof tegen.

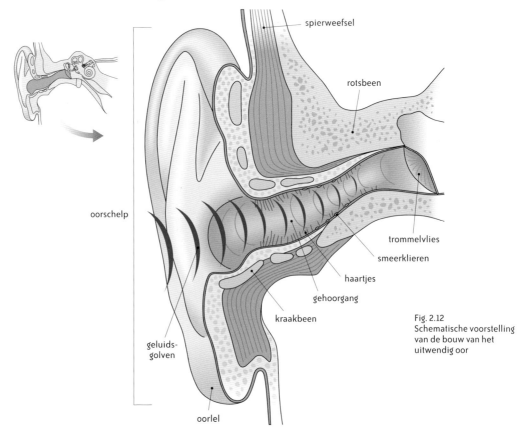

Fig. 2.12
Schematische voorstelling van de bouw van het uitwendig oor

3.1.3 Trommelvlies

Het **trommelvlies** is een zeer dun vlies met een diameter van ongeveer 1 cm. Het vormt de grens tussen het uitwendig oor en het middenoor. Het trommelvlies is fijn dooraderd met bloedvaten. Het is ook voorzien van zenuwvezels, waardoor het zeer gevoelig is.

Het trommelvlies zal **door resonantie meetrillen** met de opgevangen geluidstrillingen. Die trillingen kunnen dan doorgegeven worden aan het middenoor.

3.1.4 Te veel oorsmeer in de gehoorgang: oorstoppen

Bij een gezonde gehoorgang is er een evenwicht tussen aanmaak en afvoer van oorsmeer. Soms kan dat evenwicht verstoord geraken en hoopt er zich **te veel oorsmeer** op in de gehoorgang, zodat die verstopt geraakt. Dat gaat gepaard met een vol gevoel in de gehoorgang en minder goed horen.

Een huisarts zal dan de **gehoorgang uitspuiten**. Zuiver water op lichaamstemperatuur wordt dan voorzichtig in de gehoorgang gespoten. Bij het naar buiten komen van het water komt het oorsmeer mee. Soms is het nodig enkele dagen vooraf de gehoorgang in te druppelen met olie om de prop oorsmeer op voorhand zachter te maken.

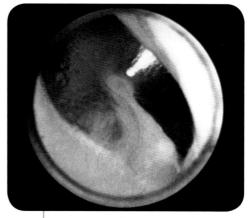

Fig. 2.13 Het uitzicht van een normaal trommelvlies (ø 1 cm) gezien vanuit de gehoorgang

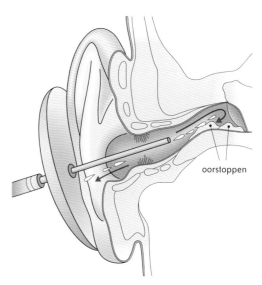

oorstoppen

Fig. 2.14 Uitspuiten van de gehoorgang om oorstoppen te verwijderen

Otoscoop

De otoscoop is een instrument om het uitwendig oor te onderzoeken. Het instrument bevat een batterij, een lampje en een vergrotingslens. Een otoscopisch onderzoek dient om de gehoorgang en het trommelvlies na te kijken. Onder andere ontstekingen of te veel oorsmeer kunnen ermee opgespoord worden.

Fig. 2.15
Otoscoop

Fig. 2.16
Otoscopisch
onderzoek

3.2 Middenoor

Het middenoor is het **prikkel-geleidend gedeelte** van ons gehoorzintuig. Het bestaat uit de **trommelholte** en de **gehoorbeentjes**.

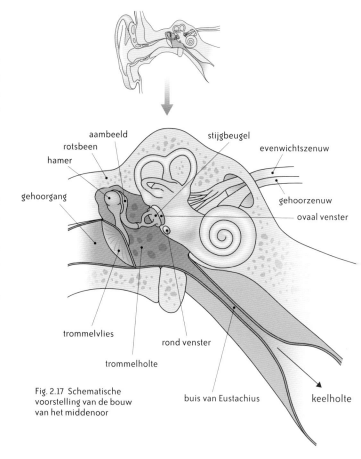

3.2.1 Trommelholte

De **trommelholte** is een smalle hoge ruimte in het rotsbeen. Ze is gevuld met **lucht**. Via de **buis van Eustachius** staat de trommelholte in verbinding met de keelholte. Zowel de trommelholte als de buis van Eustachius zijn bekleed met eenzelfde slijmvlies als de keelholte.

Gewoonlijk liggen de wanden van de buis van Eustachius slap tegen elkaar aan. Telkens als je slikt, gaan ze even open. Hierdoor wordt er verse lucht aangevoerd in de trommelholte en wordt de **luchtdruk aan weerszijden van het trommelvlies gelijk** gehouden.

Fig. 2.17 Schematische voorstelling van de bouw van het middenoor

Verschillen in luchtdruk kun je goed in je oren voelen wanneer je met een vliegtuig opstijgt of landt. Het trommelvlies reageert daarop door bol te gaan staan. Slikken en dus het openen van de buis van Eustachius helpen om de luchtdrukverschillen op te heffen.

In de wand van de trommelholte, naar het inwendig oor toe, liggen twee openingen, die elk met een vlies afgedekt zijn. De bovenste opening is het **ovaal venster**, de onderste is het **rond venster**.

3.2.2 Gehoorbeentjes

In de trommelholte liggen de heel kleine gehoorbeentjes, nl. de **hamer**, het **aambeeld** en de **stijgbeugel**. De hamer is aan de ene kant verbonden met het trommelvlies en aan de andere kant met het aambeeld. Het aambeeld is op zijn beurt verbonden met de stijgbeugel. De onderzijde van de stijgbeugel past precies op het ovaal venster en is ermee vergroeid.

De gehoorbeentjes vormen een soort keten waarlangs de **trillingen van het trommelvlies worden overgebracht op het ovaal venster**. Door hefboomwerking tussen de gehoorbeentjes worden de trillingen **versterkt**. Doordat het ovaal venster een kleiner oppervlak heeft dan het trommelvlies, worden de trillingen nogmaals versterkt doorgegeven. Elke geluidstrilling die het trommelvlies in trilling brengt, wordt versterkt overgebracht op het ovaal venster.

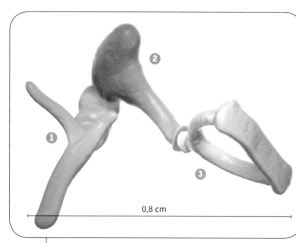

Fig. 2.18 De gehoorbeentjes
1 = hamer
2 = aambeeld
3 = stijgbeugel

3.2.3 Ontsteking in de trommelholte: middenoorontsteking

Middenoorontsteking (otitis media) komt vaak voor bij kinderen en dan dikwijls samen met een verkoudheid. Omdat de buis van Eustachius niet goed werkt, is er een **ophoping van vocht in het middenoor**. Dat vocht is afkomstig van de omliggende weefsels en is een voedingsbodem voor bacteriën en virussen. Er ontstaat een **ontsteking** die gepaard gaat met ettervorming en koorts. De druk van de etter tegen het trommelvlies is erg pijnlijk. Een middenoorontsteking gaat ook gepaard met vermindering van het gehoor, omdat de geluidstrillingen gedempt worden in het aanwezige vocht.

De pijn vermindert wanneer de etter opgelost geraakt of door een gaatje in het trommelvlies wegvloeit. Er komt dan etter in de gehoorgang. Meestal verdwijnen de symptomen van een middenoorontsteking na enkele dagen. Het gaatje in het trommelvlies geneest spontaan. Bij een bacteriële infectie is het nodig om **antibiotica** te gebruiken.

Wanneer middenoorontstekingen zich geregeld voordoen, is het soms aangewezen een **trommelvliesbuisje te laten plaatsen**. Het doel van dat buisje is een open verbinding te maken tussen het middenoor en de gehoorgang.
Een trommelvliesbuisje wordt in een klein sneetje in het trommelvlies geplaatst. Het ene uiteinde zit in de trommelholte, terwijl het andere uiteinde zich in de gehoorgang bevindt. Direct na de behandeling zijn de meeste klachten verdwenen.

Een trommelvliesbuisje blijft enkele maanden tot zelfs enkele jaren zitten. Het wordt spontaan uitgestoten naar de gehoorgang. Het gaatje in het trommelvlies groeit vanzelf dicht.

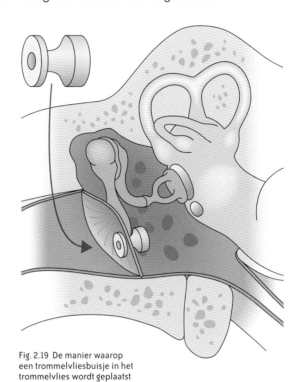

Fig. 2.19 De manier waarop een trommelvliesbuisje in het trommelvlies wordt geplaatst

Bescherming tegen zeer harde geluiden

Zeer harde geluiden kunnen door de werking van **twee spiertjes in het middenoor** afgedempt worden.
Het eerste spiertje is vastgehecht aan de hamer. Als het geluid sterker wordt, zal de trillingsuitwijking van het trommelvlies groter worden. Het spiertje zal dan in een reflex samentrekken. De reflex gaat uit van in het spiertje gelegen receptoren die gevoelig zijn voor rek. Het effect van de spiersamentrekking is dat het trommelvlies gespannen wordt en minder in trilling kan worden gebracht.
Het tweede spiertje zit vast aan de top van de stijgbeugel en kan op dezelfde manier de trillingsmogelijkheden van de stijgbeugel in toom houden.

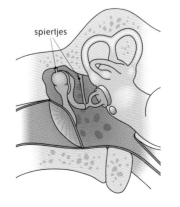

spiertjes

Fig. 2.20 Gehoorbeentjes met spiertjes

3.3 Inwendig oor

Het inwendig oor is het **prikkelverwerkend gedeelte** dat geluidsprikkels omvormt tot zenuwimpulsen. Het omvat de **halfcirkelvormige kanalen**, de **voorhof** en het **slakkenhuis**. Alleen in het slakkenhuis worden geluidsprikkels verwerkt. Het slakkenhuis is een onderdeel van **het benig en het vliezig labyrint**.

3.3.1 Benig en vliezig labyrint

Het **benig labyrint** is een geheel van **holten en gangen in het rotsbeen**. Aan de bovenzijde van het benig labyrint zijn er **drie halfcirkelvormige kanalen**. Aan de onderzijde heeft het labyrint de vorm van een **slakkenhuis**. De ruimte tussen de halfcirkelvormige kanalen en het slakkenhuis is de **voorhof**. In de wand ervan bevinden zich het ovaal en het rond venster, die aansluiting geven aan het middenoor. De halfcirkelvormige kanalen en de voorhof bevatten de **evenwichtsreceptoren**. Die bespreken we in thema 3. In het slakkenhuis liggen de **geluidsreceptoren**.

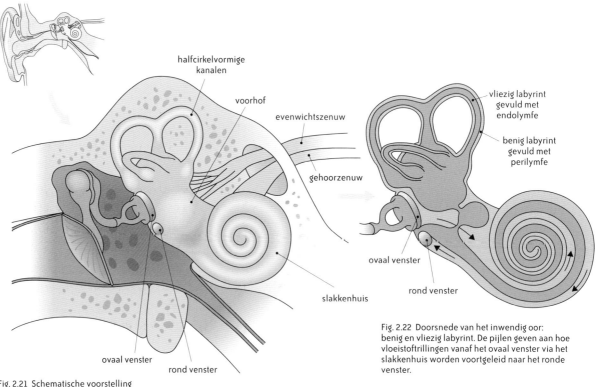

halfcirkelvormige kanalen

voorhof

evenwichtszenuw

gehoorzenuw

vliezig labyrint gevuld met endolymfe

benig labyrint gevuld met perilymfe

ovaal venster

rond venster

slakkenhuis

ovaal venster

rond venster

Fig. 2.21 Schematische voorstelling van de bouw van het inwendig oor

Fig. 2.22 Doorsnede van het inwendig oor: benig en vliezig labyrint. De pijlen geven aan hoe vloeistoftrillingen vanaf het ovaal venster via het slakkenhuis worden voortgeleid naar het ronde venster.

Het **vliezig labyrint** is het geheel van vliezen dat zich in het benig labyrint bevindt. Die vliezen volgen ongeveer de vorm van het benig labyrint.

De twee labyrinten zijn gevuld met **vloeistof**. De vloeistof in het vliezig labyrint is de **endolymfe**. De vloeistof rond het vliezig labyrint is de **perilymfe**. De samenstelling van endo- en perilymfe verschilt in zoutgehalte.

Het verband tussen het benig en het vliezig labyrint en tussen endolymfe en perilymfe kunnen we vergelijken met een vinger in een handschoen. In die vergelijking komt de handschoen overeen met het rotsbeen en dus met de wand van het benig labyrint. De huid van de vinger correspondeert met het vliezig labyrint. De smalle ruimte tussen handschoen en vinger bevat perilymfe. In de vinger zit als het ware endolymfe.

3.3.2 Slakkenhuis

In het slakkenhuis kun je drie gangen onderscheiden. De **bovenste gang** begint aan het ovaal venster in de voorhof en gaat aan de top van het slakkenhuis over in de **onderste gang**, die op zijn beurt eindigt aan het rond venster. De bovenste en de onderste gang bevatten **perilymfe**. Tussen de bovenste en de onderste gang ligt de **middengang** met **endolymfe**.

De vliezen in het slakkenhuis zijn het dunne **membraan van Reissner** en het dikkere **basaalmembraan**. Het membraan van Reissner vormt de scheiding tussen de middengang en de bovenste gang. Het basaalmembraan is de scheiding tussen de middengang en de onderste gang.

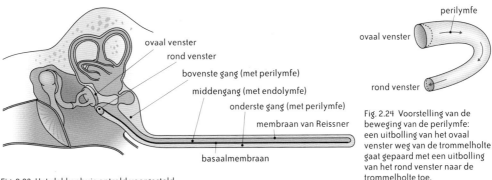

Fig. 2.23 Het slakkenhuis ontrold voorgesteld

Fig. 2.24 Voorstelling van de beweging van de perilymfe: een uitbolling van het ovaal venster weg van de trommelholte gaat gepaard met een uitbolling van het rond venster naar de trommelholte toe.

Als de stijgbeugel door een geluidstrilling wordt verplaatst naar het ovaal venster toe, verschuift de perilymfe in de bovenste gang. Omdat een vloeistof weinig samendrukbaar is, zal de perilymfe van de onderste gang het ronde venster doen uitpuilen naar de trommelholte toe.

Belangrijk bij die vloeistofverplaatsing is dat **het basaalmembraan gaat trillen**. Dit membraan is zo gebouwd dat het verschillend reageert op geluiden van verschillende frequentie:

- bij hoge tonen zal het basaalmembraan trillen aan de basis van het slakkenhuis, dicht bij het ovaal venster.

- de lage tonen veroorzaken een trilling van het basaalmembraan eerder aan de top van het slakkenhuis.

- geluiden met middelmatige frequenties geven trillingen daartussenin.

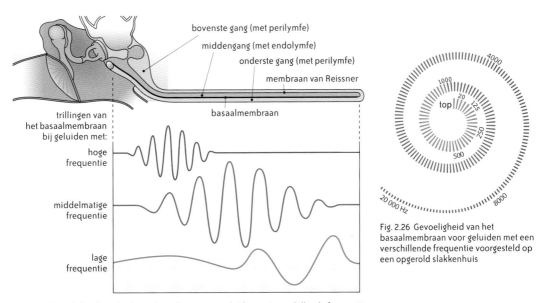

Fig. 2.25 Gevoeligheid van het basaalmembraan voor geluiden met verschillende frequenties

Fig. 2.26 Gevoeligheid van het basaalmembraan voor geluiden met een verschillende frequentie voorgesteld op een opgerold slakkenhuis

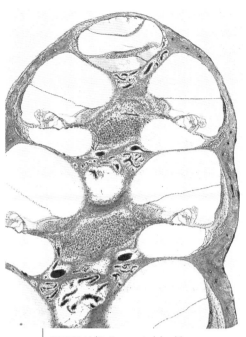

Fig. 2.27 Lichtmicroscopisch beeld van een overlangse doorsnede door het slakkenhuis van de mens

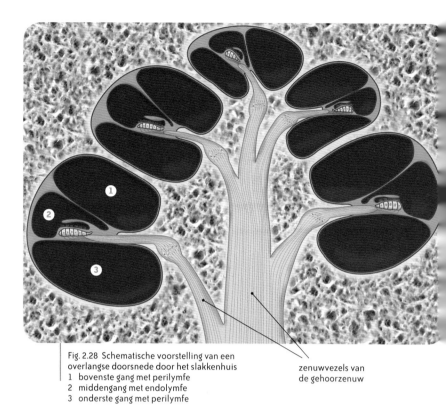

Fig. 2.28 Schematische voorstelling van een overlangse doorsnede door het slakkenhuis
1 bovenste gang met perilymfe
2 middengang met endolymfe
3 onderste gang met perilymfe

zenuwvezels van de gehoorzenuw

3.3.3 Orgaan van Corti

Het orgaan van Corti is een onderdeel van het basaalmembraan. Het is in dat gedeelte dat de **geluidsreceptoren** liggen. Dat zijn cellen voorzien van haartjes; ze worden daarom ook **haarcellen** genoemd. Op de haartjes van de haarcellen rust het **dakmembraan**.

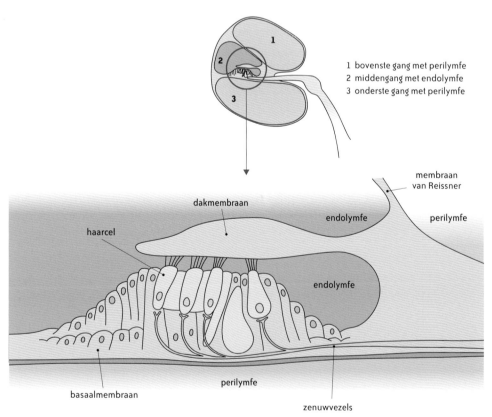

1 bovenste gang met perilymfe
2 middengang met endolymfe
3 onderste gang met perilymfe

membraan van Reissner

dakmembraan

endolymfe

perilymfe

haarcel

endolymfe

perilymfe

basaalmembraan

zenuwvezels

Fig. 2.29 Schematische tekening van het orgaan van Corti

Fig. 2.30 Haarcellen in het orgaan van Corti

3.3.4 Omvorming van een geluidsprikkel tot een zenuwimpuls

Je weet al dat geluidstrillingen, die het ovaal venster bereiken, leiden tot vloeistofverplaatsingen in het slakkenhuis. Je weet ook dat het basaalmembraan gaat trillen als gevolg van die vloeistofverpaatsing. Daarbij **verschuiven het basaalmembraan en het dakmembraan ten opzichte van elkaar**. Dat veroorzaakt een **ombuiging van de haartjes** van de haarcellen. Deze ombuiging wekt in de haarcellen een **zenuwimpuls** op die wordt doorgegeven aan de zenuwvezels die op de haarcellen aansluiten. De zenuwvezels lopen gebundeld in de **gehoorzenuw** naar de hersenen. Pas als de zenuwimpuls een specifieke plaats in de hersenen bereikt, 'horen' we.

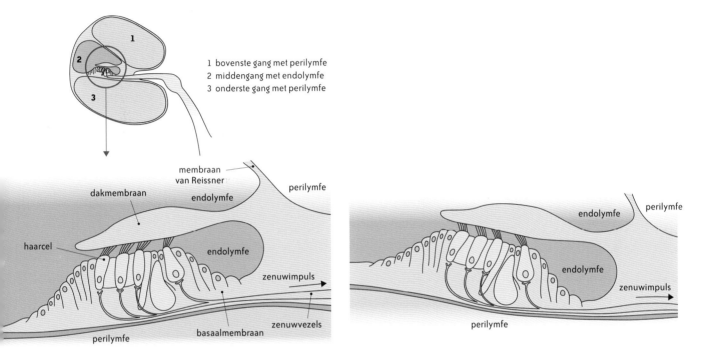

1 bovenste gang met perilymfe
2 middengang met endolymfe
3 onderste gang met perilymfe

Fig. 2.31 Ombuiging van de haartjes van de haarcellen als gevolg van de verschuiving van dakmembraan en basaalmembraan ten opzichte van elkaar

3.3.5 Schade in het slakkenhuis: gehoorverlies

Gehoorverlies treedt op wanneer **haarcellen in het slakkenhuis beschadigd** zijn of als er **schade is aan de gehoorzenuw**. Dat kan het gevolg zijn van een binnenoorontsteking, een tumor van de gehoorzenuw of een slag of stoot tegen het hoofd.
Een veel voorkomende oorzaak van gehoorverlies is langdurige blootstelling aan harde geluiden (machines, discotheek of muziekspeler). We noemen dat **lawaaidoofheid**.

Door langdurig blootgesteld te worden aan harde geluiden (bijvoorbeeld op het werk gedurende 40 uur per week aan 85 dB) kunnen de haartjes van de haarcellen zo omgebogen worden dat ze beschadigd worden en blijven. Die haarcellen zijn dan definitief verloren voor het horen. Om gehoorverlies te voorkomen, is het aangewezen **oorbeschermers** te dragen tijdens het werk.

Fig. 2.32 Oorbeschermers

Ook in de vrije tijd kun je gehoorscha-de oplopen. Wanneer je langdurig ver-blijft in een ruimte met **veel te luide muziek** of bij **onjuist gebruik van muziekspelers met oortjes** kun-nen haarcellen definitief verloren gaan. Dat resulteert in gehoorverlies, zelfs op jonge leeftijd.

Gehoorverlies kan doorgaans niet hersteld worden. Met behulp van een **hoorapparaat** kan het gehoorverlies gedeeltelijk worden opgevangen.
Een hoorapparaat versterkt het geluid. Het meest gekende hoorapparaat is het **'achter het oor'-toestel** of de oor-hanger. Dit toestel draagt men achter de oorschelp. Via een buisje staat het in verbinding met een oorstukje dat pre-cies in de gehoorgang moet passen.

Een hoorapparaat kan gehoorverlies gedeeltelijk verhelpen. Niet alle gelui-den komen echter even duidelijk door. Een ander nadeel is dat het apparaat alle geluiden versterkt, ook hinderlijke geluiden.

Een nieuwe ontwikkeling in de behan-deling van ernstig gehoorverlies (en aangeboren binnenoordoofheid) is een **cochleair implantaat**. Dat is een apparaat dat aan dove kinderen en ernstig slechthorende volwassenen de mogelijkheid biedt weer iets te horen. Dat gebeurt doordat het cochleair im-plantaat de functie van de haarcellen in het beschadigde binnenoor overneemt en de intact gebleven gehoorzenuw rechtstreeks elektrisch stimuleert.

Een cochleair implantaat bestaat uit een uitwendig gedeelte en een inwen-dig (geïmplanteerd) gedeelte. Het uit-wendige gedeelte is een microfoon en een zendertje. Het inwendige gedeelte bestaat uit een elektrode die geplaatst wordt in het slakkenhuis. De elektrode geeft elektrische signalen aan de ge-hoorzenuw.

Hoewel een cochleair implantaat geen wondermiddel is, maakt het het ver-staan van spraak dikwijls wel mogelijk. Voor dove kinderen is dat essentieel om zelf te leren spreken.

Fig. 2.33 Onjuist gebruik van een muziekspeler met oortjes kan gehoorschade veroorzaken.

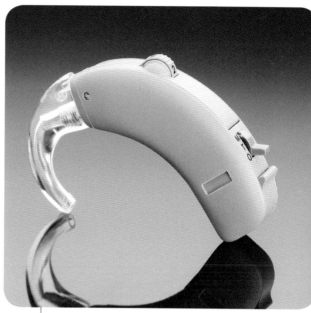

Fig. 2.34 Hoorapparaat

Fig. 2.35 Het uitwendige gedeelte van een cochleair implantaat

3.3.6 Geluiden horen die er niet zijn: oorsuizen (tinnitus)

Oorsuizen of **tinnitus** is een gewaarwording waarbij men voortdurend **geluiden hoort die niet van buitenaf komen**. Die geluiden zitten als het ware in één of beide oren of in het hoofd. Iemand anders kan die geluiden dus niet horen. Allerlei vormen van geluiden komen voor, zoals ruisen, fluiten, rinkelen, suizen, brommen, hoge of lage tonen, harde of zachte geluiden.

Vrijwel iedereen heeft wel eens last van oorsuizen. Na **blootstelling aan hevig lawaai** kan dat enkele uren aanhouden. Ook bij het **verouderen** ondervinden veel mensen hinder van tinnitus.

Fig. 2.36 Storende werking van oorsuizen (tinnitus)

Bij sommige mensen is oorsuizen constant aanwezig; ze ondervinden er zoveel **hinder** van dat hun dagelijkse bezigheden erdoor verstoord worden. Er kunnen slaap- en concentratiestoornissen optreden en in een aantal gevallen kan oorsuizen leiden tot angst en depressie.

Oorsuizen is een verschijnsel dat bij veel aandoeningen van het oor (uitwendig oor, middenoor, inwendig oor, gehoorzenuw) optreedt. Een **gerichte behandeling** van de ooraandoening kan het begeleidende oorsuizen dan ook doen verdwijnen.

Dikwijls is de oorzaak van oorsuizen niet duidelijk en moet je **'ermee leren leven'**. Het komt er dan op aan uit te zoeken wat de tinnitus vermindert of verergert. Je leefstijl daaraan aanpassen, kan helpen om met oorsuizen te leren omgaan.

4 'Horen' met je hersenen

4.1 De hersenen ontvangen de zenuwimpuls

De gehoorzenuw leidt de impulsen van de haarcellen naar de hersenen. Die herkennen de plaats op het basaalmembraan waar de impulsen vandaan komen. Daardoor onderscheiden we **verschillende toonhoogten**. Bovendien kunnen we **verschillende tonen tegelijk horen**.

Het **verschil tussen harde en zachte geluiden** nemen we waar omdat er respectievelijk meer of minder haarcellen door de geluidstrilling geprikkeld zijn. In het geval van harde geluiden ontstaan er veel meer impulsen dan bij zachte geluiden.

4.2 Horen met je beide oren

We **horen stereofonisch**, dat wil zeggen met onze beide oren. Daardoor zijn we in staat de richting en de afstand van een geluid te bepalen. Omdat het linker- en het rechteroor niet precies even ver van de geluidsbron verwijderd zijn, bereikt het geluid de beide oren niet gelijktijdig en niet met dezelfde intensiteit. Onze hersenen krijgen impulsen van beide oren en verwerken die informatie razendsnel.

Wanneer we een auto horen aankomen, kunnen we zo bepalen waar het geluid vandaan komt en ook hoe ver de auto van ons verwijderd is.

Geluidsreceptoren
Samenvatting

1   Aard van de prikkel: geluid

- Geluiden zijn **trillingen** die zich voortplanten doorheen een middenstof – gas, vloeistof of vaste stof – in de vorm van golven. De trillingen worden via het trommelvlies doorgegeven aan de **geluids- of fonoreceptoren**.

- De **frequentie of toonhoogte** van geluiden is het aantal trillingen per seconde. Frequentie wordt uitgedrukt in **Hertz (Hz)**.

- De **geluidssterkte of geluidsintensiteit** komt overeen met de uitwijking (amplitude) van de trilling. Ze wordt uitgedrukt in **decibel (dB)**.

- **Resonantie** is het meetrillen van een voorwerp onder invloed van een ander trillend voorwerp, dat via de middenstof trillingsenergie overdraagt. Daarop is de werking van het oor gebaseerd.

2   Situering van het gehoorzintuig

Uitwendig zien we van ons gehoorzintuig alleen de oorschelp. Het gedeelte met de geluidsreceptoren – de trillingsgevoelige cellen – ligt beschermd in het **rotsbeen**. Dat is een hard en dik onderdeel van het slaapbeen.

3   Bouw en werking van het oor

3.1   Uitwendig oor

uitwendig oor: prikkelopvangend gedeelte	
delen	**functie**
oorschelp	trechter om geluiden op te vangen en te versterken
gehoorgang • haartjes • smeerklieren	geluiden aan het trommelvlies doorgeven • stof weren • oorsmeer produceren om trommelvlies waterafstotend en soepel te houden en om stof te weren
trommelvlies	door resonantie meetrillen met de opgevangen geluidstrillingen
te veel oorsmeer in de gehoorgang: oorstoppen	

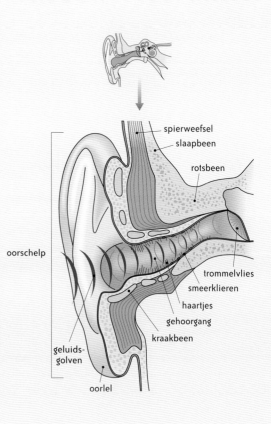

3.2 Middenoor

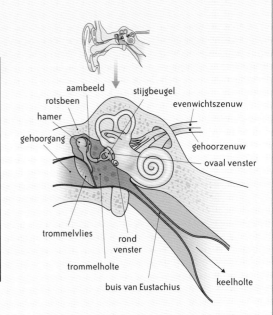

middenoor: prikkelgeleidend gedeelte	
delen	**functie**
trommelholte en buis van Eustachius	luchtdruk aan weerszijden van het trommelvlies gelijk houden
gehoorbeentjes • hamer • aambeeld • stijgbeugel	trillingen van het trommelvlies versterkt geleiden naar het ovaal venster
ontsteking in de trommelholte: middenoorontsteking	

3.3 Inwendig oor

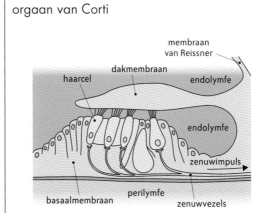

inwendig oor: prikkelverwerkend gedeelte	
slakkenhuis	orgaan van Corti
Als de stijgbeugel door een geluidstrilling het ovaal venster doet trillen, verschuift de **perilymfe** in de bovenste en de onderste gang.	Als gevolg van vloeistofverplaatsingen in het slakkenhuis verschuiven basaalmembraan en dakmembraan ten opzichte van elkaar. Dit veroorzaakt **ombuiging van de haartjes van de haarcellen**. Deze ombuiging leidt tot **zenuwimpulsen** die via de gehoorzenuw naar de hersenen worden vervoerd.
• schade in het slakkenhuis: gehoorverlies • geluiden horen die er niet zijn: oorsuizen (tinnitus)	

4 'Horen' met je hersenen

- We onderscheiden **verschillende toonhoogten** en kunnen **verschillende tonen tegelijk horen** omdat de hersenen de plaats op het basaalmembraan waar de impulsen vandaan komen, herkennen.

- Het **verschil tussen harde en zachte geluiden** nemen we waar omdat er respectievelijk meer of minder haarcellen door de geluidstrilling geprikkeld zijn.

- We horen **stereofonisch** en zijn daardoor in staat de richting en de afstand van een geluid te bepalen.

THEMA

3

EVENWICHTSRECEPTOREN

INHOUD

Waarover gaat dit thema?

Alles in de omgeving van de aarde ondervindt de invloed van de **zwaartekracht**. Dat geldt ook voor organismen.

Om zwaartekracht te registreren, beschikt de mens over **evenwichtsreceptoren** die in de **evenwichtszintuigen** in het inwendig oor liggen.

Telkens wanneer onze lichaamshouding wijzigt of wanneer we rechtlijnig bewegen of draaibewegingen maken, worden de evenwichtsreceptoren geprikkeld. Die prikkels worden omgevormd tot zenuwimpulsen, die via zenuwvezels naar de hersenen worden vervoerd. Dat leidt tot gepaste reacties om het **evenwicht** te bewaren.

In dit thema leer je over de bouw en de werking van de evenwichtsreceptoren. We bespreken ook hoe de **ogen** en **receptoren in pezen, spieren en gewrichten (proprioreceptoren)** tussenkomen in het bewaren van het evenwicht.

1 Aard van de prikkel: zwaartekracht

Iedereen kent wel de gewaarwordingen wanneer je met een lift snel omhooggaat of wanneer je in een auto zit die plots afremt. Je stuurt spontaan het evenwicht van je lichaam bij door bewegingen te maken.

Dat moet je ook voortdurend doen als je op een koord probeert te lopen of een bal op de voet wil balanceren. Wanneer een kat valt, reageert ze bliksemsnel zodat ze toch op haar pootjes terechtkomt.

Fig. 3.1
A Balanceren van een bal op de voet
B Lopen op een koord
C Een vallende kat komt op haar pootjes terecht.

Je lichaam in **evenwicht** houden, is een reactie op de prikkel **zwaartekracht**. Zoals je weet, is zwaartekracht de aantrekkingskracht van de aarde op elk voorwerp in haar omgeving.

Een tweede element dat een rol speelt bij evenwicht is **traagheid of inertie**. Dat is de neiging van een voorwerp om zich te verzetten tegen een snelheidsverandering.

Traagheid betekent dat **een voorwerp dat in rust is uit zichzelf in rust wil blijven**. Er is een kracht nodig om een voorwerp vanuit rust in beweging te brengen. Zo komt een stilstaande lift of auto in beweging met de kracht geleverd door de motor.

Traagheid wil ook zeggen dat **een voorwerp dat in beweging is uit zichzelf in beweging wil blijven**. Er is een kracht nodig om de 'bewegingstoestand' van een voorwerp te veranderen. Met bewegingstoestand bedoelen we de richting (bv. horizontaal) en de zin (bv. naar links of rechts) waarin het voorwerp beweegt en de snelheid waarmee het beweegt. Zo zul je vertragen als je bij het fietsen ophoudt met trappen. Dat komt door de wrijvingskracht nl. de wrijving van de banden op het wegdek en de luchtweerstand.

Telkens wanneer je je evenwicht dreigt te verliezen, reageer je op informatie die van je **evenwichtszintuigen** komt. Daarin bevinden zich **evenwichtsreceptoren** die veranderingen in lichaamshouding of veranderingen in beweging registreren. Die receptoren zijn **gevoelig voor zwaartekracht**.

2 Situering van de evenwichtszintuigen

Onze evenwichtszintuigen liggen in het rotsbeen, in het inwendig oor. Ze bevinden zich in de voorhof en in de drie halfcirkelvormige kanalen. Daarin zitten twee soorten zintuigen: de **statolietorganen in de voorhof** en de **ampullaorganen in de halfcirkelvormige kanalen**. Zoals je weet, zijn de voorhof en de halfcirkelvormige kanalen gevuld met vloeistof: perilymfe in het benig labyrint en endolymfe in het vliezig labyrint.

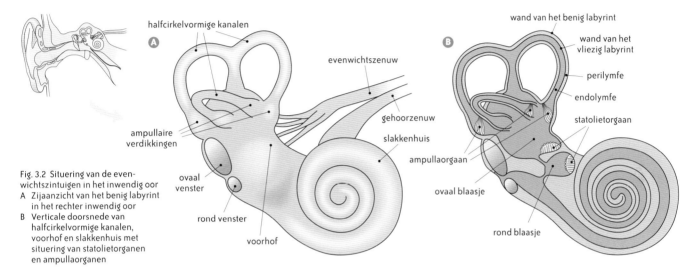

Fig. 3.2 Situering van de evenwichtszintuigen in het inwendig oor
A Zijaanzicht van het benig labyrint in het rechter inwendig oor
B Verticale doorsnede van halfcirkelvormige kanalen, voorhof en slakkenhuis met situering van statolietorganen en ampullaorganen

Het vliezig labyrint in de voorhof bestaat uit twee delen: bovenaan het **ovaal blaasje** en onderaan het **rond blaasje**. In beide delen bevindt zich een **statolietorgaan**. Wanneer je je hoofd rechtop houdt, ligt het statolietorgaan in het ovaal blaasje zo goed als horizontaal; in het rond blaasje ligt het bijna verticaal. Op die manier registreren beide statolietorganen de stand van het hoofd en van het lichaam bij horizontale en verticale bewegingen.

Elk van de drie halfcirkelvormige kanalen heeft een **ampullaire verdikking**, dat is een verbreed gedeelte aan de basis. In elke ampullaire verdikking ligt een **ampullaorgaan**. De drie halfcirkelvormige kanalen zijn zo georiënteerd dat ze in drie loodrecht op elkaar staande vlakken liggen. Op die manier kunnen de ampullaorganen in de drie halfcirkelvormige kanalen de draaibewegingen van het hoofd in alle richtingen registreren.

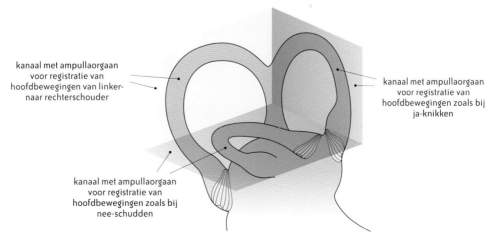

Fig. 3.3 Oriëntatie van de drie halfcirkelvormige kanalen in drie loodrecht op elkaar staande vlakken

3 Bouw en werking van een statolietorgaan

3.1 Bouw van een statolietorgaan

In een statolietorgaan liggen tussen de cellen van het labyrintvlies (= de wand van het vliezig labyrint) zintuigcellen met haartjes; we noemen ze **haarcellen**. Dat zijn de **evenwichtsreceptoren**. Op elke haarcel sluit een **zenuwvezel** aan.

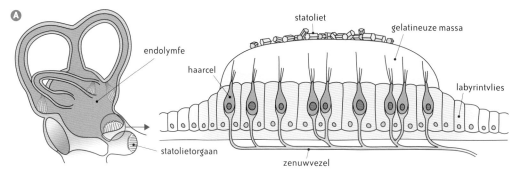

Fig. 3.4 Ligging en microscopische bouw van een statolietorgaan
A Schematische tekening van een statolietorgaan
B Bovenaanzicht van statolieten (3 - 30 μm; ingekleurd)

De haartjes van de haarcellen zijn omgeven met een **gelatineuze massa**. Daarbovenop liggen kalksteentjes of **statolieten**. De gelei met de statolieten is zwaarder dan de omringende endolymfe en zorgt voor een zekere druk op de haartjes.

3.2 Werking van een statolietorgaan

Een statolietorgaan is een zintuig voor de **positiezin**: het registreert informatie over de **stand van het hoofd** en/of de **rechtlijnige beweging van het lichaam**.

3.2.1 Registreren van de stand van het hoofd

Bij een positiewijziging van het hoofd (voor-/achterwaarts of links/rechts buigen) gaat de **gelatineuze massa** in de statolietorganen **hellen** en **schuiven de statolieten** mee. Daardoor **buigen de haartjes** in dezelfde richting.
Die ombuiging doet in de haarcellen meer of minder **zenuwimpulsen** ontstaan, die via de **evenwichtszenuw** naar de hersenen worden vervoerd. Daardoor krijgen we informatie over de stand van ons hoofd. Zelfs wanneer we het hoofd rechtop houden, vertrekken er zenuwimpulsen naar de hersenen die ons over deze stand van het hoofd informeren.

Fig. 3.5 Werking van een statolietorgaan bij verschillende standen van het hoofd

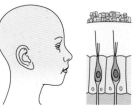

hoofd rechtop

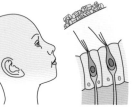

hoofd achterover

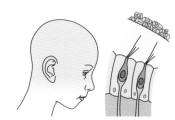

hoofd voorover

3.2.2 Registreren van rechtlijnige bewegingen

Rechtlijnige bewegingen van het lichaam zijn bijvoorbeeld **verticale bewegingen** wanneer je met een lift stijgt of daalt.
In een auto maakt je lichaam een **horizontale rechtlijnige beweging**; hetzelfde doet zich voor als je rechtstaat in een rijdende bus of tram. Niet die beweging zelf, maar elke **verandering in die beweging**, namelijk een versnelling, een vertraging of een richtingsverandering, worden we gewaar.

Op het moment dat een **lift** aanzet om te stijgen, zullen de statolieten die zich in het verticale vlak van het **rond blaasje** bevinden, door hun traagheid naar beneden drukken. Daardoor **buigen de haartjes van de haarcellen** om. Die ombuiging doet, naargelang de oriëntatie van de haarcel, meer of minder **impulsen** ontstaan die via de **evenwichtszenuw** naar de hersenen worden vervoerd. Je ervaart een zwaar gevoel.
Wanneer de lift een constante snelheid heeft gekregen, maken de statolieten de beweging mee en verdwijnt het effect.
Wanneer de lift tot stilstand komt, zetten de statolieten – als gevolg van traagheid – eventjes hun beweging voort. De haren van de haarcellen worden daardoor naar boven geplooid. Ook dat beïnvloedt de zenuwimpulsen. Je voelt je lichter.

Wanneer een **auto** plots afremt of snel optrekt, doet zich hetzelfde verschijnsel voor in het horizontale vlak van het **ovaal blaasje**. De **ombuiging van de haartjes** in het statolietorgaan leidt tot het ontstaan van **impulsen** die via de **evenwichtszenuw** in de hersenen terechtkomen. Daar wordt de snelheidsverandering geregistreerd. Wanneer een auto aan een constante snelheid rijdt, verdwijnt het effect omdat de statolieten de beweging volgen.

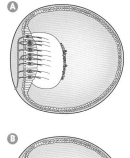
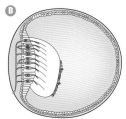
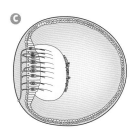
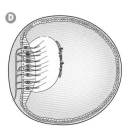

Fig. 3.6 Stand van de haren van de haarcellen in het statolietorgaan van het rond blaasje
A in normale situatie
B op het ogenblik dat de lift aanzet om te stijgen
C op het ogenblik dat de lift een constante snelheid heeft
D op het ogenblik dat de lift tot stilstand komt

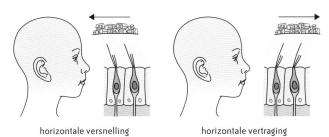

horizontale versnelling   horizontale vertraging

Fig. 3.7 Ombuigen van de haren van de haarcellen in het statolietorgaan van het ovaal blaasje als gevolg van een snelheidsverandering

Het dragen van een **autogordel** heeft als doel je lichaam vast te klikken in de wagen. Zo vorm je één geheel met de wagen en kun je veiliger plotse vertragingen of versnellingen opvangen. Dat is vooral van belang bij botsingen. De autogordel belet dan dat je – als gevolg van traagheid – naar voren beweegt en door de voorruit gekatapulteerd wordt.

Fig. 3.8 Klikvast met een autogordel

4 Bouw en werking van een ampullaorgaan

4.1 Bouw van een ampullaorgaan

Een ampullaorgaan bestaat uit **haarcellen** die zich bevinden tussen de cellen van het labyrintvlies op een richel die dwars in het halfcirkelvormig kanaal ligt. Op elke haarcel sluit een **zenuwvezel** aan. De **haren** van de haarcellen bevinden zich in een gelatineuze massa, die het halfcirkelvormig kanaal als een sluisdeur afsluit.

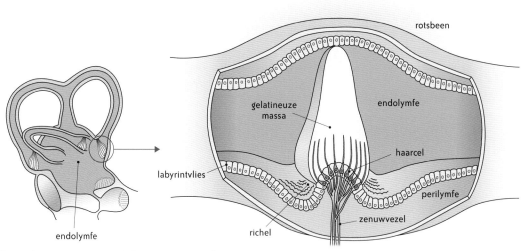

Fig. 3.9 Ligging en microscopische bouw van een ampullaorgaan

4.2 Werking van een ampullaorgaan

Het ampullaorgaan is een zintuig voor de **rotatiezin**: het registreert informatie over de **draaibewegingen van het hoofd**.

Wanneer je hoofd een **draaibeweging** begint, zal de endolymfe in de halfcirkelvormige kanalen door traagheid in tegengestelde zin van de draaibeweging stromen. Daardoor verschuift de gelatineuze massa en **buigen de haren** om. De ombuiging doet in de haarcellen **zenuwimpulsen** ontstaan. Die komen via de **evenwichtszenuw** in de hersenen terecht.
Wanneer je blijft draaien, zal de endolymfe op dezelfde manier meedraaien. De haren buigen dan niet om en de prikkel verdwijnt.
Als je plots stilstaat, stroomt de endolymfe door traagheid nog even verder. Je hebt de gewaarwording dat de draaibeweging voortduurt, alsof de omgeving in tegengestelde zin om je heen draait.

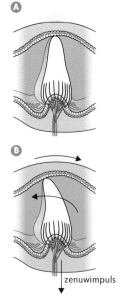

Fig. 3.10 Werking van een ampullaorgaan bij een draaibeweging naar rechts
A Het hoofd is in rust.
B Het hoofd draait naar rechts.

5 Samenwerking van statolietorganen en ampullaorganen

Dat beide soorten evenwichtszintuigen samenwerken, ervaar je wanneer je een radslag of een salto maakt, maar ook simpelweg wanneer je struikelt.

Bij de meeste bewegingen van het hoofd drukken de statolieten telkens anders op de haren van de haarcellen en is er een stroming van de endolymfe. Dat betekent dat **de statolietorganen en de ampullaorganen samenwerken om informatie over de hoofdbewegingen te geven**.

Die gelijktijdige informatie, zowel van de statolietorganen als van de ampullaorganen, laat ons toe gepast te reageren zodat we ons evenwicht kunnen bewaren.

Fig. 3.11 Bewegingen waarbij zowel de statolietorganen als de ampullaorganen samenwerken om tot evenwicht te komen
A Salto
B Radslag
C Struikelen

6 Andere zintuigen die een rol spelen om het evenwicht te bewaren (V)

6.1 Ogen

Dat niet alleen de evenwichtszintuigen garant staan voor het bewaren van het evenwicht, kan je uit de volgende **experimenten** afleiden.

onderzoeksvraag
Welke zintuigen spelen een rol om het evenwicht te bewaren?
waarnemingen
1 Je staat gedurende 1 min kaarsrecht met de voeten tegen elkaar, eerst met open ogen, daarna met gesloten ogen. Je stelt vast dat je heel wat meer bewegingen maakt om je evenwicht te bewaren met gesloten ogen dan met open ogen.   2 Je staat gedurende 1 min op één been met de ogen open. Dan doe je hetzelfde met de ogen dicht. Je stelt vast dat het veel moeilijker is om het evenwicht te bewaren met de ogen dicht.   3 Een proefpersoon draait enkele keren snel rond zijn as en stopt dan bruusk. Meteen daarna wordt het evenwicht van de proefpersoon getest door hem over een rechte lijn te laten lopen. Je stelt vast dat de proefpersoon duizelig is en moeite heeft om rechtop te blijven. (Opgelet dus voor valpartijen!)

Fig. 3.12 Met gesloten ogen op één been blijven staan is moeilijker dan met open ogen.

besluit
Uit deze experimenten kan je afleiden dat evenwicht van het lichaam met het hoofd rechtop tot stand komt door het samenspel van verschillende zintuigen nl. de **stato-lietorganen**, de **ampullaorganen** en de **ogen**. Als je de ogen uitschakelt, is het moeilijker om het evenwicht te bewaren.

De duizeligheid na een ronddraaiende beweging komt tot stand doordat de hersenen **tegenstrijdige informatie** krijgen: je ogen signaleren dat de beweging gestopt is, terwijl de ampullaorganen signaleren dat de beweging voortduurt.

Dansers of ijsschaatsers die pirouettes draaien, weten hun evenwicht te bewaren wanneer ze opnieuw tot stilstand komen. Om niet duizelig te worden, gebruiken ze de techniek van het **'spotten** of **oogfixatie'**. Ze richten hun ogen op een vast punt en proberen na het draaien zo snel mogelijk dat punt weer te vinden. Op die manier vertrouwen ze vooral op hun ogen en negeren ze de tegenstrijdige informatie van hun ampullaorganen.

Fig. 3.13 Draaien rond de lichaamsas zonder duizelig te worden
A Ronddraaiende danseres
B Pirouette op het ijs

6.2 Proprioreceptoren

Uit de vorige experimenten kan je afleiden dat we ook in stilstand, zonder dat we ons daarvan bewust zijn, voortdurend kleine bewegingen maken om ons hoofd en ons lichaam recht te houden. Dat zijn reacties die het gevolg zijn van een prikkeling van **receptoren in pezen, spieren en gewrichten**. We noemen ze samen de **proprioreceptoren**.

Het zijn **gevoelige zenuwuiteinden** in de pezen, rond spiervezels en in de gewrichten (beweeglijke verbindingen tussen twee beenderen). Bij prikkeling sturen ze **zenuwimpulsen** naar de hersenen of het ruggenmerg. De spieren reageren hierop door de lichaamshouding voortdurend bij te sturen.

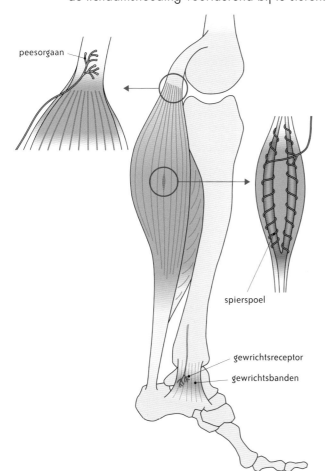

peesorgaan

spierspoel

gewrichtsreceptor

gewrichtsbanden

Verspreid in het lichaam liggen verschillende **soorten proprioreceptoren**:

- in de pezen zijn er **peesorganen** die informatie geven over de spierspanning.

- in de spieren liggen **spierspoelen** die de rekking van de spier registreren.

- in de gewrichtsbanden (banden die de beenderen van het gewricht op hun plaats houden) bevinden zich **gewrichtsreceptoren** die de stand en de standsveranderingen van de beenderen in het gewricht registreren.

Fig. 3.14 Proprioreceptoren: peesorgaan, spierspoel en gewrichtsreceptor

Nogal wat mensen hebben last van bewegingsziekte: **wagenziekte, zeeziekte en/ of luchtziekte**. In schommelende voertuigen worden ze misselijk en moeten ze braken.

Bewegingsziekte is geen ziekte maar een **evenwichtsstoornis**. Een mogelijke verklaring is een **overprikkeling** van de evenwichtszintuigen door de ongewone bewegingen en de voortdurende houdingsveranderingen.
Een andere verklaring is dat de evenwichtszintuigen, de ogen en de proprioreceptoren **tegenstrijdige informatie** registreren. In een kajuit op een schip bijvoorbeeld registreren de evenwichtszintuigen en de proprioreceptoren de bewegingen van het schip, maar de ogen registreren geen beweging.

De overprikkeling en het conflict tussen de zintuigen **verstoren de werking van inwendige organen**. Typische symptomen zijn slaperigheid, een gebrek aan eetlust, bleekheid, zweten, hoofdpijn, misselijkheid en braken. Kortom, men voelt zich echt ziek.
Niet iedereen is even gevoelig voor bewegingsziekte. Na enige tijd kan ook gewenning optreden.

Om bewegingsziekte te voorkomen, kun je op het volgende letten:
- met de rijrichting meezitten
- kinderen wat hoger zetten, zodat ze naar buiten kunnen kijken
- op een boot zoveel mogelijk aan dek blijven en met de vaarrichting meekijken
- niet lezen in een auto of op een boot
- alcohol, roken, een lege maag of een overvloedige maaltijd vermijden
- eventueel medicatie gebruiken, ongeveer een halfuur tot een uur voor het vertrek.

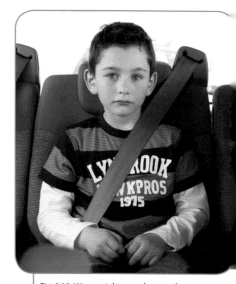

Fig. 3.15 Wagenziekte voorkomen door een kind met de rijrichting mee wat hoger op een zitkussen te zetten, zodat het naar buiten kan kijken

Evenwichtszintuigen en gewichtloosheid

Gewichtloosheid is een toestand waarin geen gewicht ervaren wordt. Zo'n toestand ontstaat bijvoorbeeld in een ruimtevaartuig. De zwaartekracht is daar niet voelbaar.
Wanneer een ruimtevaartuig zich eenmaal in een baan rond de aarde bevindt, is alles daarbinnen gewichtloos. Alles wat niet vastgemaakt is, zweeft dan. Dat geldt ook voor mensen.

De evenwichtszintuigen moeten zich aanpassen van zwaartekracht naar gewichtloosheid. Tijdens de aanpassing kan **ruimteziekte** ontstaan. Tekenend daarvoor zijn desoriëntatie en misselijkheid.
In hun trainingsprogramma leren astronauten om te gaan met ruimteziekte.

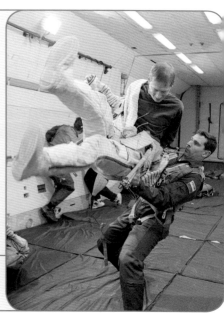

Fig. 3.16 Frank De Winne in gewichtloze toestand

Ziekte van Menière

De ziekte van Menière wordt gekenmerkt door aanvallen met drie soorten klachten die samen voorkomen:

- **aanvallen van draaiduizelingen**, met neiging tot vallen. Meestal gaan deze aanvallen gepaard met misselijkheid, braken, bleek zien en koud zweet. De aanvallen kunnen enkele uren duren.
- **gehoorverlies**, meestal aan één oor.
- **oorsuizen** (tinnitus), d.w.z. het horen van suizende maar ook brommende, dreunende of fluitende geluiden.

Wat er gebeurt tijdens een aanval van Menière is gekend, maar nog niet waardoor die aanval veroorzaakt wordt. Fig. 3.17 geeft de **opeenvolgende stappen in een aanval van Menière** weer:

1 Een aanval ontstaat in het slakkenhuis.

2 Om een ongekende reden wordt er te veel endolymfe geproduceerd. Daardoor gaat het membraan van Reissner uitpuilen.

3 Door de druk kan het membraan van Reissner scheuren. Daardoor mengen endolymfe en perilymfe zich en verandert hun samenstelling. Dat heeft een storende invloed op zowel de haarcellen in het basaalmembraan als op de evenwichtszintuigen.
In het inwendig oor ontstaan gehoorverlies en oorsuizen. De invloed op de evenwichtszintuigen doet de hevige duizeligheid ontstaan.

4 Door te scheuren vermindert de spanning op het membraan van Reissner. Het neemt opnieuw zijn oorspronkelijke stand in. Het scheurtje geneest als een klein litteken. Na enkele dagen hebben perilymfe en endolymfe weer hun oorspronkelijke samenstelling. De aanval gaat over.

Voor de **behandeling** van de ziekte van Menière zijn er verschillende medicijnen beschikbaar om de duizeligheid te bestrijden. Het gehoorverlies neemt wel stilaan toe, terwijl de draaiduizelingen in de loop der jaren verdwijnen.

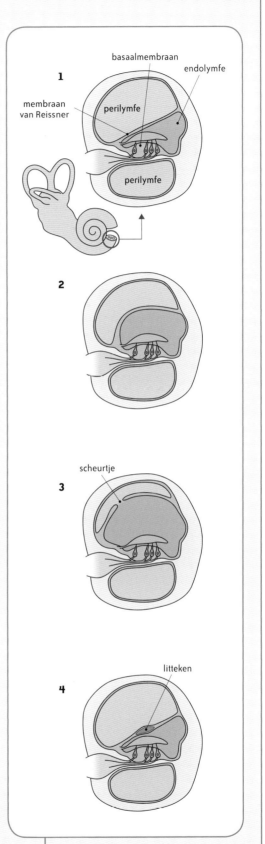

Fig. 3.17 Verloop van een aanval van de ziekte van Menière

Evenwichtsreceptoren
Samenvatting

1 Aard van de prikkel: zwaartekracht

- **Zwaartekracht** is de aantrekkingskracht van de aarde op elk voorwerp in haar omgeving. Je lichaam in **evenwicht** houden is een reactie op de prikkel zwaartekracht.

- **Traagheid of inertie** speelt ook een rol bij evenwicht. Traagheid betekent dat **een voorwerp dat in rust is uit zichzelf in rust wil blijven**. Er is een kracht nodig om een voorwerp vanuit rust in beweging te brengen. Traagheid wil ook zeggen dat **een voorwerp dat in beweging is uit zichzelf in beweging wil blijven**. Er is een kracht nodig om de bewegingstoestand te veranderen.

2 Situering van de evenwichtszintuigen

Onze evenwichtszintuigen liggen in het inwendig oor. Daar bevinden zich twee soorten zintuigen:

- **statolietorganen** in het ovaal en het rond blaasje van de voorhof

- **ampullaorganen** in de ampullaire verdikkingen van de drie halfcirkelvormige kanalen.

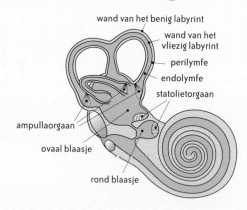

3 Bouw en werking van een statolietorgaan

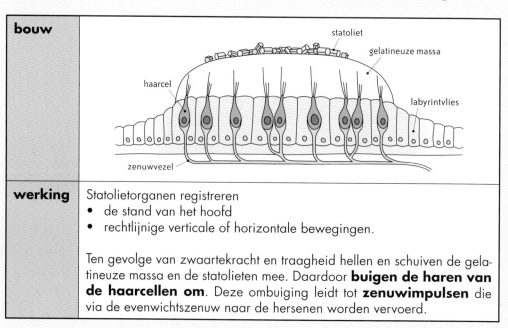

bouw	
werking	Statolietorganen registreren • de stand van het hoofd • rechtlijnige verticale of horizontale bewegingen. Ten gevolge van zwaartekracht en traagheid hellen en schuiven de gelatineuze massa en de statolieten mee. Daardoor **buigen de haren van de haarcellen om**. Deze ombuiging leidt tot **zenuwimpulsen** die via de evenwichtszenuw naar de hersenen worden vervoerd.

4 Bouw en werking van een ampullaorgaan

bouw	werking
gelatineuze massa · rotsbeen · endolymfe · haarcel · labyrint-vlies · richel · zenuwvezel · perilymfe	Ampullaorganen registreren draaibewegingen. Door traagheid stroomt de endolymfe in tegengestelde zin van de draaibeweging. Daardoor **buigen de haren van de haarcellen om**. Er ontstaan **zenuwimpulsen** die via de evenwichtszenuw naar de hersenen worden vervoerd.

5 Samenwerking van statolietorganen en ampullaorganen

Veel bewegingen van het lichaam zijn combinaties van rechtlijnige bewegingen en draaibewegingen → **statolietorganen en ampullaorganen werken voortdurend samen**.

6 Andere zintuigen die een rol spelen om het evenwicht te bewaren (V)

Naast statolietorganen en ampullaorganen spelen ook de ogen en de proprioreceptoren een rol in het bewaren van het evenwicht.

ogen
De ogen helpen om het evenwicht te bewaren doordat ze samen met de evenwichtszintuigen informatie over de lichaamshouding ten opzichte van de omgeving geven.

proprioreceptoren

Proprioreceptoren zijn gevoelige **zenuwuiteinden in pezen, spieren en gewrichten**. Ze geven voortdurend informatie over de lichaamshouding.

Soorten proprioreceptoren en hun functie:
- **peesorganen** registreren de spierspanning.
- **spierspoelen** registreren de rekking van de spier.
- **gewrichtsreceptoren** registreren de stand en de standsveranderingen van de beenderen in het gewricht.

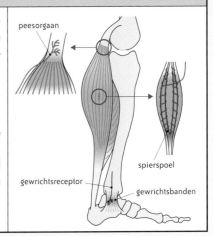

peesorgaan · spierspoel · gewrichtsreceptor · gewrichtsbanden

7 Bewegingsziekte (V)

Bewegingsziekte zoals **wagenziekte, zeeziekte en/of luchtziekte** is een evenwichtstoornis, mogelijk te verklaren door
- overprikkeling van de evenwichtszintuigen
- registratie van tegenstrijdige informatie door de evenwichtszintuigen, de ogen en de proprioreceptoren.

THEMA
4

REUKRECEPTOREN

INHOUD

Waarover gaat dit thema?

Organismen krijgen veel informatie over hun omgeving in de vorm van **chemische prikkels**.
Van stoffen in gasvormige toestand kunnen de moleculen zich in de lucht verspreiden. Sommige van die moleculen kunnen we als **reukstoffen** waarnemen.

In dit thema leer je dat de receptoren voor reukstoffen, de **reukcellen**, in het **reukslijmvlies van de neus** gelegen zijn. De reukreceptoren vormen de chemische prikkels om tot impulsen die naar de hersenen worden vervoerd. Dat leidt tot de gewaarwording van het **ruiken**.

1 Aard van de prikkel: reukstoffen

In onze omgeving komen heel wat **chemische prikkels** voor. Voor de mens is, in vergelijking met dieren, de reukzin minder belangrijk maar toch krijg je **via je neus nuttige informatie over je omgeving**. Je wordt gewaarschuwd voor bepaalde gevaren zoals brand, bedorven voedsel of giftige gassen. Aangename geuren brengen je in een goede stemming. Denk maar aan de geuren die je ruikt bij het bereiden van voedsel; ze wekken onze eetlust op. De kwaliteit van wijn wordt o.a. beoordeeld door er aan te ruiken. De geur van bloemen ervaren we als aangenaam. Sommige geuren wekken echter onze weerzin op en dan knijpen we onze neus dicht. **Moleculen van stoffen die we kunnen ruiken**, noemen we **reukstoffen**.

Fig. 4.1
Aangename en minder
aangename reukstoffen
gewaarworden

Om reukstoffen te kunnen waarnemen, moeten ze voldoen aan een bepaalde voorwaarde. Dat onderzoeken we met het volgende **experiment**.

onderzoeksvraag
Onder welke voorwaarde kunnen we reukstoffen gewaarworden?

waarnemingen

1 Je laat een geblinddoekte proefpersoon ruiken aan allerlei stoffen en voorwerpen zoals: een stukje paraffine, een kurk, een suikerklontje, een blokje hout, een stukje prei, een stukje appel, een brokje marmer, een stukje knoflook, verdunde ammoniak, een glas.
De proefpersoon geeft telkens aan of hij een geur waarneemt of niet.
Je stelt vast dat er alleen een geur wordt waargenomen bij prei, appel, knoflook en ammoniak.

2 Je laat een stukje paraffine smelten in een kroes en verwarmt het verder tot het kookt. Je stelt vast dat je de paraffine nu wel kunt ruiken.

Fig. 4.2 Paraffine in vaste toestand (A) ruiken
we niet, opgewarmde paraffine (B) wel.

besluit

Reukstoffen worden we gewaar als ze in **gasvormige toestand** voorkomen. De moleculen verspreiden zich in de lucht, zodat we ze kunnen opsnuiven.

Niet alle gassen zijn als reukstoffen waarneembaar door de mens

Hoewel we vele duizenden reukstoffen kunnen onderscheiden, zijn er ook **gassen die we niet kunnen ruiken**. Voorbeelden daarvan zijn koolstofmonoxide en aardgas.

Koolstofmonoxide (CO)

Koolstofmonoxide (CO) komt van nature voor **in het leefmilieu** ten gevolge van vulkaanuitbarstingen, bosbranden, enz. Ook bij heel wat industriële activiteiten en door het autoverkeer komt CO vrij. Het gas ontstaat bij onvolledige verbranding van fossiele brandstoffen.

Koolstofmonoxide is een **kleur-, smaak- en reukloos gas** dat we met onze zintuigen niet kunnen waarnemen. **Binnenshuis** is tabaksrook de voornaamste bron van CO-gas. **Slecht afgestelde verwarmingstoestellen** zijn de voornaamste oorzaak van CO-vergiftigingen.

Wanneer CO wordt ingeademd, komt het in het bloedplasma terecht. Daar zal het zich in de plaats van zuurstofgas **binden aan hemoglobine in de rode bloedcellen**. Kleine concentraties van CO verminderen al heel sterk de mogelijkheid van hemoglobine om O_2 te binden en te transporteren. Daardoor komt de zuurstofvoorziening van de weefsels in het gedrang.

Een **CO-vergiftiging** begint met hoofdpijn en misselijkheid. Als men in de ruimte blijft waar CO aanwezig is, volgen bewusteloosheid en coma, en mogelijk zelfs dood door zuurstoftekort.
De eerste hulp bestaat erin ramen en deuren open te zetten en het slachtoffer te evacueren. Een behandeling met zo geconcentreerd mogelijk zuurstofgas is noodzakelijk en moet een aantal uren volgehouden worden.

Aardgas

Aardgas is een **reukloos gas**. Aan aardgas dat voor huishoudens bestemd is, wordt een **vies ruikende stof toegevoegd** zodat je ontsnappend aardgas toch kan ruiken.

Fig. 4.3 Tabaksrook (A) en slecht afgestelde kachels (B) zijn bronnen van CO-gas binnenshuis.

Fig. 4.4 Het inademen van CO-gas bezorgt je hoofdpijn.

2 Ligging van de reukreceptoren (V)

2.1 Neus en neusholte

In de neus zitten twee **neusgaten**. Aan de ingang van de neus zitten **neusharen**. Die dienen om grotere stofdeeltjes die met de lucht ingeademd worden, tegen te houden.

De neus gaat over in de **neusholte**, die tot achter in de keelholte doorloopt. De neusholte is bovenaan begrensd door het **zeefbeen**. Dat is een schedelbeen, doorzeefd met kleine gaatjes. Onderaan is de neusholte begrensd door het gehemelte.
De linker- en de rechterneusholte zijn gescheiden door het **neustussenschot**. Het voorste deel daarvan bestaat uit kraakbeen, het achterste deel is beenweefsel.

Fig. 4.5 De neus met neusgaten en neustussenschot

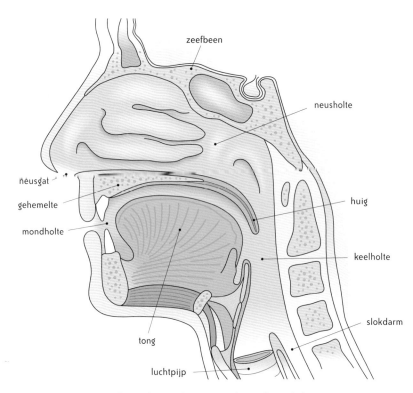

Fig. 4.6 Overlangse doorsnede en zijaanzicht van de neusholte

De hele neusholte is bekleed met het **neusslijmvlies** (zie Fig. 4.7B). Dat produceert voldoende slijm om de neus voortdurend nat te houden. Het slijm werkt als een beschermende laag tegen stof, virussen en bacteriën. Het dient ook om de ingeademde lucht te bevochtigen.

Onder het neusslijmvlies zit een dicht netwerk van **haarvaten**. Daardoor wordt de warmte van het bloed overgedragen aan de ingeademde lucht, zodat die verwarmd wordt.

2.2 Neusschelpen

De zijwanden van de neusholte vertonen uitstekende botranden, de **neusschelpen**, waarvan de mens er drie paar heeft.

Het neusslijmvlies dat de neusschelpen bedekt, heeft een rode kleur. Op een deel van de bovenste neusschelp en bovenaan het neustussenschot is het neusslijmvlies geel gekleurd.

Alleen het gele neusslijmvlies is gevoelig voor geurprikkels. We noemen dat dan ook het **reukslijmvlies**. Het heeft een oppervlakte van ongeveer 5 cm^2.

Het reukslijmvlies bevat de **receptoren voor reukstoffen**: de **reukcellen**.

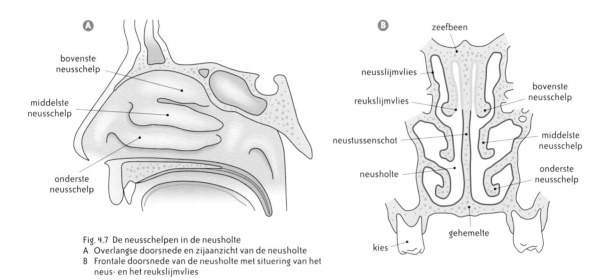

Fig. 4.7 De neusschelpen in de neusholte
A Overlangse doorsnede en zijaanzicht van de neusholte
B Frontale doorsnede van de neusholte met situering van het neus- en het reukslijmvlies

Ontsteking van het neusslijmvlies: neusverkoudheid

Een neusverkoudheid is een ontsteking van het neusslijmvlies, veroorzaakt door een **verkoudheidsvirus**. Soms kan de ontsteking zich uitbreiden naar de keel of de neusbijholten (sinussen; zie p. 81).

Enkele dagen na de infectie treden de typische verschijnselen op: snot in de neus, neusverstopping en niezen. Het snotteren is het gevolg van te veel slijm in de neus. De neusverstopping wordt vooral veroorzaakt door opzwelling van het neusslijmvlies omdat de bloedvaten tijdelijk meer vocht vasthouden. Door het vele slijm en de neusverstopping is er **minder reukvermogen**: reukstoffen geraken immers niet tot bij het reukslijmvlies.

Een neusverkoudheid gaat gewoonlijk binnen de 10 dagen vanzelf over. **Neusdruppels** kunnen de zwelling van het neusslijmvlies verminderen waardoor je beter kan ademen. **Antibiotica helpen niet** tegen een verkoudheid, omdat ze alleen tegen bacteriën werken en niet tegen virussen.

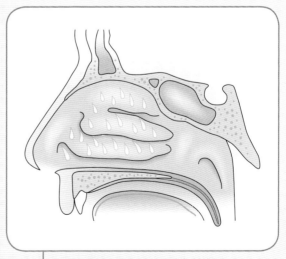

Fig. 4.8 Overvloedige slijmproductie bij een neusverkoudheid

3 Bouw en werking van het reukslijmvlies (V)

3.1 Bouw van het reukslijmvlies

Het reukslijmvlies is opgebouwd uit **steuncellen** met daartussenin **reukcellen** en **slijmklieren**. De steuncellen vormen een laag van cellen met een steunende functie. De slijmklieren produceren voortdurend een laag slijm naar de neusholte toe.

Op de **reukcellen** staan aan de onderkant fijne **reukhaartjes** die baden in de slijmlaag. Aan de bovenkant draagt elke reukcel een **zenuwvezel** die door de gaatjes van het zeefbeen kan. De zenuwvezels vormen samen de **reukzenuw**, die verder naar de hersenen loopt.

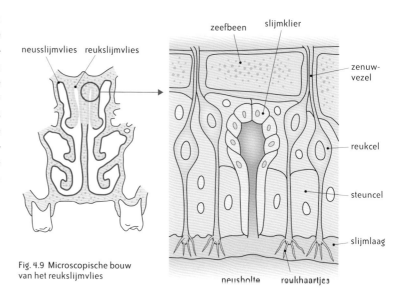

Fig. 4.9 Microscopische bouw van het reukslijmvlies

3.2 Werking van het reukslijmvlies

Als je normaal door je neus ademt, stroomt de ingeademde lucht eerder langs de onderkant van de neusholte. De vorm van de neusschelpen doet een deel van de lucht naar de bovenkant wervelen. Op die manier kunnen de moleculen van de reukstoffen het reukslijmvlies op de bovenste neusschelp bereiken. Ze lossen op in de slijmlaag en komen dan in aanraking met de reukhaartjes. Dat contact prikkelt de **reukcellen**. Die **vormen de chemische prikkel om tot zenuwimpulsen**, die via de zenuwvezels en de **reukzenuw** naar een specifieke plaats in de hersenen worden geleid. Pas dan word je een geur gewaar.

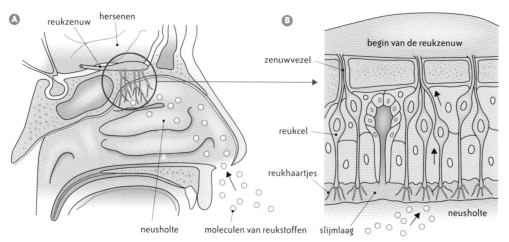

Fig. 4.10 Werking van het reukslijmvlies
A Zijaanzicht van de neusholte bij het inademen van moleculen van reukstoffen
B Reukstoffen in contact met het reukslijmvlies; de zwarte pijltjes bij de reukcellen geven de richting van de geleiding van de zenuwimpuls aan.

Ontsteking van het slijmvlies in de neusbijholten: sinusitis

Boven en naast de neus bevinden zich in de schedelbeenderen holle ruimten die in directe verbinding staan met de neusholte: de **neusbijholten** of **sinussen**.

De twee voorhoofdsholten (gelegen boven de ogen) en de twee kaakholten (in de bovenkaak) zijn het meest bekend. Tussen de neusholte en de oogkas is er een geheel van vele kleine holten: de zeefbeenholten. De sinussen zijn **bekleed met slijmvlies**.

Sinusitis is een ontsteking van het slijmvlies van de sinussen door virussen of bacteriën. Dat heeft dikwijls een **verminderd reukvermogen** tot gevolg.

Acute sinusitis kan behandeld worden met **pijnstillers**, een **neusspray** of soms met **antibiotica**.

Wanneer sinusitis niet geneest en blijft aanslepen, spreken we van een chronische sinusitis. In dat geval is soms een **chirurgische ingreep** nodig om de neusbijholten open te maken. Op die manier kunnen de ontstekingsproducten via de neusholte naar buiten. Het slijmvlies zal dan na enige tijd genezen.

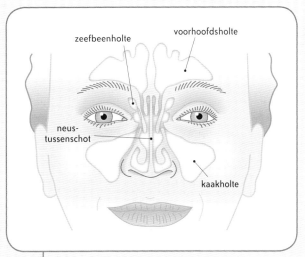

Fig. 4.11 Situering van de neusbijholten of sinussen

Speurhonden

Honden hebben van nature een uitstekende reukzin. Toch kan de mens **door training de reukzin van een hond maximaliseren**. De training gebeurt in gespecialiseerde instructiescholen.

Hond en begeleider leren er als team werken. Tijdens de training wordt gebruikgemaakt van een positieve leermethode die vooral gericht is op het belonen van de hond.

Speurhonden worden ingezet op heel wat terreinen: voor het speuren naar vermiste mensen, verstekelingen, lijken en bepaalde stoffen, zoals drugs en explosieven.

Fig. 4.12 Speurhonden in actie
A Op zoek naar mogelijke slachtoffers van een lawine
B Speuren naar explosieven en drugs

Betekenis van de reukzin voor dieren

Voor dieren is de reukzin **van kapitaal belang**: **roofdieren** sporen er hun prooi mee op, **prooidieren** merken er hun belagers mee op.

Ze hebben een neusholte met heel veel neusschelpen, die allemaal bedekt zijn met reukslijmvlies. Zowel roofdieren als prooidieren hebben dan ook een **ontzettend scherpe reukzin**.

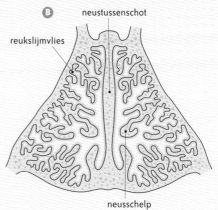

Fig. 4.13
A Een ree, voorbeeld van een prooidier
B Frontale doorsnede van de neusholte van een ree: er zijn heel veel neusschelpen en ze zijn allemaal bedekt met reukslijmvlies.

Kampioenen in het ruiken zijn sommige **insecten**. De reukcellen van insecten liggen op de sprieten. Zo kunnen vlinders de bloemen van de vlinderstruik van op grote afstand ruiken.

Het wijfje van de nachtpauwoog, een nachtvlinder, produceert een lokgeur om het mannetje te lokken. De sprieten van het mannetje zijn groter en fijner vertakt dan die van het wijfje. Daarmee speurt hij de omgeving af naar vrouwelijke lokgeuren.

Fig. 4.14
A Een vlinder op een vlinderstruik
B Mannetje van de nachtpauwoog met fijn vertakte sprieten

Samenvatting

1 Aard van de prikkel: reukstoffen

Reukstoffen zijn moleculen van **stoffen in gasvormige toestand** die zich in de lucht verspreiden zodat we ze kunnen opsnuiven en kunnen ruiken.

2 Ligging van de reukreceptoren (V)

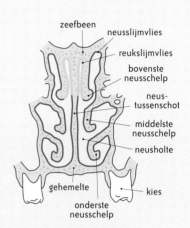

- Heel de **neusholte** is bekleed met het **neusslijmvlies**.

- De **neusschelpen** zijn drie paar uitstekende botranden op de zijwanden van de neusholte.

- Alleen het **reukslijmvlies** – dat is het neusslijmvlies op een deel van de bovenste neusschelp en bovenaan het neustussenschot – is gevoelig voor reukprikkels. Het bevat de receptoren voor reukstoffen nl. de **reukcellen**.

3 Bouw en werking van het reukslijmvlies (V)

reukslijmvlies	
bouw	**werking**
slijmklieren	slijm produceren
slijmlaag	• beschermen tegen stof, virussen en bacteriën • de ingeademde lucht bevochtigen • oplosmiddel voor de reukstoffen
steuncellen	het slijmvlies steunen
reukcellen	Wanneer de moleculen van reukstoffen oplossen in de slijmlaag, maken ze contact met de reukhaartjes van de **reukcellen**. Die **vormen de chemische prikkel om tot zenuwimpulsen** die via de reukzenuw naar de hersenen worden geleid.

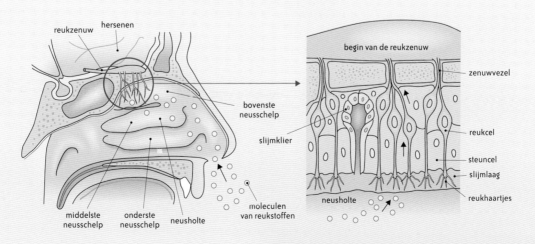

THEMA

5

SMAAKRECEPTOREN

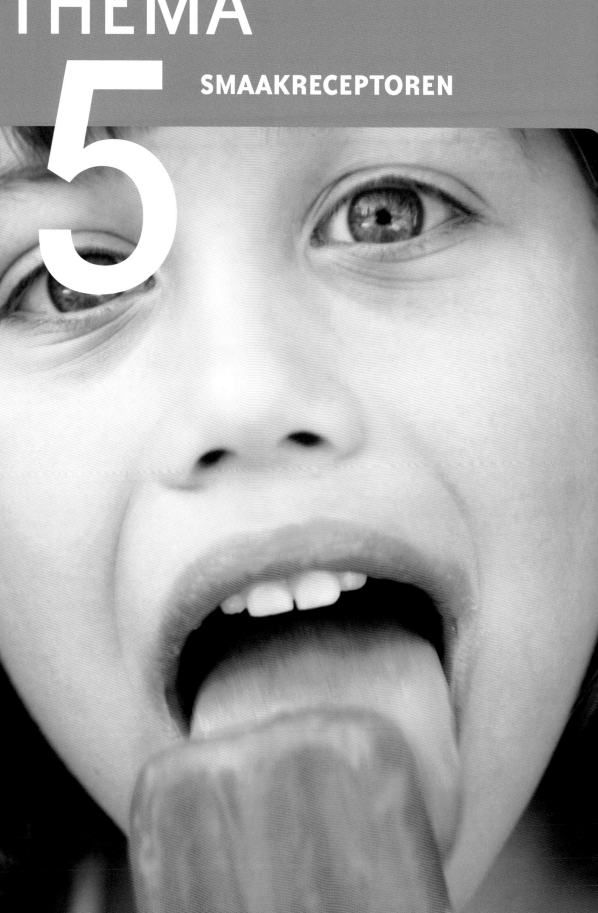

INHOUD

Waarover gaat dit thema?

Organismen krijgen veel informatie over hun omgeving in de vorm van **chemische prikkels** via hun voeding. Het is voor hen van levensbelang dat ze de **smaakstoffen** in hun voedsel kunnen waarnemen. Smaakstoffen lossen op in het speeksel en kunnen dan geproefd worden.

In dit thema leer je waar op de **tong** de receptoren voor smaakstoffen, de **smaakcellen**, precies gelegen zijn. Die receptoren vormen de chemische prikkels om tot impulsen die naar de hersenen worden vervoerd. Dat leidt tot de gewaarwording van het **smaken**.

1 Aard van de prikkel: smaakstoffen

Voeding is voor elk organisme van levensbelang. Wanneer we eten, proeven we in onze mond allerlei stoffen. **Moleculen van stoffen die we kunnen smaken**, noemen we **smaakstoffen**.

Om smaakstoffen gewaar te worden, moeten ze voldoen aan een bepaalde voorwaarde. Dat onderzoeken we met het volgende **experiment**.

onderzoeksvraag
Onder welke voorwaarde kunnen we smaakstoffen gewaarworden?
waarnemingen
1 Je droogt je tong af met een papieren zakdoekje. Meteen daarna raak je je tong aan met een suikerklontje. Je meet de tijd tot je de zoete smaak proeft.
2 Je maakt je tong nat met speeksel. Je raakt je tong aan met een suikerklontje en je meet de tijd tot je de zoete smaak gewaarwordt. Je stelt vast dat het langer duurt om tot een smaakgewaarwording te komen met een droge tong dan met een natte tong.
besluit
Smaakstoffen kunnen we gewaarworden op voorwaarde dat ze **oplosbaar zijn in het speeksel**. In de mondholte fungeert speeksel als oplosmiddel voor smaakstoffen.

De mens kan **5 basissmaken** onderscheiden, nl. **zout, zoet, bitter, zuur** en **umami**.

Umami is het Japans woord voor 'hartig'. De smaakstof die met umami overeenkomt, is glutamaat. Het is een stof die van nature voorkomt in veel voedingsmiddelen zoals vlees, vis, groenten en kaas. Glutamaat wordt dikwijls als smaakversterker toegevoegd aan veel kant-en-klare etenswaren.

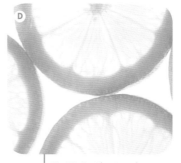

Fig. 5.1 De 5 basissmaken
A zout
B zoet
C bitter
D zuur
E umami

2 Smaken, niet alleen met de tong

Proeven is een complexe ervaring. Wat we smaken noemen, is een **samenspel van meerdere zintuiglijke waarnemingen**.

De smaakzin is vooral gelegen op de **tong**. Naast een **smaakfunctie** heeft de tong ook een **tastfunctie**.
De temperatuur, de vorm en de aard van het geproefde kunnen waargenomen worden. Zo kun je gewaarworden of iets warm of koud is, glad of klonterig, droog of glibberig.

De **reukzin** beïnvloedt in belangrijke mate de smaakgewaarwording. Door te kauwen, komen dikwijls reukstoffen vrij die via de neusholte de reukreceptoren bereiken.
Als je verkouden bent, lijkt het voedsel smakeloos. Dat komt niet omdat de smaakreceptoren minder goed werken, maar wel omdat de reukreceptoren minder goed functioneren.

Iedereen kent wel de uitdrukking **'het oog wil ook wat'**. Ook met onze ogen beoordelen we de kwaliteit van voedsel, en dat beïnvloedt de smaak ervan. Stel je voor dat cola een blauwe, of sinaasappelsap een bruine kleur zouden hebben … de dranken zouden er heel wat minder aantrekkelijk uitzien.

Fig. 5.2 Smakelijk eten oogt goed.

3 Situering van de smaakpapillen (V)

Smaken doen we vooral met de **tong**. Het tongoppervlak bestaat uit het tongslijmvlies, dat bezet is met duizenden kleine uitsteeksels: de **smaakpapillen**. Die bevatten de eigenlijke **smaakreceptoren**. Ook in het **zachte gehemelte** en in de **keelwand** vinden we smaakpapillen terug.

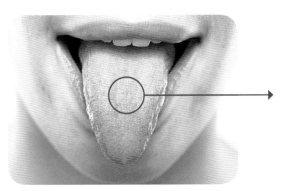 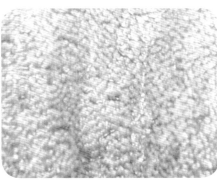

Fig. 5.3 Het tongoppervlak is bezet met smaakpapillen.

Met het volgende **experiment** kunnen we nagaan waar de smaakpapillen voor de vijf basissmaken op de tong voorkomen.

onderzoeksvraag
Liggen de smaakpapillen voor de vijf basissmaken gegroepeerd in zones of verspreid op de tong?
waarnemingen
1 Een geblinddoekte proefpersoon droogt zijn tong af met een papieren zakdoekje.
2 Je bevochtigt een wattenstaafje met een suikeroplossing, een keukenzoutoplossing, azijn, cichorei-extract en een bouillonoplossing.
3 Met elk bevochtigd wattenstaafje raak je achtereenvolgens het midden, het achterste deel, de punt, de tongrand en de onderkant van de tong aan. De proefpersoon zegt wat hij proeft en waar op de tong hij de smaakstof proeft.
4 Na elke waarneming moet de proefpersoon de mond spoelen met water en de tong opnieuw afdrogen met een papieren zakdoekje.
Je stelt vast dat de proefpersoon op zijn tong geen duidelijke zones voor bepaalde smaken kan afbakenen.
besluit
De smaakpapillen voor de vijf basissmaken liggen **verspreid op de tong**.

 # 4 Soorten smaakpapillen (V)

Op het tongoppervlak komen verschillende soorten smaakpapillen voor die naar hun vorm onderverdeeld zijn in **draadvormige**, **paddenstoelvormige** en **bladvormige papillen**.

Daarnaast zijn er nog grote papillen die in V-vorm achteraan op de tong liggen. Ze bestaan uit een cilinder, omgeven door een geul en een wal. Daarom worden ze **omwalde papillen** genoemd.

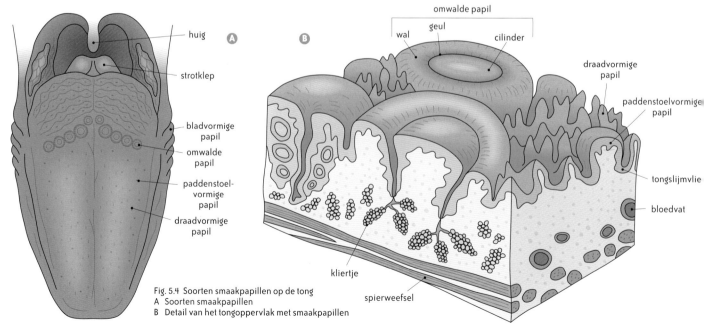

Fig. 5.4 Soorten smaakpapillen op de tong
A Soorten smaakpapillen
B Detail van het tongoppervlak met smaakpapillen

5 Bouw en werking van de smaakreceptoren (V)

5.1 Smaakknoppen met smaakreceptoren

Smaakpapillen zijn een verzameling van kleinere onderdelen nl. de **smaakknoppen**. Er liggen veel smaakknoppen in de omwalde en de bladvormige papillen; in de paddenstoelvormige papillen komen maar enkele smaakknoppen voor. De draadvormige papillen bezitten zelden smaakknoppen; die papillen hebben eerder een tastfunctie.

Fig. 5.5 A toont een overlangse doorsnede van een **omwalde papil**. Je herkent de cilinder, de geul en de wal. In de wanden van de geul zitten kleine holten waarin telkens een smaakknop gelegen is. Onderaan de geul zijn kliertjes aanwezig om met het kliervocht smaakstoffen weg te spoelen, zodat de smaakreceptoren telkens opnieuw prikkelbaar zijn voor nieuwe smaakstoffen.

De bouw van een smaakknop is weergegeven op Fig. 5.5 B. In een smaakknop liggen de **smaakcellen**, de eigenlijke smaakreceptoren, tussen **steuncellen** in. Een smaakcel heeft naar 'buiten' toe smaakhaartjes; naar 'binnen' toe is ze omsponnen met **zenuwvezels**.
Smaakknoppen bevatten smaakreceptoren voor alle smaken. Je kunt dus overal op je tong de vijf basissmaken of combinaties daarvan proeven.

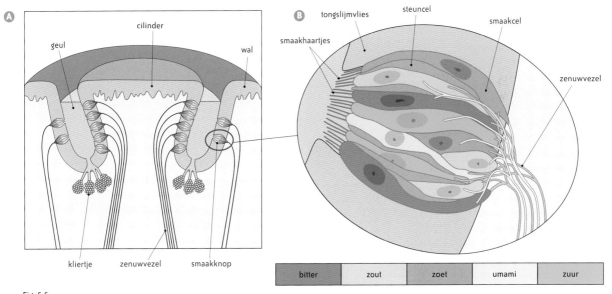

Fig. 5.5
A Overlangse doorsnede van een omwalde papil
B Overlangse doorsnede van een smaakknop met smaakcellen voor de basissmaken

5.2 Werking van de smaakreceptoren

Wanneer smaakstoffen oplossen in het speeksel, kunnen ze in contact komen met de smaakhaartjes. De **smaakcellen** worden dan geprikkeld. Die **vormen de chemische prikkels om tot zenuwimpulsen**, die via de zenuwvezels en de **smaakzenuw** naar een specifieke plaats in de hersenen worden vervoerd. Pas als de impulsen daar aankomen, proef je de smaak.

Tijdens een maaltijd eten we achtereenvolgens gerechten waarin verschillende basissmaken overheersen, bv. eerst gerechten waarin zout en umami de overhand hebben en nadien een dessert met een zoete smaak. Dat betekent dat de smaakreceptoren zich snel moeten kunnen aanpassen aan de achtereenvolgende smaakstoffen. Hoe dat gebeurt, onderzoeken we met het volgende **experiment**.

onderzoeksvraag
Hoe passen de smaakreceptoren zich aan achtereenvolgende smaakstoffen aan?
waarnemingen
1 Je spoelt je mond met een 0,3 % keukenzoutoplossing; direct daarna met een 3 % keukenzoutoplossing (dus een 10 x sterkere oplossing) en dan opnieuw met de 0,3 % keukenzoutoplossing. Je stelt vast dat de 0,3 % keukenzoutoplossing toegediend na de 3 % keukenzoutoplossing niet meer als zoutig wordt ervaren. 2 Je doet hetzelfde als in 1 maar na elke waarneming spoel je de mond met water. Je stelt vast dat de 0,3 % keukenzoutoplossing toegediend na de 3 % keukenzoutoplossing wel als zoutig wordt ervaren.
besluit
Om telkens opnieuw door dezelfde (of door andere) smaakstoffen geprikkeld te kunnen worden, is het van belang dat de **smaakstoffen weggespoeld** worden. Dat gebeurt vooral door het speeksel.

Smaakstoornis

Een smaakstoornis kan zich op verschillende manieren uiten. Er kan sprake zijn van een **afgenomen of verdwenen smaakfunctie**. Ook kunnen bekende smaken anders worden waargenomen of is er continu een vieze smaakgewaarwording, zonder dat er een smaakstof wordt ingenomen.

Smaakstoornissen kunnen het gevolg zijn van **infecties in de mond- en keelholte**. Bacteriën, virussen en schimmels kunnen daarbij ook het tongslijmvlies doen ontsteken en de smaakpapillen beschadigen.

Bij sommige infecties kan het tongoppervlak bedekt zijn met een grijswitte tot gelig bruine laag, het zogenaamde **tongbeslag**. Dat bestaat uit slijm, afgestorven cellen van het tongslijmvlies en bacteriën. Een beslagen tong geeft een vieze smaak in de mond. Met een tongschraper kan tongbeslag losgemaakt en verwijderd worden.

Veel mondinfecties genezen spontaan. Een goede **mondhygiëne** (mondspoeling) en **tandverzorging** (poetsen en tandartscontrole) kunnen infecties van de mondholte en ontsteking van het tongslijmvlies voorkomen.

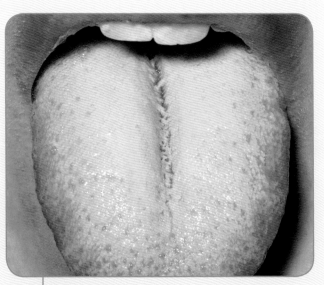

Fig. 5.6 Een beslagen tong te wijten aan een infectie van de bovenste luchtwegen

Smaakreceptoren
Samenvatting

1 Aard van de prikkel: smaakstoffen

- Smaakstoffen zijn waarneembare chemische prikkels op voorwaarde dat ze **oplosbaar zijn in het speeksel**.
- De mens kan **vijf basissmaken** onderscheiden: **zout**, **zoet**, **bitter**, **zuur** en **umami**.

2 Smaken, niet alleen met de tong

Smaken is een waarneming waarbij verschillende zintuigen betrokken zijn:
- de **tong** heeft naast een smaakfunctie ook een tastfunctie om bijvoorbeeld de temperatuur, de vorm en de aard van het geproefde te kunnen waarnemen.
- de **reukzin** beïnvloedt in belangrijke mate de smaakgewaarwording.
- met onze **ogen** beoordelen we de kwaliteit van voedsel, wat ook een invloed heeft op de smaakgewaarwording.

3 Situering van de smaakpapillen (V)

Smaakpapillen bevinden zich in het tongslijmvlies dat de tongoppervlakte bedekt.

4 Soorten smaakpapillen (V)

De smaakpapillen op het tongoppervlak zijn naar hun vorm onderverdeeld in
- **draadvormige papillen**
- **paddenstoelvormige papillen**
- **bladvormige papillen**
- **omwalde papillen**.

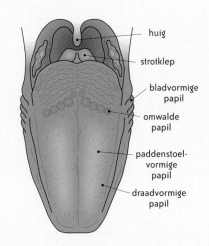

huig
strotklep
bladvormige papil
omwalde papil
paddenstoel-vormige papil
draadvormige papil

5 Bouw en werking van de smaakreceptoren (V)

- De smaakreceptoren of **smaakcellen** liggen in **smaakknoppen**, die op hun beurt deel uitmaken van de smaakpapillen.

- Smaakstoffen, opgelost in het speeksel, komen in contact met de smaakhaartjes en prikkelen de **smaakcellen**. Die **vormen de chemische prikkels om tot zenuwimpulsen** die via de zenuwvezels en de smaakzenuw naar de hersenen geleid worden.

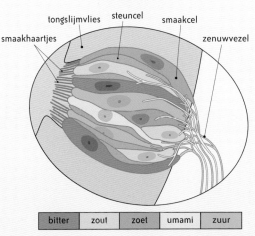

tongslijmvlies   steuncel   smaakcel
smaakhaartjes   zenuwvezel

| bitter | zout | zoet | umami | zuur |

THEMA

6

GEVOELSRECEPTOREN

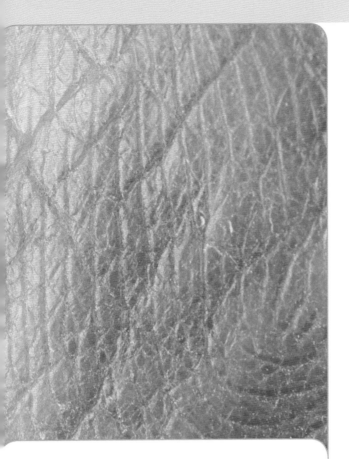

INHOUD

Waarover gaat dit thema?

Organismen krijgen te maken met een verscheidenheid aan **gevoelsprikkels**: tast (aanraking), druk, warmte, koude en pijn. Via onze **huid** zijn we in staat de gevoelsprikkels te registreren.

In dit thema bespreken we de ligging, de bouw en de werking van de **gevoelsreceptoren**. Ze vormen de gevoelsprikkels om tot zenuwimpulsen, die dan naar de hersenen vervoerd worden. Dat leidt tot de **gevoelsgewaarwording**.

1 Aard van de prikkel: gevoel

Een streling voelen, iemand de hand drukken, iets betasten, een blauwe plek oplopen, warmte of koude gewaarworden … het heeft allemaal te maken met **gevoel**. **Gevoelsprikkels** registreren we met de **huid**, het contactoppervlak van het lichaam met de buitenwereld. De huid kun je beschouwen als één groot zintuig met een oppervlakte van ongeveer 1,5 tot 2 m².

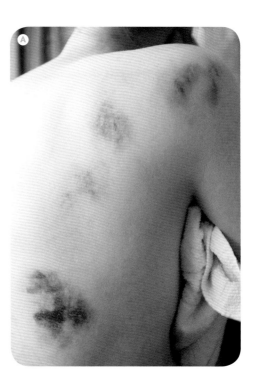

Fig. 6.1 Allerlei gevoelsprikkels, zoals pijn (A), aanraking (B), warmte en koude (C), registreren we met de huid.

In de huid liggen een groot aantal **gevoelsreceptoren** die, naargelang de prikkels die ze registreren, in te delen zijn in drie groepen:

- receptoren gevoelig voor **tast** (aanraking) en **druk** (duwkracht op de huid). Omdat tast en druk mechanische prikkels zijn, noemen we die gevoelsreceptoren ook **mechanoreceptoren**.

- receptoren gevoelig voor **temperatuursveranderingen**; we noemen die **thermoreceptoren**.

- receptoren gevoelig voor **weefselbeschadiging**, ook **pijnreceptoren** genoemd.

2 Huidgevoeligheid onderzoeken

Uit ervaring weet je dat de **gevoeligheid van de huid voor tast (aanraking) niet op alle plaatsen dezelfde is**. Zo zijn bijvoorbeeld de vingertoppen veel gevoeliger voor tast dan de handpalm.

Al de punten op de huid waar we gevoelsprikkels – tast of aanraking, druk, warmte, koude, pijn – kunnen waarnemen, noemen we **zintuigpunten**. Ze komen overeen met dieper in de huid gelegen gevoelsreceptoren.

Met het volgende **experiment** gaan we het aantal en de verdeling van de zintuigpunten voor aanraking, warmte en koude na.

Fig. 6.2 De vingertoppen zijn zo gevoelig voor tast dat een blinde er brailleschrift mee kan lezen.

onderzoeksvragen

Zijn er voor tast (aanraking), warmte en koude, evenveel zintuigpunten in de huid? Hoe is de verdeling van die zintuigpunten in de huid?

waarnemingen

1 Je legt spijkers in ijs en in heet water.

2 Op je onderarm teken je een vierkant met zijden van 2 cm.

3 Met een koude spijker raak je 20 plaatsen binnen het vierkant aan. Je telt hoeveel keer je aanraking en hoeveel keer je koude gewaarwordt.

4 Met een warme spijker raak je 20 plaatsen binnen het vierkant aan. Je telt hoeveel keer je aanraking en hoeveel keer je warmte waarneemt.

Je stelt vast dat je telkens de aanraking voelt en dat er meer zintuigpunten zijn voor koude dan voor warmte.

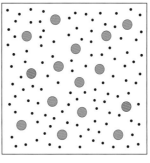

• aanrakingspunten

● koudepunten

● warmtepunten

Fig. 6.3 Aanrakingspunten, koudepunten en warmtepunten in 1 cm² huid (4 x vergroot)

besluit

In de huid zijn er zeer **veel zintuigpunten voor aanraking**.
Er zijn **meer koudepunten dan warmtepunten**.
Al die zintuigpunten **liggen verspreid in de huid**.

Onze lichaamstemperatuur ligt rond 37 °C. Dat is de temperatuur centraal in het lichaam. Aan het huidoppervlak is de temperatuur lager, normaal 30 tot 33 °C. Via onze huid kunnen we **temperatuurverschillen waarnemen**. Hoe we voorwerpen als warm of koud ervaren en hoe de huid reageert op temperatuurverschillen onderzoeken we met het volgende **experiment**.

---

onderzoeksvragen

Wanneer wordt een voorwerp als warm, wanneer als koud ervaren?
Hoe reageert de huid op temperatuurverschillen?

waarnemingen

1 Je brengt gelijktijdig de linkerhand in ijswater en de rechterhand in warm water.

2 Na enige tijd breng je beide handen in lauw water.

Je stelt vast dat de koude hand het lauwe water aanvoelt als warm. De warme hand voelt het lauwe water als koud aan.

Je merkt ook op dat de huid bleek wordt in koud water en rood aanloopt in warm water.

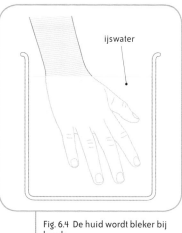

ijswater

Fig. 6.4 De huid wordt bleker bij koude.

besluit

Via de huid kunnen we **temperatuurverschillen** tussen voorwerpen niet absoluut of exact maar op een **relatieve manier gewaarworden**.
Warmte doet de **huid rood** aanlopen en **koude** doet de **huid bleek** worden.

Bijna onze hele huid is behaard. Met het volgende **experiment** gaan we na of we, zonder rechtstreeks contact met de huid, **via haren tot gevoelsgewaarwordingen** kunnen komen.

---

onderzoeksvraag

Registreren haren gevoelsprikkels zoals aanraking en pijn?

waarnemingen

1 Je neemt tussen duim en wijsvinger een hoofdhaar vast aan de top en beweegt ermee heen en weer.
  Je stelt vast dat je de aanraking en de beweging registreert.

2 Je raakt met de punt van een balpen een haartje aan bv. op de handrug, de onderarm, een wimper. Je zorgt ervoor dat de balpen niet rechtstreeks met de huid in aanraking komt.
  Je stelt vast dat je al die aanrakingen waarneemt.

3 Met een pincet trek je zachtjes aan een hoofdhaar, een haartje op de onderarm, een wimper.
  Telkens word je lichte pijn gewaar.

besluit

Haren zijn **gevoelig voor aanraking en pijn**.

Een gezonde huid heeft een oppervlak met een reliëf van **vlakjes** en **ribbels**. Daardoor is de huid rekbaar en veerkrachtig. De bouw en de eigenschappen van de huid zijn erfelijk bepaald. Zo geeft het patroon van de ribbels op de vingertoppen voor elk individu unieke vingerafdrukken.

De huid bestaat uit twee lagen: de **opperhuid** en de **lederhuid**.
De twee lagen samen zijn niet overal even dik. Zo is de huid van de oogleden zeer dun. Op de handpalmen, de voetzolen en de rug is de huid veel dikker.

Fig. 6.5
A Gezonde huid met vlakjes en ribbels
B Vingerafdruk op glas

Verspreid in de opperhuid en de lederhuid liggen de verschillende soorten **gevoelsreceptoren**: tast- en druklichaampjes, warmte- en koudereceptoren, haarzakzenuwvezels en pijnreceptoren (zie punt 4).

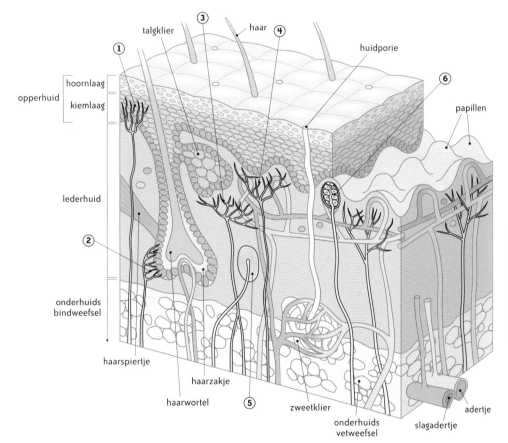

Fig. 6.6 Schematische voorstelling van een verticale doorsnede doorheen de huid met situering van de gevoelsreceptoren
1 pijnreceptor
2 haarzakzenuwvezel
3 warmtereceptor
4 koudereceptor
5 druklichaampje
6 tastlichaampje

Onder de lederhuid ligt het **onderhuids bindweefsel**, dat niet meer tot de huid gerekend wordt. Onderhuids bindweefsel is elastisch en zorgt voor een beweeglijke verbinding tussen de huid en de spieren en pezen. In het onderhuids bindweefsel komen cellen voor waarin vet kan worden opgestapeld. Het onderhuids vetweefsel vormt een energiereserve en heeft een warmte-isolerende functie.

Bouw en functies van opperhuid en lederhuid

De **opperhuid** is opgebouwd uit twee lagen : de **hoornlaag** en de **kiemlaag**.

- De **hoornlaag** is de buitenste laag van de opperhuid. De cellen in deze laag zijn dood. Toch hebben die dode cellen een belangrijke functie: ze **beschermen** tegen beschadiging, uitdroging en het binnendringen van ziekteverwekkers.
  De hoornlaag **slijt voortdurend af** door wrijving, aanraking en druk. Ze laat ook spontaan huidschilfers los.

- Onder de hoornlaag vind je de **kiemlaag**. Daar bevinden zich **cellen die het vermogen hebben om zich te delen**. De nieuw gevormde cellen schuiven geleidelijk naar het oppervlak van de opperhuid. Ze sterven uiteindelijk af en vormen dan de hoornlaag. Van binnenuit wordt de opperhuid dus voortdurend vernieuwd. Zo kun je stellen dat je om de vier tot zes weken een nieuwe opperhuid hebt.

De **lederhuid** ligt onder de opperhuid. De grens tussen de opperhuid en de lederhuid is niet vlak, maar gegolfd. Dat komt door een groot aantal uitsteeksels of **papillen** die voor een stevige verankering van de opperhuid zorgen.
De lederhuid bestaat uit bindweefsel. Daarin komen een aantal structuren voor, namelijk **bloedvaten, zweetklieren, talgklieren en haren**.

Bloedvaten

De doorbloeding van de huid gebeurt door **netwerken van bloedvaten**. Die kunnen veel bloed bevatten en spelen daardoor een **rol in de warmteregeling** van het lichaam.
Door de bloedvaten te verwijden, vergroot de bloedtoevoer en wordt de huid rood. Op die manier kan er warmte afgevoerd worden aan het huidoppervlak.
Wanneer de bloedvaten hoog in de lederhuid vernauwen, stroomt het bloed naar dieper gelegen bloedvaten. De huid wordt bleek en de warmte blijft dan in het lichaam.

Zweetklieren

Zweetklieren zijn gekronkelde, buisvormige klieren die aan het huidoppervlak uitmonden in een **huidporie**.
Zweet verdampt aan het huidoppervlak, waardoor **warmte aan het lichaam wordt onttrokken**.

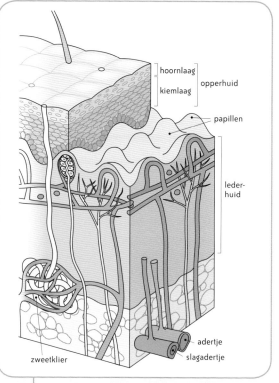

Fig. 6.7 Bouw van de opperhuid en de lederhuid

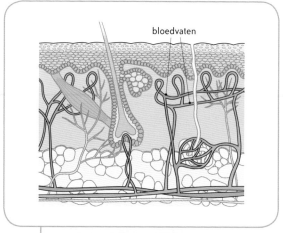

Fig. 6.8 Bloedvaten in de lederhuid

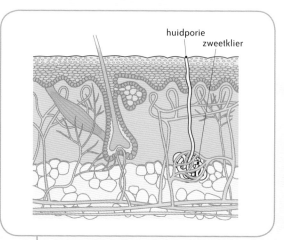

Fig. 6.9 Zweetklier in de lederhuid

Talgklieren

Talgklieren monden in het huidoppervlak uit of in een haarzakje. Ze produceren een vettige stof: **talg**. De afgescheiden talg verspreidt zich op het huidoppervlak en op de haren. Daardoor blijven **de huid en de haren soepel** en wordt **uitdroging tegengegaan**.
Talg beschermt ook **tegen het binnendringen van ziekteverwekkers**.

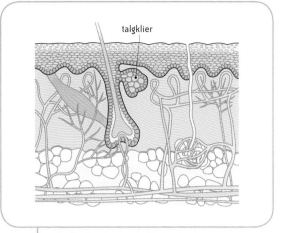

Fig. 6.10 Talgklier aan een haarzakje

Haren

Haren staan een beetje schuin ingeplant in de huid. Op de plaats waar zich een **haar** bevindt, is de opperhuid naar binnen geplooid tot een soort zakje: het **haarzakje**. De groei van een haar gebeurt vanuit de **haarwortel**. Daar bevinden zich cellen die voortdurend delen, zodat ze geleidelijk naar boven opschuiven. Tijdens de groei verhoornen de haarcellen en sterven af. Wat overblijft, is een haar dat bestaat uit het eiwit keratine (hoornstof).

Aan elk haar is er een **haarspiertje**. Wanneer de haarspiertjes samentrekken, komen de haren rechtop te staan. Het haarzakje komt dan wat omhoog, waardoor je 'kippenvel' krijgt. Bij sterk behaarde dieren heeft dat als effect dat er een dikkere laag isolerende lucht rond de huid komt.

De mens beschikt niet meer over een vacht (onze voorouders wel), zodat kippenvel krijgen geen nuttig effect heeft tegen warmteverlies. Kleding moet de oorspronkelijke **isolerende functie** van haren overnemen.

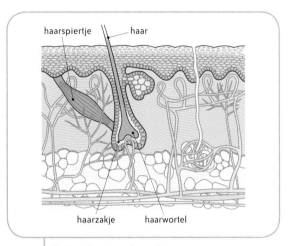

Fig. 6.11 Haar in een haarzakje

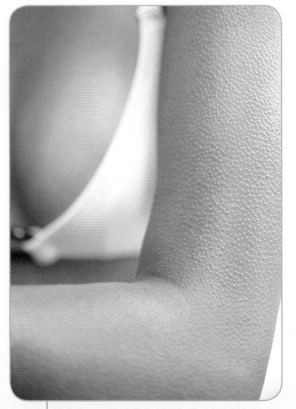

Fig. 6.12 Kippenvel

4 Bouw en werking van de gevoelsreceptoren (V)

4.1 Bouw van de gevoelsreceptoren

De **gevoelsreceptoren** liggen in de **opperhuid** en de **lederhuid**. Het zijn allemaal **zenuwuiteinden**, d.w.z. uiteinden van zenuwvezels die tot in de huidlagen reiken. Die zenuwvezels maken deel uit van dieper gelegen zenuwcellen en zijn er uitlopers van.

Gevoelsreceptoren zijn ofwel **vrije zenuwuiteinden**, ofwel **zenuwuiteinden die tussen steuncellen liggen**. In dat geval worden de steuncellen samen met de zenuwuiteinden **lichaampjes** genoemd.

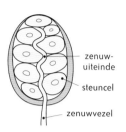

Fig. 6.13 Een tastlichaampje is opgebouwd uit steuncellen waartussen een vrij zenuwuiteinde ligt.

4.2 Gevoelsreceptoren voor tast en druk: mechanoreceptoren

Er zijn verschillende soorten **tastlichaampjes**. Ze liggen op de grens tussen de opperhuid en de lederhuid en in de papillen van de lederhuid. Door hun ligging hoog in de huid zijn ze in staat **lichte aanrakingen** te registreren. Ze zorgen voor de fijne tastzin. Bij het tasten vervormt de huid lichtjes en dat prikkelt de zenuwuiteinden in de tastlichaampjes.

Veel dieper in de lederhuid liggen er **druklichaampjes**. Ze worden pas geprikkeld bij **hardere aanraking** of wanneer er op de huid geduwd wordt. De vervormingen van de huid prikkelen de zenuwuiteinden in de druklichaampjes.

Haarwortels zijn omgeven door **haarzakzenuwvezels**. Het zijn **vrije zenuwuiteinden**. Wanneer een **haar aangeraakt** wordt, verandert het haarzakje een klein beetje van vorm. Dat veroorzaakt een prikkel in de zenuwuiteinden.

De werking van de mechanoreceptoren komt erop neer dat de **gevoelsprikkels omgevormd worden tot zenuwimpulsen** in de zenuwuiteinden. Die impulsen worden via zenuwvezels en **zenuwen** naar specifieke plaatsen in de hersenen geleid en doen daar de gewaarwording van tast, druk of aanraking van een haar ontstaan.

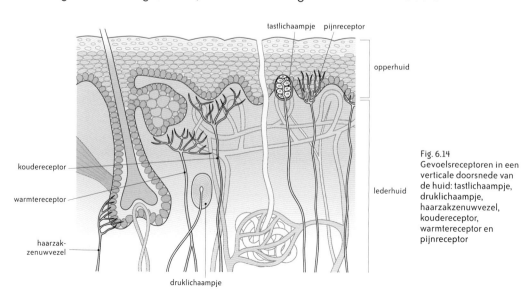

Fig. 6.14
Gevoelsreceptoren in een verticale doorsnede van de huid: tastlichaampje, druklichaampje, haarzakzenuwvezel, koudereceptor, warmtereceptor en pijnreceptor

4.3 Gevoelsreceptoren voor temperatuursveranderingen: thermoreceptoren

Temperatuursveranderingen worden geregistreerd door **thermoreceptoren** in de lederhuid. Het zijn **vrije zenuwuiteinden**. De **koudereceptoren** liggen tot dicht tegen de opperhuid. De **warmtereceptoren** liggen veel dieper.

In thermoreceptoren worden **koude- en warmteprikkels omgevormd tot zenuwimpulsen** die via zenuwvezels en **zenuwen** naar bepaalde plaatsen in de hersenen worden vervoerd. Pas dan voel je koude of warmte.

Temperatuur wordt relatief ervaren. De thermoreceptoren registreren namelijk of het lichaam warmte opneemt of afgeeft, eerder dan de absolute of exacte temperatuur waar te nemen. Daardoor voelen bij kamertemperatuur metalen voorwerpen kouder aan dan houten voorwerpen. Metalen zijn immers goede warmtegeleiders, waardoor ze bij aanraking warmte onttrekken aan de huid.

4.4 Gevoelsreceptoren voor weefselbeschadiging: pijnreceptoren

Weefselbeschadiging kan optreden door mechanisch geweld, door verbranding of door inwerking van een agressieve chemische stof. Verspreid in de opperhuid liggen **pijnreceptoren**. Het zijn **vrije zenuwuiteinden** die pijn registreren wanneer weefsel beschadigd wordt of dreigt beschadigd te worden.

Pijn voel je wanneer de **zenuwuiteinden zelf beschadigd** worden, zoals het geval is bij ernstige wonden. Meestal is pijngewaarwording een gevolg van de prikkeling van de pijnreceptoren **door stoffen die vrijkomen in het beschadigd weefsel**. Deze stoffen werken in op de zenuwuiteinden.

In pijnreceptoren worden **prikkels bij weefselbeschadiging omgevormd tot zenuwimpulsen**. Via zenuwvezels en **zenuwen** worden de impulsen naar specifieke plaatsen in de hersenen gestuurd. Pas dan vindt de pijngewaarwording plaats.

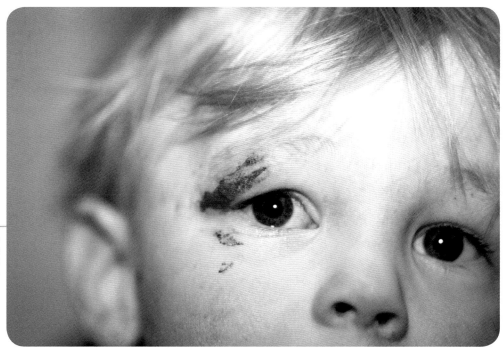

Fig. 6.15 In een pijnlijke open wonde zijn de zenuwuiteinden zelf beschadigd.

5 Gevoelsreceptoren binnenin het lichaam (V)

Gevoelsreceptoren komen niet alleen in de huid voor. Als je ijs eet of een warme drank nuttigt, voel je de koude of de warmte in je mond en in je slokdarm tot zelfs in de maag. Als je een graat van een vis doorslikt, voel je die in je slokdarm zitten. Ook pijn kun je overal in het lichaam gewaarworden. Dat komt omdat er **gevoelsreceptoren binnenin het lichaam** aanwezig zijn. Het zijn allemaal **vrije zenuwuiteinden**.

Fig. 6.16 Rugpijn registreer je met gevoelsreceptoren binnenin het lichaam.

Littekens

Bijna iedereen heeft wel ergens op zijn/haar lichaam een litteken. De meeste littekens zijn nauwelijks storend maar voor mensen met een groot, zichtbaar litteken kan dat traumatisch werken.
De meest voorkomende **oorzaken voor het ontstaan van een litteken** zijn: een ongeval, brandwonden, een operatie, een ontsteking en krabben.

Littekens ontstaan **na een beschadiging van de lederhuid**. Wanneer alleen de opperhuid wordt beschadigd, bijvoorbeeld bij oppervlakkige schaafwonden, zullen geen littekens optreden. Zodra ook de lederhuid bij het letsel betrokken is, zal de huid zich herstellen met een litteken dat uit bindweefsel bestaat.

Littekenweefsel is het **resultaat van een genezingsproces** na een wonde. Meestal duurt het een aantal maanden vooraleer een litteken helemaal uitgerijpt is. De eerste maanden wordt een litteken gekenmerkt door roodheid en verharding. Uiteindelijk neemt het litteken een bleke vorm aan en zal het soepeler aanvoelen.

Littekenweefsel heeft **beperktere functies** dan de oorspronkelijke huid. Zo is er een minder goede bloeddoorstroming, minder soepelheid en **verminderd gevoel**. Verder zijn haargroei en zweetklieren uitgeschakeld en is littekenweefsel gevoeliger voor ultraviolette straling.

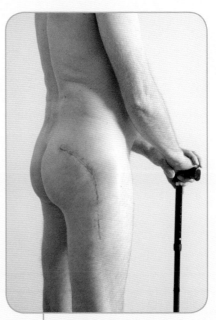

Fig. 6.17 Operatielitteken na het plaatsen van een heupprothese

Brandwonden

Brandwonden zijn **beschadigingen van de huid door vuur of hitte. Bijtende chemische stoffen** kunnen ook brandwonden veroorzaken. Naargelang hoe diep de huid verbrand is, spreken we over eerstegraads, tweedegraads en derdegraads brandwonden.

In geval van **eerstegraads brandwonden** is de opperhuid aangetast. De huid is dan rood en erg pijnlijk. Meestal treedt spontane genezing op na enkele dagen. Het is deze soort verbranding die je kunt oplopen door de zon.

Bij **tweedegraads brandwonden** zijn de opperhuid en een deel van de lederhuid verbrand. Typerend zijn de rode kleur van de huid en de vorming van blaren door vochtophoping tussen de lederhuid en de opperhuid. Deze brandwonden zijn erg pijnlijk. Ze genezen spontaan vanuit de resterende huid, al kan dat lang duren en treedt er soms littekenvorming op.

Als het gaat over **brandwonden van de derde graad**, dan zijn de opperhuid en de lederhuid in hun volledige dikte verbrand. De huid is beige, bruin, perkamentachtig tot zwart verkleurd. Er is geen pijngewaarwording omdat alle zenuwuiteinden vernietigd zijn. Spontane genezing is meestal niet meer mogelijk. Een chirurgische behandeling met eventueel huidtransplantatie is dan nodig. Daar blijven altijd littekens van over.

Littekens van brandwonden worden o.a. behandeld met druktherapie. Door met een speciaal verband of met drukkleding een continue druk op het litteken uit te oefenen, zal de bindweefselvorming verminderen. Het litteken zal dan minder dik en minder hard worden. Toch blijft het littekenweefsel minder soepel en is er een **verminderd gevoel** t.o.v. de oorspronkelijke huid.

De stelregel voor de eerste hulp bij de meeste brandwonden is: **eerst water, de rest komt later**.
Het is van belang zo snel mogelijk de brandwonde met stromend water te koelen gedurende een twintigtal minuten. Het afkoelen verlaagt de huidtemperatuur en kan de dieptegraad van de verbranding beperken. Door de afkoeling vermindert ook de pijn.

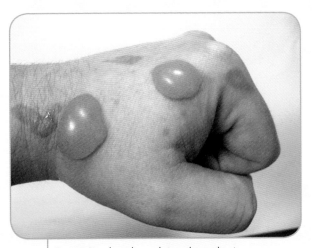

Fig. 6.18 Brandwonde van de tweede graad met blaarvorming

Fig. 6.19 Eerste hulp bij brandwonden: afkoelen met stromend water

Gevoelsreceptoren
Samenvatting

1 Aard van de prikkel: gevoel

Gevoelsprikkels registreren we met de **huid**. Daarin liggen een groot aantal **gevoels-receptoren** die, naargelang de prikkels die ze registreren, in te delen zijn in drie groepen:
- **mechanoreceptoren**, gevoelig voor **tast** en **druk**
- **thermoreceptoren**, gevoelig voor **temperatuursveranderingen**
- **pijnreceptoren**, gevoelig voor **weefselbeschadiging**.

2 Huidgevoeligheid onderzoeken

Uit experimenten kunnen we afleiden dat:
- de **zintuigpunten** aan het huidoppervlak, die overeenkomen met dieper in de huid gelegen receptoren, **verspreid in de huid liggen**.
- er zeer **veel zintuigpunten voor aanraking** zijn.
- er **meer koudepunten dan warmtepunten** voorkomen.
- we **temperatuurverschillen** tussen voorwerpen niet absoluut maar **op een relatieve manier gewaarworden**. Warmte doet de huid rood aanlopen en koude doet de huid bleek worden.
- **haren gevoelig** zijn **voor aanraking en pijn**.

3 Bouw van de huid (V)

- De huid bestaat uit twee lagen: de **opperhuid** en de **lederhuid**.
- Verspreid in de opperhuid en de lederhuid liggen de verschillende soorten **gevoels-receptoren**: tast- en druklichaampjes, warmte- en koudereceptoren, haarzakzenuw-vezels en pijnreceptoren.

4 Bouw en werking van de gevoelsreceptoren (V)

bouw	
Gevoelsreceptoren zijn allemaal zenuwuiteinden: • ofwel **vrije zenuwuiteinden** bv. haarzakze-nuwvezels, warmte- en koudereceptoren, pijnre-ceptoren. • ofwel **zenuwuiteinden die tussen steuncel-len liggen**; we spreken dan van **lichaampjes** bv. tastlichaampjes, druklichaampjes.	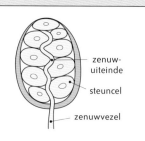

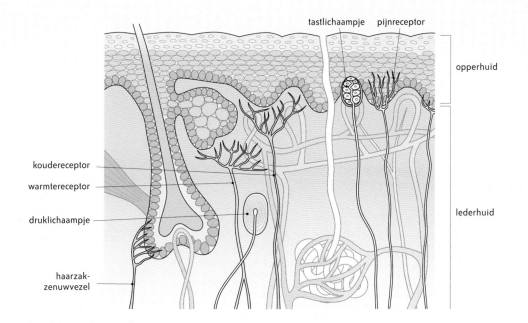

tastlichaampje   pijnreceptor

opperhuid

koudereceptor

warmtereceptor

druklichaampje

haarzak-
zenuwvezel

lederhuid

werking
gevoelsreceptoren voor tast en druk: mechanoreceptoren
• **Tastlichaampjes** liggen op de grens tussen opperhuid en lederhuid en in de papillen van de lederhuid; ze registreren lichte aanraking. • **Druklichaampjes** liggen diep in de lederhuid en registreren harde aanraking. • **Haarzakzenuwvezels** liggen rond haarwortels en registreren aanraking van een haar. Mechanoreceptoren **vormen gevoelsprikkels om tot zenuwimpulsen** in de zenuwuiteinden. Via zenuwvezels en zenuwen worden de impulsen naar de hersenen geleid.
gevoelsreceptoren voor temperatuursveranderingen: thermoreceptoren
• **Koudereceptoren** liggen hoog in de lederhuid en zijn gevoelig voor koudeprikkels. • **Warmtereceptoren** liggen dieper in de lederhuid en registreren warmteprikkels. Thermoreceptoren **vormen koude- en warmteprikkels om tot zenuwimpulsen** in de zenuwuiteinden. Via zenuwvezels en zenuwen worden de impulsen naar de hersenen geleid.
gevoelsreceptoren voor weefselbeschadiging: pijnreceptoren
Pijnreceptoren liggen in de opperhuid; ze registreren pijn bij beschadiging van de zenuwuiteinden of wanneer ze geprikkeld worden door stoffen die vrijkomen in beschadigd weefsel. Pijnreceptoren **vormen prikkels bij weefselbeschadiging om tot zenuwimpulsen** in de zenuwuiteinden. Via zenuwvezels en zenuwen worden de impulsen naar de hersenen geleid.

5   Gevoelsreceptoren binnenin het lichaam (V)

Gevoelsreceptoren binnenin het lichaam zijn gevoelig voor tast, druk, temperatuursveranderingen en pijn. Het zijn allemaal **vrije zenuwuiteinden**.

THEMA

7

SPIERWERKING ALS
REACTIE OP PRIKKELS

INHOUD

Waarover gaat dit thema?

Organismen kunnen **reageren op prikkels door beweging**. Bij mens en dier komen die reacties tot stand door **spierwerking**. Daarom noemen we spieren **effectoren**.

In dit thema bespreken we voorbeelden van **spierwerking** die **niet in samenwerking met het skelet** tot stand komt. Voor de **spierwerking wel in samenwerking met het skelet** gaan we dieper in op de bewegingsstructuren van het lichaam nl. de **beenderen, gewrichten** en **skeletspieren**.
We vergelijken de bouw en de werking van de verschillende **soorten spierweefsel**. Ten slotte leggen we uit hoe **spiercontractie** tot stand komt.

Als uitbreiding van dit thema bespreken we de beweging van enkele **ongewervelde dieren** en **eencellige organismen**. We beschrijven ook enkele **vormen van beweging bij planten**.

1 Spieren zijn effectoren

Spierwerking is een **reactie van spieren op een prikkel**. Daarom zijn spieren **effectoren**.
Spierwerking kan een **onbewuste of bewuste reactie** op een prikkel zijn. Dat leiden we af uit de volgende **waarnemingen**:

- Wanneer er bij een inspanning te veel CO_2 in het bloed aanwezig is, zullen de ademhalingsspieren versneld beginnen te werken. Dat is een onbewuste reactie van spieren op een chemische prikkel.

- Het ritme van de hartslag past zich voortdurend aan de activiteit van het lichaam aan. Dat is een reactie van de hartspier waarvan we ons niet bewust zijn.

- Darmwandspieren zijn voortdurend in werking om het voedsel doorheen de darmen te transporteren. De werking van de darmwandspieren is een onbewuste reactie.

- Het snel leren reageren op het startschot is voor de sprinter een belangrijk onderdeel van het trainingsprogramma. Het wegschieten uit de startblokken is een bewuste reactie van spieren op een geluidsprikkel.

In wat volgt bespreken we bewegingen die veroorzaakt worden door **spierwerking, al dan niet in samenwerking met het skelet**.

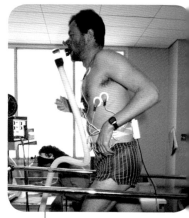

Fig. 7.1 Een versnelde ademhaling en hartslag zijn onbewuste reacties van spieren op een prikkel.

Fig. 7.2 Het wegschieten uit de startblokken is een voorbeeld van een bewuste reactie op een prikkel.

2 Spierwerking niet in samen-werking met het skelet

Bepaalde **spieren** in het lichaam zijn **niet verbonden met het skelet** en zullen er dan ook niet mee samenwerken.
Haarspiertjes in de huid, die voor kippenvel zorgen (zie thema 6), behoren daartoe. Andere voorbeelden zijn:
- de hartspier
- de spieren in de darmwand en in de zaad- en eileiderwand, die voor verplaatsing van stoffen en cellen zorgen
- de spieren die verantwoordelijk zijn voor het verwijden en vernauwen van bloedvaten
- de spieren die de doorgang van buisvormige kanalen of van holten tijdelijk afsluiten.
Die spierwerking gaan we kort bespreken.

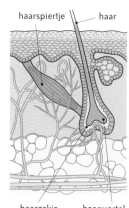

haarspiertje — haar

haarzakje   haarwortel

Fig. 7.3 Haarspiertjes in de huid werken niet samen met het skelet.

2.1 Kloppen van de hartspier

Door ritmisch samen te trekken zorgt de hartspier voor een constante bloedtoevoer naar het lichaam. In de wand van de rechtervoorkamer bevindt zich een vlechtwerk van bijzondere hartspiercellen: de **sinusknoop** of pacemaker. Deze spiercellen geven **automatisch** het signaal of de **impuls voor de samentrekking** van de hartspier.

De impuls breidt zich vanaf de sinusknoop verder uit over rechter- en linkervoorkamer, die daardoor tot samentrekking of contractie worden aangezet. Het gevolg is dat het bloed van de voorkamers naar de kamers stroomt.

De impuls bereikt vervolgens een tweede vlechtwerk van bijzondere hartspiercellen (atrioventriculaire knoop). Van hieruit breidt de impuls zich verder uit over de rechter- en linkerkamer, waardoor de kamers op hun beurt samentrekken. Daardoor stroomt het bloed in de longslagader en de aorta.

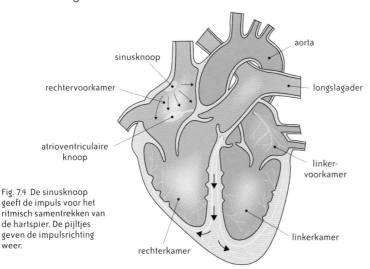

Fig. 7.4 De sinusknoop geeft de impuls voor het ritmisch samentrekken van de hartspier. De pijltjes geven de impulsrichting weer.

Labels: aorta, sinusknoop, rechtervoorkamer, longslagader, atrioventriculaire knoop, linkervoorkamer, rechterkamer, linkerkamer

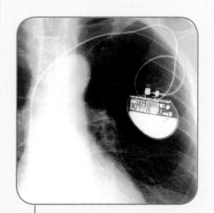

Kunstmatige pacemaker

Mensen bij wie het hart onregelmatig en abnormaal traag klopt, krijgen meestal een kunstmatige pacemaker ingeplant. Het is een apparaatje dat onder de huid van de borstkas wordt aangebracht, en dat via draden met het hart verbonden is. De kunstmatige pacemaker zorgt ervoor dat het hart op een normale ritmische manier samentrekt. Als de hartfrequentie onder een bepaald ingesteld niveau daalt, zendt de pacemaker impulsen uit.

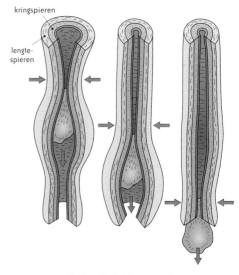

Fig. 7.5 Röntgenfoto waarop een ingeplante pacemaker en de bedrading te zien is

2.2 Peristaltiek

De aanwezigheid van voedsel in het spijsverteringskanaal veroorzaakt een **plaatselijke rekking van de darmwand**. Die rekking doet de **kringspieren** achter een voedselbrok samentrekken, waardoor de darm op die plaats wordt dichtgeknepen. Vervolgens trekken de **lengtespieren** op die plaats samen, waardoor het betreffende stukje darm korter wordt en de kringspieren ontspannen. De darm kan op die plaats opnieuw voedsel doorlaten.

Dat proces herhaalt zich over de hele lengte van de darm, waardoor de voedselbrok telkens een stukje verder wordt geduwd.

De **golfbeweging van de darmwand** als gevolg van de afwisselende werking van lengte- en kringspieren noemen we **peristaltiek**.

Ook in de wand van **zaadleiders** en **eileiders** bevinden zich lengte- en kringspieren die aan peristaltiek doen. Door hun werking duwen ze de zaadcellen of de eicel vooruit.

Fig. 7.6 Peristaltiek in de slokdarm waardoor een voedselbrok telkens een stukje verder wordt geduwd

Labels: kringspieren, lengtespieren

2.3 Verwijden en vernauwen van bloedvaten

In de wand van de **slagadertjes** naar de organen komen kringspiertjes voor die de bloedtoevoer kunnen regelen. Naargelang de kringspiertjes meer of minder samentrekken, zal de diameter van de slagadertjes vernauwen of verwijden. Zo zal bv. de huid meer doorbloed worden bij warm weer of tijdens inspanningen, waardoor je lichaam door uitstraling van warmte kan afkoelen.

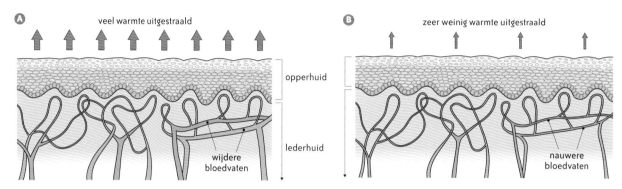

Fig. 7.7
A Doorbloeding van de huid bij warm weer
B Doorbloeding van de huid bij koud weer

2.4 Tijdelijk afsluiten van doorgangen

Een aantal kringspieren zijn verantwoordelijk voor het tijdelijk afsluiten van doorgangen. We noemen ze **sluitspieren**. We geven enkele voorbeelden.

- Als de sluitspier bij de **overgang van de slokdarm naar de maag** samentrekt, verhindert ze dat er zuur maagsap in de slokdarm terechtkomt.

- Ter hoogte van de **overgang van de maag naar de twaalfvingerige darm** bevindt zich een sluitspier die doorgaans samengetrokken is: de **maagportier**. Af en toe ontspant de sluitspier even, waardoor er een portie van de maaginhoud in de darm kan vloeien, en verder verteerd kan worden.

- Op de plaats **waar de afvoerbuis van de galblaas en de afvoerbuis van de alvleesklier samen in de twaalfvingerige darm** uitmonden, zit er ook een sluitspiertje dat meestal samengetrokken is. Het spiertje ontspant even als er wat maaginhoud in de darm terechtkomt, zodat er gal en alvleessap kunnen toegevoegd worden.

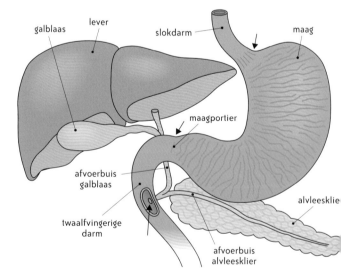

Fig. 7.8 Situering van enkele sluitspieren (met pijltjes aangeduid) in de spijsverteringsbuis

- De uitgang van de **endeldarm**, waarin de uitwerpselen tijdelijk worden opgestapeld, is afgesloten door een sterke sluitspier: de **anus**.

- Ook de **urineblaas**, waarin de urine tijdelijk wordt opgestapeld, is aan de uitgang door een sluitspier afgesloten.

3 Spierwerking in samen-werking met het skelet

Beweging van het lichaam veronderstelt spierwerking die **beenderen** ten opzichte van elkaar doet bewegen in de **gewrichten**. Omdat die spieren met het skelet verbonden zijn, worden ze **skeletspieren** genoemd.

Beenderen, gewrichten en skeletspieren vormen de belangrijkste **bewegingsstructu-ren** van ons lichaam.

3.1 Skelet

Een compleet menselijk skelet of geraamte bestaat uit 206 beenderen (in het dagelijks taalgebruik spreekt men ook over 'botten') die in grootte en vorm variëren. Het grootste is het dijbeen, de gehoorbeentjes in het middenoor zijn de kleinste.

De unieke **vorm** van elk been van het skelet **bepaalt de functie** van dat been.

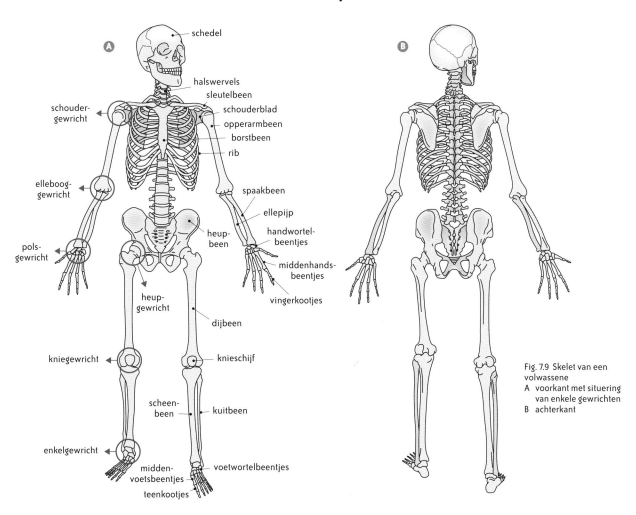

Fig. 7.9 Skelet van een volwassene
A voorkant met situering van enkele gewrichten
B achterkant

Op basis van de vorm worden beenderen ingedeeld in 4 groepen nl.
- **korte beenderen** bv. handwortelbeentjes, voetwortelbeentjes
- **onregelmatige beenderen** bv. wervels, boven- en onderkaak ...
- **lange beenderen** (zie 3.1.1)
- **platte beenderen** (zie 3.1.2)

We gaan dieper in op de lange en platte beenderen en hun functies (zie 3.1.3).

3.1.1 Situering van lange beenderen in het lichaam (V)

Lange beenderen – ook **pijpbeenderen** genoemd – hebben een holle, buisvormige schacht gevuld met beenmerg en twee verdikte uiteinden. Met uitzondering van de knieschijf, de handwortel- en voetwortelbeentjes die korte beenderen zijn, zijn alle beenderen van de ledematen lange beenderen.

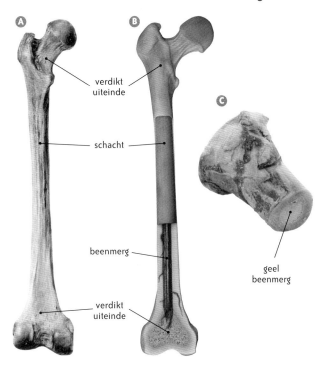

Fig. 7.10 Het dijbeen is een voorbeeld van een lang been.
A Vooraanzicht van het rechterdijbeen
B Gedeeltelijke overlangse doorsnede
C Dwars doorgesneden pijpbeen van een rund gevuld met geel beenmerg dat voornamelijk uit vet bestaat

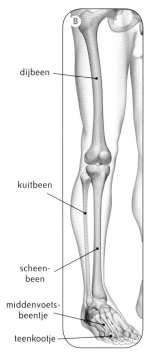

Fig. 7.11 Situering van de lange beenderen
A in de rechterarm
B in het rechterbeen

3.1.2 Situering van platte beenderen in het lichaam (V)

Platte beenderen zijn dunne, afgeplatte en dikwijls ietwat gebogen beenderen. De beenderen van de hersenschedel, de schouderbladen, de sleutelbeenderen, het borstbeen, de ribben en de heupbeenderen zijn platte beenderen.

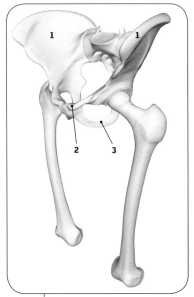

Fig. 7.12 Het heupbeen is een voorbeeld van een plat been. Elk heupbeen bestaat uit drie met elkaar vergroeide beenderen nl. het darmbeen (1), het schaambeen (2) en het zitbeen (3).

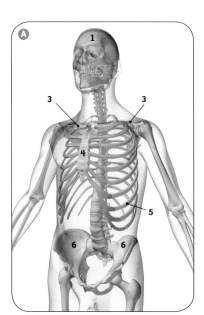

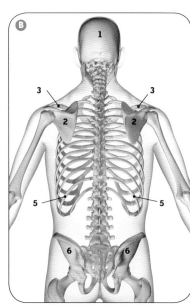

Fig. 7.13 Situerir
van platte beenc
in het lichaam
A Vooraanzicht
B Achteraanzic
1 hersenschede
2 schouderblac
3 sleutelbeen
4 borstbeen
5 rib
6 heupbeen
   (darmbeen)

3.1.3 Functies van lange en platte beenderen (V)

Functies die zowel bij **lange** als **platte beenderen** voorkomen, zijn:

- **steun** en **vorm** geven aan het lichaam.

- **beweging** mogelijk maken: beenderen zijn aanhechtingsplaatsen voor spieren. Als die spieren samentrekken, kunnen ze beenderen t.o.v. elkaar laten bewegen.

- een **opslagplaats van mineralen** (calcium en fosfaat) vormen. Die mineralen worden, onder invloed van hormonen, in de beenderen opgeslagen of eruit vrijgemaakt, wanneer ze nodig zijn op andere plaatsen in het lichaam.

- **aanmaak van bloedcellen**. Bij kinderen worden rode bloedcellen, witte bloedcellen en bloedplaatjes aangemaakt in de mergholten van alle beenderen. Die holten zijn gevuld met rood beenmerg. Op de leeftijd van 20 jaar heeft het beenmerg van de meeste lange beenderen deze functie verloren. Het rode beenmerg is dan overgegaan naar geel beenmerg dat voornamelijk uit vet bestaat. Bij volwassenen komt bloedcelvorming nog uitsluitend voor in de platte beenderen van de schedel, de ribben, het borstbeen, de wervels, het bekken en in het bovenste deel van het dijbeen en opperarmbeen.

Een **unieke functie** voor **platte beenderen** is:

- **bescherming van weke organen**. De hersenschedel beschermt de hersenen. Borstbeen, ribben en wervelkolom, die deel uitmaken van de borstkas, beschermen hart en longen. De heupbeenderen beschermen de darmen, baarmoeder en urineblaas.

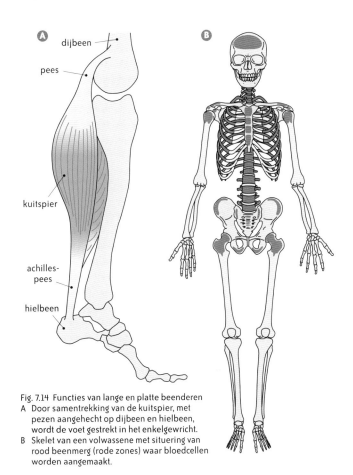

Fig. 7.14 Functies van lange en platte beenderen
A Door samentrekking van de kuitspier, met pezen aangehecht op dijbeen en hielbeen, wordt de voet gestrekt in het enkelgewricht.
B Skelet van een volwassene met situering van rood beenmerg (rode zones) waar bloedcellen worden aangemaakt.

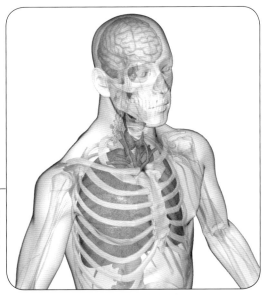

Fig. 7.15 De hersenschedel beschermt de hersenen; borstbeen, ribben en wervelkolom beschermen het hart en de longen.

3.1.4 Bouw van beenweefsel en kraakbeenweefsel (V)

Beenweefsel (botweefsel) en kraakbeenweefsel behoren tot de **steunweefsels** van het lichaam. Die weefsels geven steun, vorm en beweeglijkheid aan het lichaam.

• Steunweefsel in het algemeen

Kenmerkend voor alle steunweefsels is dat ze, microscopisch gezien, opgebouwd zijn uit **gespecialiseerde cellen ingebed in tussencelstof**, ook wel **intercellulaire matrix** genoemd. Het zijn de cellen zelf die de tussencelstof produceren en aan hun buitenkant afzetten. De matrix van sommige steunweefsels is rijk aan eiwitvezels bestaande uit het eiwit collageen. Ook vezels bestaande uit andere eiwitten (bv. elastine) komen in de matrix voor.

Het is vooral de aard van de tussencelstof die de aard en de functie van het type steunweefsel bepaalt.

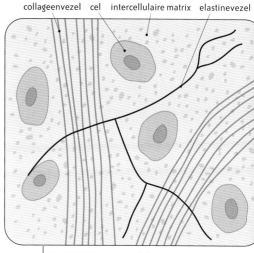

collageenvezel   cel   intercellulaire matrix   elastinevezel

Fig. 7.16 Schematische tekening van de microscopische bouw van steunweefsel

• Beenweefsel macroscopisch

Als je een pijpbeen, bv. het dijbeen, overlangs doorsnijdt, kun je **macroscopisch** twee vormen van beenweefsel onderscheiden.

Aan de **buitenkant** van het been, binnen het beenvlies, heeft het beenweefsel een heel dichte en stevige structuur; we spreken van **compact been**. Vooral aan de schacht van een pijpbeen komt een dikke laag compact been voor.

Aan de **uiteinden** en in het **centrum** van de schacht bestaat het beenweefsel uit een netwerk van beenbalkjes met grote holten ertussen. De structuur doet denken aan een spons, vandaar dat we spreken van **sponsachtig been**. In de holten ervan bevindt zich **rood beenmerg**.

Op het eerste gezicht lijkt beenweefsel uit een levenloze massa te bestaan. Toch is het een **levend en zeer actief weefsel** dat continu afgebroken en opnieuw opgebouwd wordt. Dat verklaart waarom botbreuken snel en effectief hersteld worden.

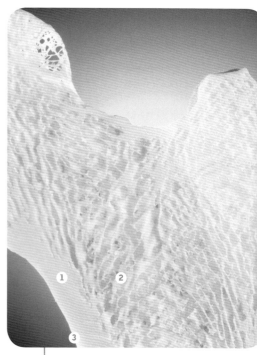

Fig. 7.17 Macroscopische structuur van beenweefsel (overlangs doorgesneden dijbeenkop)
1 Compact been
2 Sponsachtig been
3 Beenvlies

• Beenweefsel microscopisch

Microscopisch gezien is **compact been** opgebouwd uit regelmatig gerangschikte **buizen**. Elke buis bestaat uit **lamellen** (plaatjes) die in concentrische cirkels rondom een centraal gelegen **kanaal** geschikt zijn.

De **lamellen** bestaan uit **botcellen** ingebed in tussencelstof, **intercellulaire matrix**, die rijk is aan collageen en kalkzouten. Het zijn de botcellen zelf die deze matrix produceren en aan hun buitenkant afzetten. Collageen fungeert als bindmiddel tussen de lamellen. Collagene vezels zijn sterk, weinig rekbaar en daardoor trekvast en vormvast.

Het **kanaal** in de buizen bevat **bloedvaten** om voedingsstoffen en zuurstofgas aan te voeren naar de actieve botcellen.

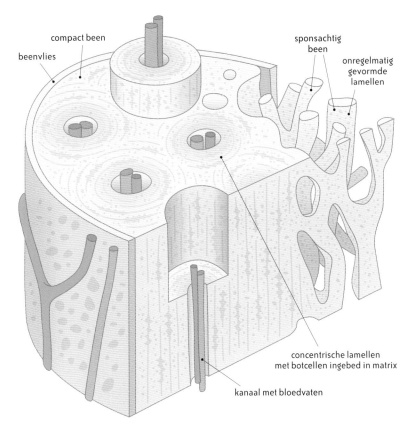

compact been
beenvlies
sponsachtig been
onregelmatig gevormde lamellen
concentrische lamellen met botcellen ingebed in matrix
kanaal met bloedvaten

Fig. 7.18 Schematische voorstelling van de microscopische structuur van compact been en sponsachtig been

Microscopisch gezien is **sponsachtig been** opgebouwd uit onregelmatig gevormde **lamellen** bestaande uit **botcellen** en **matrix**. Die lamellen liggen rond **holten** die gevuld zijn met **beenmerg** en **bloedvaten**. Alleen in het rood beenmerg worden de bloedcellen aangemaakt.

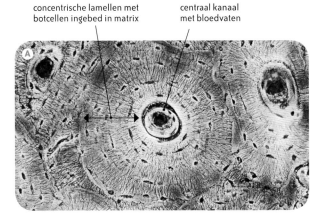

concentrische lamellen met botcellen ingebed in matrix
centraal kanaal met bloedvaten

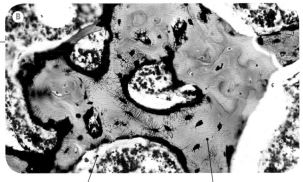

Fig. 7.19 Ingekleurde lichtmicroscopische beelden van beenweefsel
A Compact been (de donkere stipjes zijn de botcellen)
B Sponsachtig been (de zwarte vlekjes zijn de botcellen)

holte met beenmerg en bloedvaten
onregelmatige lamellen met botcellen ingebed in matrix

Osteoporose (botmassaverlies)

Osteoporose is een ziekte waarbij de **botmassa** afneemt en de **beenderen poreus** worden. Vooral de holten van het sponsachtig been nemen toe. De belangrijkste gevolgen zijn een toename van het risico op breuken (vooral van de heup, het dijbeen en de pols) en wervelinzakking waardoor de lichaamslengte afneemt.

Tussen het 20ste en 30ste levensjaar bereiken de botten hun maximale massa. Voor een goede botopbouw zijn voeding met voldoende calcium (melkproducten), vitamine D (voldoende zonlicht) en regelmatige lichaamsbeweging van belang.

Vanaf de middelbare leeftijd begint de botmassa af te nemen. Dat is een gevolg van een **onevenwicht tussen botopbouw en -afbraak**; er is een verminderde botopbouw en een toegenomen botafbraak. Ook de afgenomen hoeveelheid oestrogeen bij vrouwen in de menopauze verhoogt het risico op botmassaverlies.

De **behandeling** is preventief om bij ouderen het risico op vallen te verminderen: het dragen van heupbeschermers, aanpassing van de woning en gebruik van een rollator (hulpmiddel bij het stappen). Daarnaast kunnen er geneesmiddelen ingezet worden die botafbraak remmen en botvorming stimuleren.

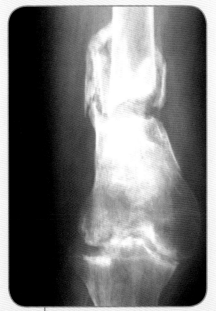

Fig. 7.20 Gekleurde röntgenfoto van een dijbeenbreuk als gevolg van osteoporose

- ## Kraakbeenweefsel macroscopisch

Kraakbeenweefsel is op **verschillende plaatsen in het lichaam** terug te vinden o.a. als verbinding tussen beenderen, als vormgevend en steunend weefsel in organen en in de gewrichten.

In de volgende tabellen geven we enkele voorbeelden van het voorkomen en de functie van kraakbeen in het lichaam.

---

kraakbeen als verbinding tussen beenderen

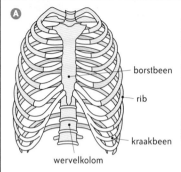
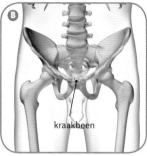

Fig. 7.21 Kraakbeenverbindingen tussen beenderen
A Kraakbeen tussen borstbeen en ribben
B Kraakbeen tussen de twee schaambeenderen
C Kraakbenige tussenwervelschijven

Tussen het borstbeen en de ribben vormt kraakbeenweefsel een soepele verbinding, waardoor de beweeglijkheid van de borstkas bij het in- en uitademen wordt vergroot.

De **verbinding tussen beide schaambeenderen** en de **tussenwervelschijven** bestaan uit kraakbeen dat weinig beweging toelaat, maar vooral dient om drukkrachten op te vangen.

---

kraakbeen als vormgevend en steunend weefsel

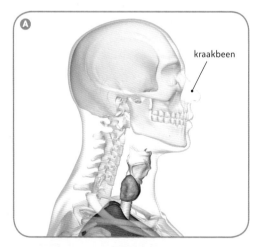
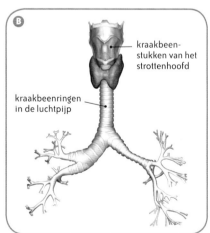

Fig. 7.22 Kraakbeen als vormgevend en steunend weefsel
A Kraakbeen in neusvleugels en neustop
B Kraakbeen in strottenhoofd, luchtpijp, luchtpijptakken en longtakken

Kraakbeenweefsel geeft vorm aan de **oorschelpen**, **neusvleugels** en **neustop**. Op die plaatsen heeft het kraakbeen een grote vervormbaarheid.

Het **strottenhoofd** bestaat uit een aantal kraakbeenstukken die een stevige koker vormen.

In de wand van de **luchtpijp** en de **luchtpijptakken** zitten op regelmatige afstanden hoefijzervormige kraakbeenstukken. Ze houden de inwendige holte open. De **longtakken** worden opengehouden door kraakbeenstukken met een onregelmatige vorm.

kraakbeen in gewrichten

In **gewrichten** vormt kraakbeenweefsel de **bekleding van de beenderuiteinden** die samen het gewricht vormen.

Het kraakbeen is erg taai en fungeert daardoor als schokdemper. Het is ook erg glad, zodat de beenderuiteinden bijna zonder wrijving ten opzichte van elkaar kunnen bewegen.

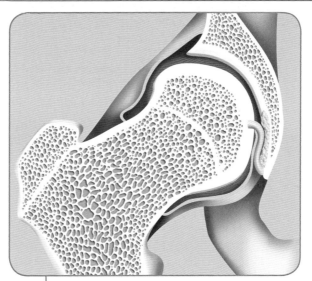

Fig. 7.23 Kraakbeenweefsel (lichtblauw) op de gewrichtsvlakken van het heupgewricht

- ## Kraakbeenweefsel microscopisch

Het kraakbeenweefsel dat op verschillende plaatsen in het lichaam voorkomt, is niet één en hetzelfde weefsel. Alle kraakbeenweefsel is, **microscopisch** bekeken, opgebouwd uit **kraakbeencellen ingebed in een matrix**. Maar er is een verschil in de samenstelling van de matrix (bv. meer of minder collageen), zodat er **verschillende typen kraakbeen** met specifieke kenmerken voorkomen. Daardoor heeft het kraakbeenweefsel op de verschillende plaatsen in het lichaam telkens een andere functie.

Kenmerkend voor alle typen kraakbeenweefsel is dat het **niet doorbloed** is. Dat heeft als voordeel dat kraakbeen krachten kan opvangen zonder dat er bloedingen optreden. Het nadeel is dat de aanvoer van voedingsstoffen voor het onderhoud van het kraakbeenweefsel traag verloopt. De voedingsstoffen moeten immers langzaam aan doorheen de matrix doorsijpelen naar de kraakbeencellen. Ook het herstel van beschadigd kraakbeenweefsel verloopt daardoor erg traag.

kraakbeencel   matrix   spierweefsel   slokdarmholte

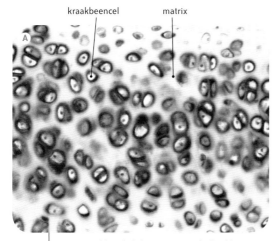
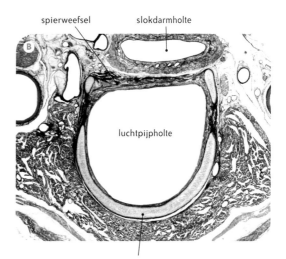

luchtpijpholte

hoefijzervormig kraakbeenstuk

Fig. 7.24 Gekleurde lichtmicroscopische beelden van kraakbeenweefsel
A Kraakbeencellen ingebed in hun matrix
B Dwarse doorsnede door de slokdarm en de luchtpijp. Het hoefijzervormige kraakbeenstuk in de luchtpijpwand is in het geel weergegeven. Aan de achterkant van de luchtpijpwand zit geen kraakbeen, maar wel spierweefsel om de slokdarm bij het doorschuiven van voedsel meer bewegingsvrijheid te geven.

3.2 Gewrichten

3.2.1 Bouw van een gewricht

Een gewricht is een **verbinding tussen twee beenderen** die ten opzichte van elkaar kunnen bewegen. In een gewricht komen de volgende onderdelen voor:

- **gewrichtskop**: het ronde uiteinde van het been dat een deel van het gewricht vormt.
- **gewrichtskom**: het komvormige uiteinde van het been dat het andere deel van het gewricht vormt.
- **gewrichtskraakbeen**: gladde, taaie laag die de gewrichtsvlakken bedekt. Hierdoor kunnen de beenderuiteinden soepel bewegen ten opzichte van elkaar en wordt slijtage van de beenderen voorkomen.
- **gewrichtskapsel**: bindweefsel dat de beenderuiteinden in het gewricht omhult en aansluit op het been en het kraakbeen. Het gewrichtskapsel maakt **gewrichtssmeer** aan dat afgescheiden wordt in de **gewrichtsholte**.
- **gewrichtssmeer**: stroperige vloeistof in het gewricht, die werkt als een soort vet waardoor de beenderen soepel kunnen bewegen.
- **gewrichtsbanden**: stevig bindweefsel aan de buitenkant van een gewricht, aangehecht op beide beenderuiteinden. Gewrichtsbanden zorgen voor extra stevigheid van het gewricht door de beenderen op hun plaats te houden.

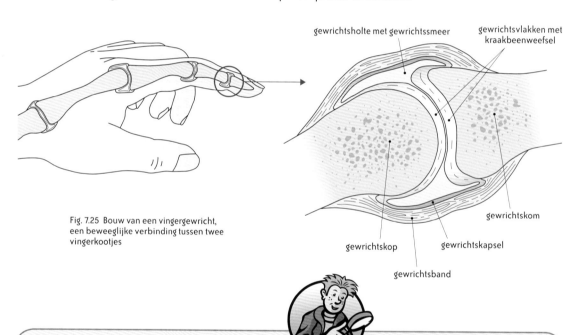

Fig. 7.25 Bouw van een vingergewricht, een beweeglijke verbinding tussen twee vingerkootjes

gewrichtsholte met gewrichtssmeer
gewrichtsvlakken met kraakbeenweefsel
gewrichtskom
gewrichtskop
gewrichtskapsel
gewrichtsband

Andere verbindingen tussen beenderen

Je weet al dat verbindingen tussen beenderen tot stand kunnen komen door kraakbeen en door gewrichten. Daarnaast kunnen beenderen nog op andere manieren met elkaar verbonden zijn:

- **door vergroeiing**
  Onder aan de wervelkolom zijn enkele grotere wervels met elkaar vergroeid. Ze vormen samen het heiligbeen. Daaronder zijn enkele kleinere wervels vergroeid tot het staartbeen. Als beenderen met elkaar vergroeid zijn, vormen ze één geheel. Tussen de vergroeide beenderen is er geen beweging mogelijk.

- **door naden**
  De meeste schedelbeenderen zijn door een naad met elkaar verbonden. Bij een naadverbinding is er tussen de beenderen geen beweging mogelijk.

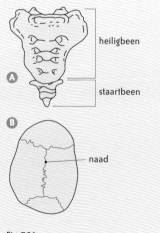

heiligbeen

staartbeen

naad

Fig. 7.26
A Verbindingen tussen wervels door vergroeiing
B Naadverbindingen tussen beenderen van de schedel

3.2.2 Soorten gewrichten en hun bewegingsmogelijkheid (U)

In de onderstaande tabel vermelden we verschillende soorten gewrichten, volgens de bewegingsmogelijkheden die ze toelaten.

soort gewricht	bewegingsmogelijkheid
kogel-gewricht	De gewrichtskop van het ene been draait in de gewrichtskom van het andere been, waardoor beweging in verschillende richtingen mogelijk is. bv. schoudergewricht en heup-gewricht
scharnier-gewricht	Beweging is alleen mogelijk in één vlak (op en neer). bv. ellebooggewricht, kniege-wricht en de gewrichten tussen vinger- en teenkootjes
rol-gewricht	Het ene been draait in de leng-teas om het andere been. bv. gewricht tussen spaakbeen en ellepijp
draai-gewricht	Het ene been draait rond een as die door een uitsteeksel van het andere been gevormd wordt. bv. gewricht tussen eerste en tweede halswervel
zadel-gewricht	De beenderen kunnen ten op-zichte van elkaar in twee lood-recht op elkaar staande richtin-gen bewegen. bv. gewricht tussen duim en handwortelbeentje

Tabel 7.1 Soorten gewrichten en hun bewegingsmogelijkheid

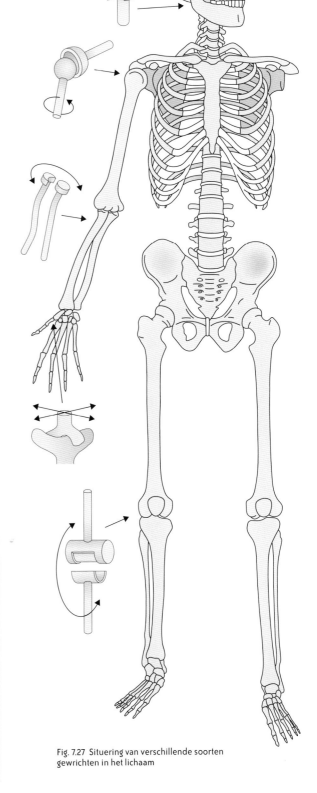

Fig. 7.27 Situering van verschillende soorten gewrichten in het lichaam

3.2.3 Kniegewricht (U)

De **knie** is een **scharniergewricht** dat het scheenbeen en het kuitbeen verbindt met het dijbeen. In het kniegewricht kan het been gestrekt en gebogen worden. In gebogen stand zijn er ook beperkte draaibewegingen mogelijk.

Het kniegewricht wordt aan de voorkant beschermd door de **knieschijf**. Eigenlijk is de knieschijf een rond **verbeend stukje kniepees**. Dat is de pees van de vierhoofdige dijspier (quadriceps) die vlak onder de knieschijf aan het scheenbeen vastzit. De voorkant van de knieschijf is van **beenweefsel**, de achterkant bestaat uit **kraakbeen**.
Als je de knie buigt, glijdt het kraakbeengedeelte van de knieschijf over het gewrichtsvlak van het dijbeen. Zonder knieschijf zou de kniepees al snel beschadigd worden door het voortdurend schuren tegen de beenderuiteinden van dijbeen en scheenbeen.
Behalve **bescherming** biedt de knieschijf ook **steun** aan het kniegewricht.

In elk kniegewricht zitten **twee menisci** (enkelvoud meniscus). Dat zijn twee halvemaanvormige **kraakbeenschijfjes**. Ze werken als **stootkussentjes**, die ervoor zorgen dat de gewrichtsvlakken van het dijbeen en het scheenbeen beter op elkaar passen. Ook verdeelt de meniscus het gewicht van het dijbeen op het scheenbeen én heeft het een belangrijke functie in de stabiliteit van het kniegewricht.

Het kniegewricht telt twee **kruisbanden**, die gekruist (vandaar de naam kruisbanden) midden in het gewricht lopen. Ook de kruisbanden zorgen voor stabiliteit van het kniegewricht: ze zorgen ervoor dat het onderbeen op de juiste positie blijft ten opzichte van het bovenbeen.
Bij een ongeluk of tijdens het sporten kunnen de kruisbanden scheuren, wanneer je **onderbeen blijft staan** en je **bovenbeen wel beweegt**. Normaal kunnen de kruisbanden die beweging redelijk aan, maar soms gebeurt de beweging niet gecontroleerd en scheuren de kruisbanden omdat er te veel druk op komt te staan.

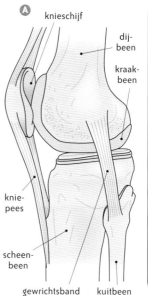
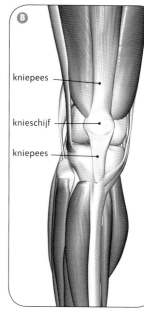

Fig. 7.28 Kniegewricht
A Zijaanzicht van een gestrekte linkerknie
B Vooraanzicht van een gestrekte rechterknie

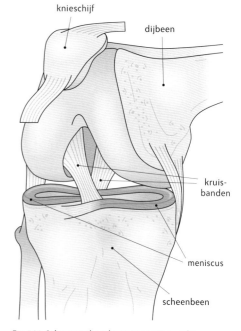

Fig. 7.29 Schematische tekening van zijaanzicht van een gebogen rechterknie met situering van menisci en kruisbanden

De relatie tussen kruisbandletsels en de aard van de sport

De sporten waarbij de voet vast aan de grond staat en het lichaam snel van richting moet veranderen (bv. basketbal en voetbal), kunnen we beschouwen als **risicosporten voor kruisbandletsels**. Voetbal combineert bovendien het plaatsen van de voet en het snel veranderen van richting met de dreiging van lichamelijk contact. Dat vergroot de kans op een 'verdraaiing van de knie' nog meer.

3.3 Skeletspieren

3.3.1 Wat zijn skeletspieren?

Skeletspieren zijn spieren die met **pezen** vastzitten aan de **beenderen** van het skelet. Als skeletspieren samentrekken, dan trekken ze aan de beenderen zodat er beweging in het **gewricht** ontstaat.

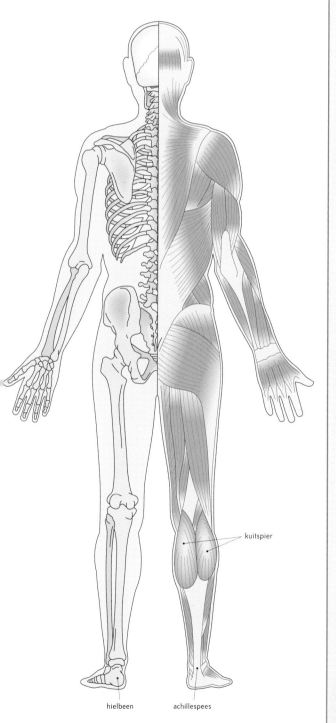

Fig. 7.30 Enkele skeletspieren van de rechterlichaamshelft. De kuitspier is een skeletspier die met de achillespees verbonden is aan het hielbeen.

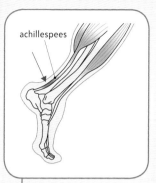

Peesontsteking

Een **peesontsteking** (tendinitis) is een reactie van het lichaam op beschadiging van peesweefsel. Bij een peesontsteking voel je pijn op de aanhechtingsplaats van de pees aan het bot.

De meest voorkomende **oorzaak** van een peesontsteking is **over-belasting** door het veelvuldig herhalen van eenzelfde beweging, voortdurende zware belasting, vibraties (trillingen) of langdurige blootstelling aan kou.

Fig. 7.31 Situering van een achillespeesontsteking

Een **achillespeesontsteking** kan ontstaan door **overbelasting** als gevolg van **hardlopen**. De pijnklachten komen voor tussen het hielbeen en ongeveer 10 centimeter erboven.

Een **tenniselleboog** is een peesontsteking op de plaats waar de onderarmspieren met hun pezen aan de buitenste elleboogknobbel vastzitten. Deze spieren lopen over de buitenkant van de onderarm van de elleboog naar de pols. Ze zorgen onder meer voor het strekken van de pols en de vingers.

De peesontsteking wordt veroorzaakt door een **overbelasting** die het gevolg is van het **veelvuldig herhalen van eenzelfde beweging**: een grijpbeweging van de hand die gepaard gaat met een draaiing van de onderarm. Dit mechanisme doet zich continu voor bij tennis, maar niet alleen daar. Ook bijvoorbeeld het indraaien van schroeven en het uitwringen van een vaatdoek berusten op dezelfde bewegingen.

De naam tenniselleboog is ontstaan omdat dit elleboogletsel vroeger, toen er nog gespeeld werd met de zware houten rackets, frequent voorkwam bij tennissers. Een tenniselleboog komt echter even vaak voor bij mensen die niet tennissen.

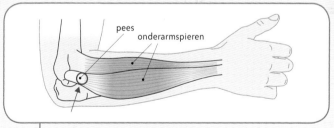

Fig. 7.32 Situering van een tenniselleboog

Behandeling van een peesontsteking

- Enkele weken **rusten** is de eerste en allerbelangrijkste maatregel. Rust biedt de pees de tijd om zich te herstellen. Mensen met een zeer pijnlijke tenniselleboog moeten soms zelfs in het gips zodat de onderarmspieren de nodige rust krijgen.

- **Afkoelen met ijs** bevordert de genezing en tempert de pijn. Je kunt de pijnlijke plek best een paar keer per dag gedurende een tiental minuten met een ijsblokje masseren. Daarvoor doe je enkele ijsblokjes in een plastic zak, die je in een handdoek wikkelt. Dat pak kun je dan op de pijnlijke plaats leggen. Zo zorg je ervoor dat je het ijs nooit rechtstreeks op de huid legt; dat kan immers vrieswonden veroorzaken.

3.3.2 Antagonistische spieren

Elke beweging die het gevolg is van spier-werking komt steeds tot stand door **sa-mentrekking** of **contractie van spie-ren**.

Als je je arm buigt, trekt de **biceps** samen. Door de samentrekking of **contractie** van de biceps voel je bij het betasten van deze spier dat ze dikker en korter wordt.

De biceps is aan het ene uiteinde met pe-zen verbonden aan het schouderblad en aan het andere uiteinde is ze vastgehecht aan het spaakbeen. Als de biceps samen-trekt, trekt ze via de pezen aan deze been-deren. Daardoor bewegen die ten opzich-te van elkaar en wordt de arm gebogen in het ellebooggewricht.

Omdat de arm gebogen wordt als de bi-ceps samentrekt, noemen we deze spier een **buiger**.

Skeletspieren werken meestal in paren. Dat houdt in dat tegenover elke spier die een bepaalde beweging veroorzaakt, een an-dere spier de tegenovergestelde beweging mogelijk maakt.

Om de arm te strekken is er dus een an-dere spier nodig, namelijk de **triceps**. Je kunt de triceps duidelijk waarnemen aan de achterkant van je bovenarm, wanneer bij het strekken van de arm de triceps sa-mentrekt en dus dikker wordt.

De triceps is met pezen aan het ene uit-einde verbonden met het opperarmbeen en het schouderblad, en aan het andere uiteinde met de ellepijp.

Omdat de arm gestrekt wordt als de triceps samentrekt, noemen we deze spier een **strekker**.

Spieren, zoals de biceps en de triceps, die een tegengestelde werking hebben en daardoor een tegengestelde beweging veroorzaken, noemen we **antagonisti-sche spieren** of kortweg **antagonisten** (tegenspelers).

Met antagonistische spieren kunnen spier-werkingen nauwkeurig op elkaar afge-stemd worden en kunnen **bewegingen heel precies** uitgevoerd worden.

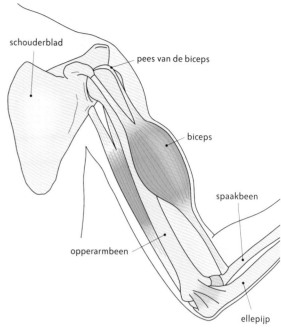

Fig. 7.33 Door samentrekking van de biceps wordt de arm gebogen.

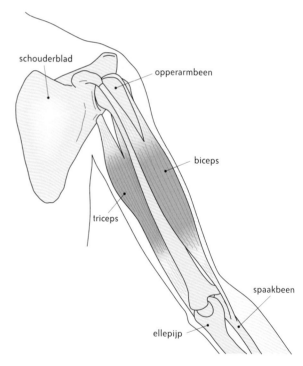

Fig. 7.34 Door samentrekking van de triceps wordt de arm gestrekt.

Lopen is een gezamenlijke inspanning van meer dan 200 spieren. Behalve de biceps en de triceps, zijn nog heel wat andere antagonisten tijdens het lopen aan het werk.

- Antagonisten die het bovenbeen ten opzichte van de romp bewegen en dus **beweging in het heupgewricht** mogelijk maken: darmbeenlendenspier (buiger) en grote bilspier (strekker).
- Antagonisten die het onderbeen ten opzichte van het bovenbeen bewegen en dus **beweging in het kniegewricht** mogelijk maken: dijbiceps (buiger) en quadriceps (strekker).
- Antagonisten die de voet ten opzichte van het onderbeen bewegen en dus **beweging in het enkelgewricht** mogelijk maken: voorste scheenbeenspier (buiger) en tweelingkuitspier (strekker).

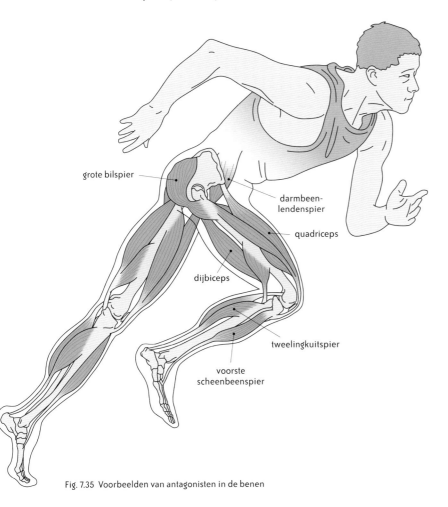

grote bilspier

darmbeen-lendenspier

quadriceps

dijbiceps

tweelingkuitspier

voorste scheenbeenspier

Fig. 7.35 Voorbeelden van antagonisten in de benen

Uit de werking van antagonistische spieren kunnen we afleiden dat een spier alleen kan **samentrekken**. Het opnieuw ontspannen van de spier gebeurt niet vanzelf, maar is het gevolg van de samentrekking van de antagonist.

De spiertonus

De werking van skeletspieren zorgt niet alleen voor de beweging van het lichaam of de verplaatsing van lichaamsdelen. Ook onze **lichaamshouding** en **de stand van lichaamsdelen** worden er door bepaald. Onze skeletspieren bevinden zich namelijk in een lichte, voortdurende contractie-toestand, waardoor het lichaam zijn houding kan handhaven en het hoofd rechtop kan houden. Deze aanhoudende toestand van lichte spierspanning noemen we de **spiertonus**.

Dat we overdag onze ogen openhouden, de mond gesloten en het hoofd rechtop is te danken aan deze spiertonus. Als je kaarsrecht staat zonder de minste beweging te maken, staan je beenspieren 'onder spanning'; de spiertonus is hoog. Bij een persoon die zittend inslaapt, vallen de ogen toe, gaat het hoofd hangen en valt de mond open; de spieren van het hoofd hebben dan een lage spiertonus.

De spiertonus is hoog als het lichaam gezond en uitgerust is, en laag als je vermoeid bent.

Fig. 7.36 Ingedommelde man met lage spiertonus

Fig. 7.37 Soldaten met hoge spiertonus

3.3.3 Macroscopische bouw van een skeletspier

Een skeletspier is opgebouwd uit een dikker (rood) middengedeelte, de **spierbuik**, die in twee richtingen uitloopt op (witte) **pezen**.

Een spier is omgeven door een stevig vlies: de **spierschede**, die een aantal **spierbundels** omsluit. Elke spierbundel is op zijn beurt omgeven door een **bundelschede**. De scheden en pezen lopen in elkaar over en zijn opgebouwd uit bindweefsel.

Elke spierbundel is een verzameling van een groot aantal **spiervezels**. Tussen de spierbundels en de spiervezels liggen **bloedvaten** en **zenuwen**.

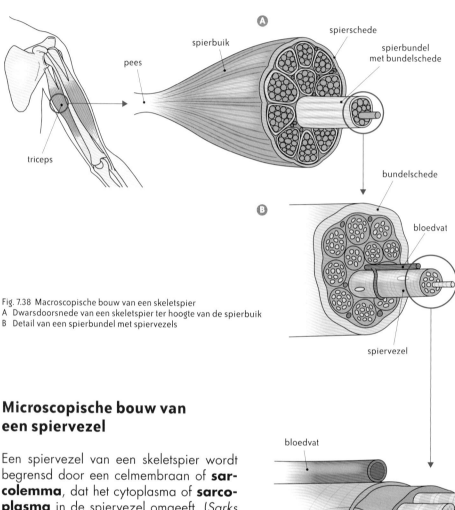

Fig. 7.38 Macroscopische bouw van een skeletspier
A Dwarsdoorsnede van een skeletspier ter hoogte van de spierbuik
B Detail van een spierbundel met spiervezels

3.3.4 Microscopische bouw van een spiervezel

Een spiervezel van een skeletspier wordt begrensd door een celmembraan of **sarcolemma**, dat het cytoplasma of **sarcoplasma** in de spiervezel omgeeft. (*Sarks* is het Griekse woord voor vlees).

In het sarcoplasma liggen draadvormige structuren of **spierfibrillen** en **meerdere celkernen**, die tegen het sarcolemma aanliggen.

Dat een spiervezel meerdere celkernen heeft, is een gevolg van de samensmelting van vele kleine spiercellen tijdens de embryonale ontwikkeling. Daarom is 'spiervezel' een betere benaming dan 'spiercel'.

Spiervezels zijn even lang als de spierbuik waar ze deel van uitmaken.

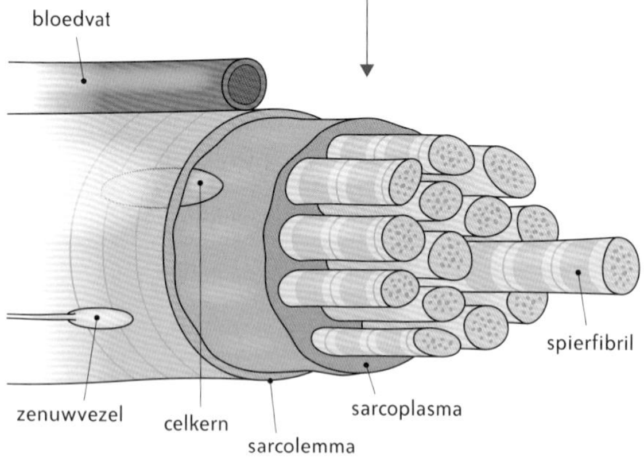

Fig. 7.39 Microscopische bouw van een spiervezel, die bestaat uit meerdere spierfibrillen

Bij nauwkeurig lichtmicroscopisch onderzoek kun je in de spiervezels van skeletspieren **dwarse streepjes** waarnemen. Donker gekleurde bandjes wisselen af met lichter gekleurde bandjes.

Om dat streepjespatroon te verklaren is een nog sterkere vergroting nodig (x 10 000). Dergelijke vergroting verkrijgen we met de elektronenmicroscoop.

3.3.5 Elektronenmicroscopische bouw van een spierfibril

Een spierfibril is opgebouwd uit draadvormige **filamenten**, die bestaan uit twee soorten eiwitten: **actine** en **myosine**.

Een spierfibril is in de lengte ingedeeld in segmenten of **sarcomeren**, die van elkaar gescheiden zijn door **Z-platen**. Per segment liggen de dunne actinefilamenten, die aan een kant verbonden zijn met een Z-plaat, gedeeltelijk tussen de dikkere myosinefilamenten geschoven. Die regelmatige schikking van actine en myosine veroorzaakt de **dwarse strepen** die je kunt waarnemen bij lichtmicroscopisch onderzoek van een spiervezel.

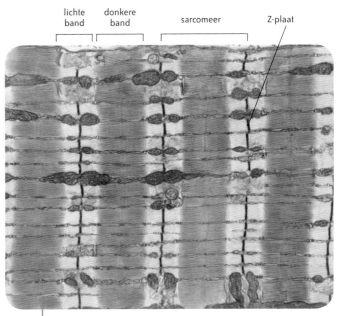

Fig. 7.40 Elektronenmicroscopische foto van een dwarsgestreepte spiervezel

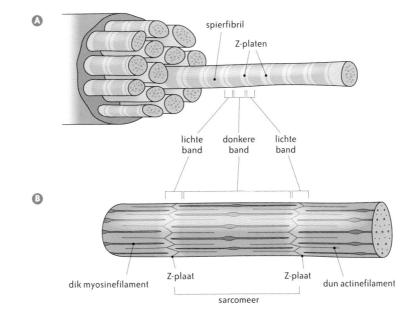

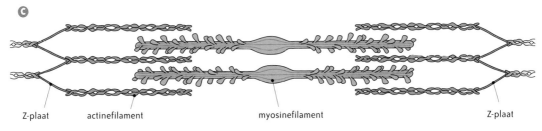

Fig. 7.41
A Microscopische bouw van een spiervezel
B Elektronenmicroscopische bouw van een spierfibril
C Regelmatige schikking van actine- en myosinefilamenten t.o.v. elkaar

Spierweefsel van om het even welke spier is steeds opgebouwd uit **langwerpige cellen**, die voornamelijk bestaan uit **spierfibrillen**.

Deze spierfibrillen zijn opgebouwd uit **actine- en myosinefilamenten**.

Op basis van **verschillen in bouw** en **werking** kunnen we drie soorten spierweefsel onderscheiden:

* **dwarsgestreept spierweefsel**
* **hartspierweefsel**
* **glad spierweefsel**.

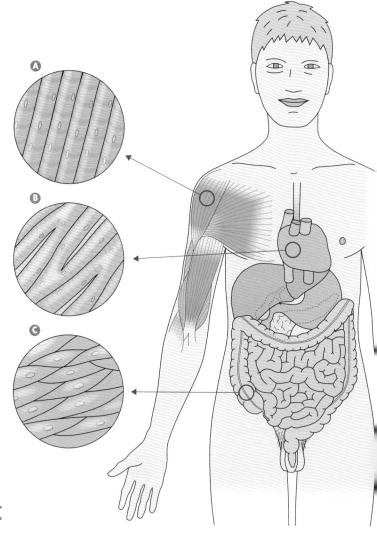

Fig. 7.42 Soorten spieren volgens de bouw van het spierweefsel
A Skeletspieren zijn dwarsgestreepte spieren.
B De hartspier is een bijzondere dwarsgestreepte spier.
C Spieren van inwendige organen zijn gladde spieren.

4.1 Dwarsgestreept spierweefsel

Je weet al dat je bij microscopisch onderzoek van skeletspierweefsel **dwarse strepen** op de spiervezels kunt waarnemen. Dat komt door de typische geordende ligging van de actine- en myosinefilamenten in de spiervezels.
Omwille van die dwarse strepen noemen we **skeletspieren** ook **dwarsgestreepte spieren**.

Een dwarsgestreepte spiervezel bevat **meerdere celkernen** en kan **enkele cm** lang zijn.

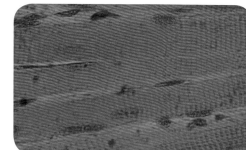

Fig. 7.43 Microfoto van dwarsgestreept spierweefsel

Dwarsgestreepte spiervezels reageren heel **snel** met contractie op een impuls. De reactie is **intens** en daarom ook **kortstondig**. De spiervezels verbruiken immers **veel energie** voor de arbeid die ze moeten leveren tijdens de samentrekking. Daarom is dwarsgestreept spierweefsel **snel vermoeid**.

Dwarsgestreept spierweefsel van skeletspieren **staat onder invloed van de wil**. Zo kun je zelf bepalen wanneer biceps en triceps moeten samentrekken en je je arm moet buigen of strekken.

4.2 Hartspierweefsel

Onder de microscoop vertoont hartspierweefsel dezelfde dwarse strepen als het **dwarsgestreepte spierweefsel**. Er zijn echter ook verschillen.

Hartspierweefsel bestaat uit **bijzonder korte spiervezels** (van 50 tot 100 μm lang). Het zijn bovendien **vertakte** spiervezels die aan elkaar vastzitten.
Midden in het sarcoplasma van elke hartspiervezel liggen slechts **één of twee celkernen**.

Hartspiervezels kunnen **snel** reageren en samentrekken en hebben een **kort uithoudingsvermogen**. Door de regelmatige afwisseling van samentrekking en rust van voorkamers en kamers zijn ze echter in staat een heel leven lang de pompwerking van het hart te verzekeren.

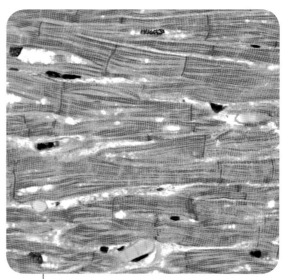

Fig. 7.44 Microfoto van hartspierweefsel

Hartspierweefsel is dan wel dwarsgestreept, maar staat **niet onder invloed van de wil**. De impuls tot samentrekking van het hart wordt gegeven vanuit gespecialiseerde hartspiercellen van de **sinusknoop**, en breidt zich van daar uit over heel het hart.

4.3 Glad spierweefsel

Microscopisch bekeken vertoont glad spierweefsel **geen dwarse strepen**. Er is immers geen verdeling in sarcomeren en geen geordende ligging van de filamenten.

Gladde spieren zijn opgebouwd uit **korte, spoelvormige cellen** (ca. 0,5 mm lang). Een gladde spiercel heeft slechts **één celkern** die in het midden van de spiercel ligt.

Voorbeelden van gladde spieren zijn de spieren die de doorgangen regelen van de bloedvaten, het darmkanaal en vele andere buisvormige of holle organen, zoals de urineblaas en de eileiders.

Glad spierweefsel trekt **veel langzamer** en **minder intens** samen dan dwarsgestreept spierweefsel en is **vrijwel onvermoeibaar**.

Fig. 7.45 Microfoto van glad spierweefsel

De werking van glad spierweefsel is **niet beïnvloedbaar door onze wil**. Zo wordt de pupilgrootte door glad spierweefsel van de iriskringspieren en irisstraalspieren geregeld.

5 Hoe komt spiercontractie tot stand?

De **samentrekking van een spier** is het gevolg van een zenuwimpuls die zorgt voor de **samentrekking van de spierfibrillen** in de spiercel.

5.1 Werking van spierfibrillen in skeletspieren

Bij een spierfibril **in rust** zijn de actine- en myosinefilamenten wat verder uit elkaar geschoven. De spierfibril is dan dun en lang.

Bij activering van de spierfibril haken de myosinefilamenten zich vast aan de actinefilamenten en schuiven beide soorten filamenten als het ware in elkaar. Daardoor kan de spierfibril korter worden en kan de hele spier kracht ontwikkelen.

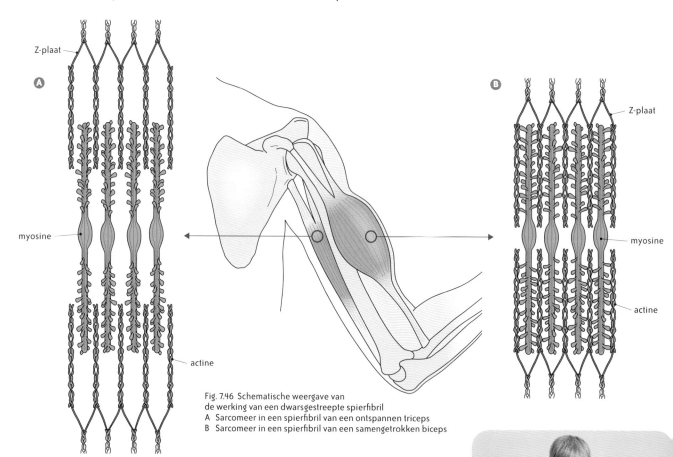

Z-plaat

Ⓐ

myosine

actine

Z-plaat

Ⓑ

myosine

actine

Fig. 7.46 Schematische weergave van de werking van een dwarsgestreepte spierfibril
A Sarcomeer in een spierfibril van een ontspannen triceps
B Sarcomeer in een spierfibril van een samengetrokken biceps

Hoe **meer spiervezels** je inzet bij een spiersamentrekking, des te **meer kracht** de spier ontwikkelt. Dat gebeurt bijvoorbeeld wanneer je je biceps heel fors opspant. De spier wordt dan nog dikker.

Door **spiertraining** maak je **meer actine en myosine** aan. Door de toename van actine en myosine in de spier neemt het spiervolume toe. Het gevolg is dat een getrainde spier **meer spierkracht** kan ontwikkelen.

Fig. 7.47 Door krachttraining ontwikkel je meer spiermassa.

5.2 Energie voor spierwerking

Om spieren te laten werken is er **energie** nodig. In de spiervezel is chemische energie aanwezig in de vorm van een reservesuiker nl. **glycogeen**. Ook in de levercellen stapelen we een reservehoeveelheid glycogeen op. We spreken respectievelijk van spier- en leverglycogeen.

Glycogeen kun je vergelijken met zetmeel bij planten: het is een grote molecule die bestaat uit een **aaneenschakeling van glucosemoleculen**.

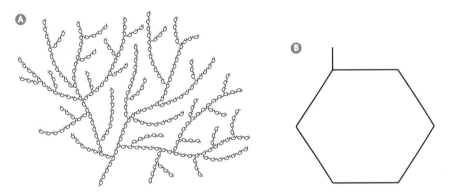

Fig. 7.48
A Schematische voorstelling van glycogeen. De zeshoekjes stellen aaneengeschakelde glucosemoleculen voor.
B Schematische voorstelling van een glucosemolecule

Wanneer we **inspanningen** leveren en de **vraag naar energie in de spieren stijgt**, wordt glycogeen in de spieren omgezet in afzonderlijke glucosemoleculen. Deze stofomzetting vindt ook plaats in de levercellen. Vanuit de lever wordt glucose via het bloed naar de spieren getransporteerd.

Door verbranding van glucose in de spiervezel komt energie vrij die nodig is om actine- en myosinefilamenten in elkaar te doen schuiven.

Schematisch voorgesteld:

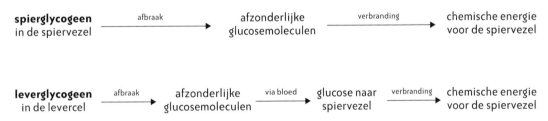

Voor de verbranding van glucose is **zuurstofgas** nodig. Tijdens dat proces ontstaat er CO_2 en H_2O die via het bloed naar de longen worden getransporteerd en vervolgens worden uitgeademd.

Wanneer de zuurstofvoorziening naar de spieren tekortschiet, wordt **glucose omgezet zonder zuurstofgas**. Een groot nadeel is dat er daardoor **melkzuur** ontstaat. Dat afvalproduct heeft een nadelige invloed op de spierwerking. Ophoping van melkzuur bemoeilijkt de samentrekking van de spiervezels en leidt tot spiervermoeidheid. De controle over de spieren vermindert en er treedt spierpijn op.

5.3 Belang van myoglobine voor spierwerking (U)

5.3.1 Functie van myoglobine

Je hebt al geleerd dat het rode pigment **hemoglobine** in de **rode bloedcellen** zuurstofgas bindt ter hoogte van de longblaasjes. Het bloed transporteert dat zuurstofgas vervolgens naar de werkende (spier)cellen, die het gas van hemoglobine overnemen. Voor elke afgegeven zuurstofgasmolecule zal hemoglobine er opnieuw één opnemen ter hoogte van de longblaasjes.

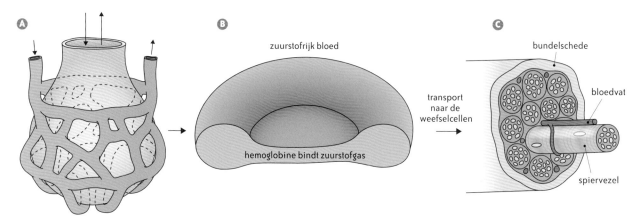

Fig. 7.49
A Longblaasje met haarvaten
B Transport van zuurstofgas door rode bloedcellen naar de weefsels
C Hemoglobine in de rode bloedcel in het bloedvat geeft zuurstofgas af aan de spiervezel.

In het **cytoplasma van spiervezels** komt er ook een rood pigment voor: **myoglobine**, dat eveneens zuurstofgas kan binden en opnieuw loslaten.
Myoglobine kun je beschouwen als het hulpje van hemoglobine bij de zuurstofvoorziening tijdens de spierwerking. Wanneer hemoglobine onvoldoende zuurstofgas kan afgeven aan de intens werkende spier, zal myoglobine bijspringen en het eigen gebonden zuurstofgas afgeven.

Na de inspanning, wanneer de spier in 'rust' veel minder zuurstofgas nodig heeft, zal er een overschot zijn aan door hemoglobine gebonden zuurstofgas. Op dat moment zal hemoglobine de voorraad zuurstofgas aanvullen bij myoglobine, die het eigen zuurstofgas had afgestaan tijdens de inspanning.

Fig. 7.50 Net zoals hemoglobine de rode kleur geeft aan de rode bloedcel, geeft myoglobine de rode kleur aan de spiervezels in deze biefstuk.

5.3.2 Myoglobine in rode en witte spiervezels

Goede marathonlopers zijn meestal slechte sprinters, en een goede sprinter zal wellicht slecht scoren op de marathon. Dat heeft vooral te maken met de bouw van hun spieren, meer bepaald met het type spiervezels waaruit hun spieren zijn opgebouwd. Skeletspieren zijn opgebouwd uit rode en witte spiervezels.

Rode spiervezels of **type I vezels** hebben een helrode kleur als gevolg van het **grote aantal myoglobinemoleculen** in die spiervezels. Mede daardoor zijn rode spiervezels **minder vlug vermoeid**.
Rode spiervezels trekken minder snel samen dan witte spiervezels en worden daarom ook **trage spiervezels** genoemd. Bovendien kunnen rode spiervezels **minder kracht** leveren bij samentrekking.

Witte spiervezels of **type II vezels** bevatten **minder myoglobinemoleculen** en hebben daardoor een lichtrode kleur. Spieren waarin vooral witte spiervezels voorkomen, zijn **vlugger vermoeid**.
Witte spiervezels worden ook **snelle spiervezels** genoemd omdat ze snel kunnen samentrekken.

Hoeveel en welk type spiervezels een spier zal gebruiken, is **afhankelijk van de kracht** die ze moet leveren tijdens de inspanning. Bij lage spierkracht gebruikt de spier eerst type I spiervezels en naarmate de spier **meer kracht** moet ontwikkelen, zal ze **meer type II spiervezels** inzetten.
Rode spiervezels zijn in staat om **langdurig** een **geringe kracht** uit te oefenen. Je zult ze nodig hebben tijdens het joggen. Als je daarentegen moet spurten en dus **explosieve kracht** moet leveren, zal je meer **witte spiervezels** inschakelen.

Fig. 7.52 Deze kogelstoter moet het hebben van explosieve spierkracht. Een hoog percentage witte spiervezels zal hier voordeel bieden.

Fig. 7.51 Ethiopische langeafstandslopers domineren hardloopwedstrijden over 5 en 10 km en de marathon. Ze zijn erfelijk gezien in het voordeel om goed te scoren op deze atletieknummers, omdat ze over veel rode spiervezels beschikken.

6 Beweging bij enkele ongewervelde dieren (U)

6.1 Beweging bij vliegende insecten

Vliegende insecten kunnen zich voortbewegen door te kruipen met poten of te vliegen met vleugels.

6.1.1 Bewegingsstructuren voor de poten

Insecten behoren tot de **geleedpotige dieren**. Hun lichaam bestaat uit drie grote delen: kop, borststuk en achterlijf. Zowel het borststuk als het achterlijf is verdeeld in ringen of segmenten. Insecten bezitten **3 paar poten**, die bevestigd zijn aan de 3 segmenten van het borststuk.

Elke poot is uit vijf holle leden opgebouwd: de heup, de dijring, de dij, de scheen en de voet. Bij de vlieg eindigt de voet op twee klauwtjes en een tweedelig zuignapje. Op de poten staan talrijke haartjes waarmee de vlieg het stof van haar lichaam en haar vleugels veegt.

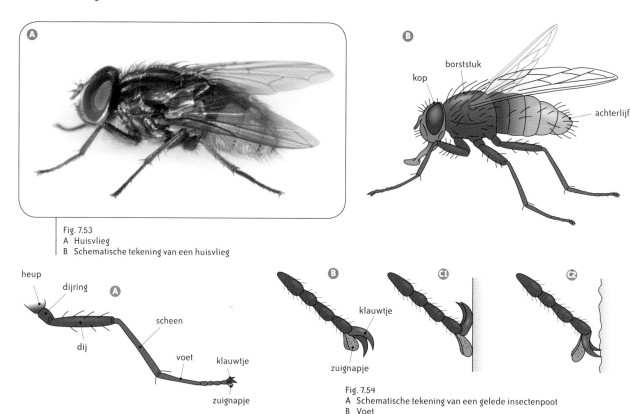

Fig. 7.53
A Huisvlieg
B Schematische tekening van een huisvlieg

Fig. 7.54
A Schematische tekening van een gelede insectenpoot
B Voet
C Voet op een glad (C1) en een ruw (C2) oppervlak

De **lichaamswand** van insecten bestaat uit één laag opperhuidcellen, die aan de buitenzijde de **cuticula** vormen. De cuticula bevat **chitine**, een hoornachtige stof die dient als uitwendige versteviging van het lichaam. Daarom spreken we van een uitwendig skelet of **exoskelet**. Het buitenste laagje van de cuticula, het **waslaagje**, is waterafstotend en bevat geen chitine.

Fig. 7.55 Schematische voorstelling van de lichaamswand van insecten

Het exoskelet is noodzakelijk voor de **vasthechting van de spieren**. Je kunt dat vergelijken met de functie van ons inwendig skelet, dat dient als aanhechting voor de pezen van onze skeletspieren.

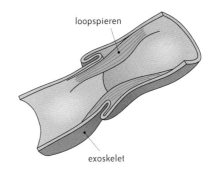

Fig. 7.56 Vasthechting van de spieren aan de binnenkant van het exoskelet

6.1.2 Bewegingsmechanisme van de poten

Bij de vlieg komt beweging tot stand door **spiercontracties**. In de holle leden van de poten liggen de **loopspieren**: de buigers en de strekkers, die van het ene lid naar het andere lopen.

Door samentrekking van de **buiger** beweegt het ene lid naar het andere; door samentrekking van de **strekker** wordt het lid teruggebracht naar zijn oorspronkelijke positie. Ook hier is er dus sprake van **antagonisme**.

Tussen de leden bevat de cuticula weinig chitine, waardoor de leden soepel kunnen bewegen ten opzichte van elkaar. Je kunt deze verbindingen tussen de leden vergelijken met onze **gewrichten**.

Net zoals de skeletspieren bij de mens zijn de spieren voor de voortbeweging **dwarsgestreepte spieren**. Ze kunnen dus **snel samentrekken**.

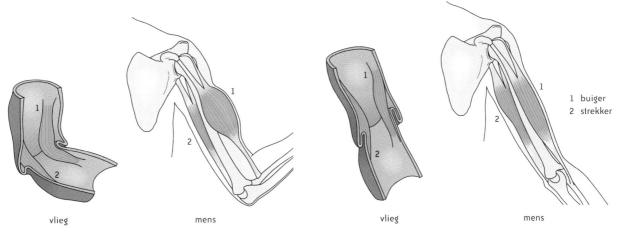

1 buiger
2 strekker

vlieg   mens   vlieg   mens

Fig. 7.57 Vergelijking tussen de antagonistische werking van pootspieren bij de vlieg (exoskelet) en armspieren bij de mens (inwendig skelet)

6.1.3 Bewegingsstructuren voor de vleugels

De **twee paar vleugels** van vliegende insecten zijn plaatvormige uitstulpingen van de huid ter hoogte van het tweede en derde segment van het borststuk. De vleugels zijn volledig overdekt met **chitine** en extra verstevigd door een netwerk van nerven of **aders**, met lucht gevulde buisjes.

Ook de aders zijn opgebouwd uit chitine, waardoor de vleugels stijf en onbuigzaam zijn.

Fig. 7.58 Deze libel heeft twee paar vleugels. Insectenvleugels zijn vastgehecht aan het tweede en derde borststuksegment.

De **segmenten** van het **borststuk** hebben een ringvormige structuur, opgebouwd uit vier **chitineplaten**. Hierdoor is de ring wel stevig, maar **licht vervormbaar** en **veerkrachtig**. De basis van elke vleugel ligt vast aan de rand van de rugplaat en kan scharnieren op de rand van de zijplaat.

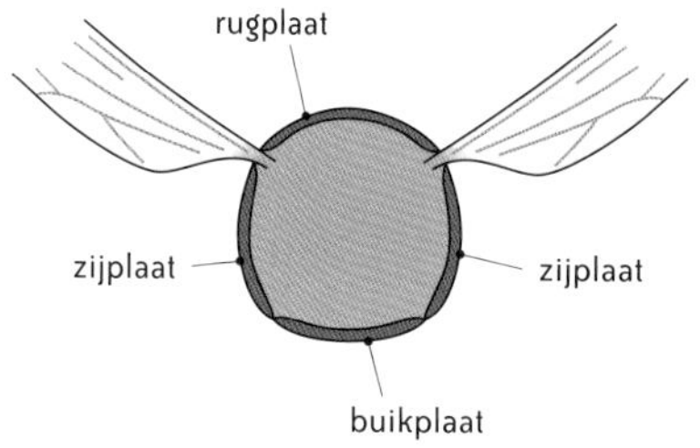

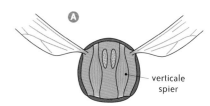

Fig. 7.59 Dwarse doorsnede van een borststuksegment

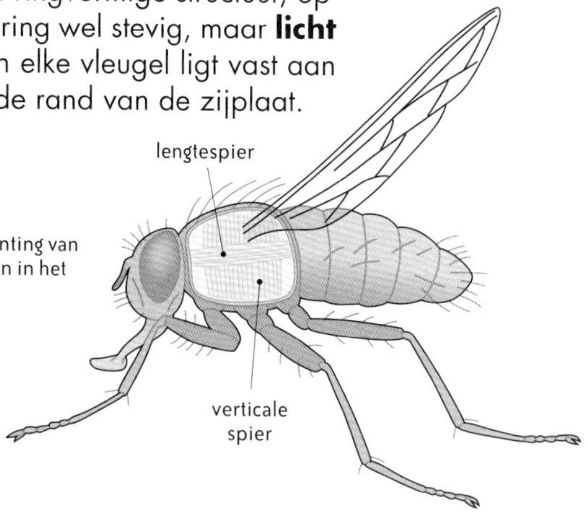

Fig. 7.60 Inplanting van de vliegspieren in het borststuk

Insecten vliegen door samentrekkingen van de **vliegspieren** die zich in het borststuk bevinden. De **verticale spieren** verbinden de rugplaat met de buikplaat. De **lengtespieren** verbinden de voorzijde met de achterzijde van de gebogen rugplaat.

6.1.4 Bewegingsmechanisme van de vleugels

Het bewegen van de vleugels komt tot stand door de **antagonistische werking** van de **verticale spieren** en de **lengtespieren** en door de reactie van het vervormbaar en veerkrachtig borststuk op de spierwerking.
Samentrekking van de verticale spieren duwt de rugplaat neerwaarts, waardoor de vleugels opslaan. Die spieren noemen we de **heffers**.
Als de heffers zich ontspannen, veert het vervormde borststuk weer in zijn normale stand, hierbij geholpen door de samentrekking van de lengtespieren. Hierdoor slaan de vleugels neer. Die spieren noemen we de **zinkers**.

De vliegspieren zijn **dwarsgestreept**, wat een **snelle beweging** mogelijk maakt. Het aantal bewegingen bedraagt bij de huisvlieg 330/s en bij de zweefvlieg 440/s.

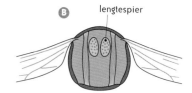

Fig. 7.61 De vleugels zijn scharnierend verbonden met het borststuk.
A Het opslaan van de vleugels door contractie van de heffers
B Het neerslaan van de vleugels door contractie van de zinkers

6.2 Beweging bij de regenworm

6.2.1 Bewegingsstructuren

Regenwormen behoren tot de ringwormen. Het lichaam van deze dieren is zowel uitwendig als inwendig in **segmenten** of **ringen** ingedeeld. Deze indeling is het gevolg van de aanwezigheid van **dwarse tussenschotten**. Daardoor wordt de lichaamsholte als het ware in afzonderlijke kamertjes verdeeld.

Fig. 7.62 De uitwendige segmentatie van de regenworm is duidelijk zichtbaar.

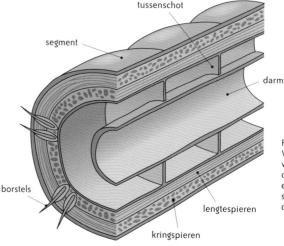

Fig. 7.63 Vereenvoudigde voorstelling van de uitwendige en inwendige segmentatie bij de regenworm

Doordat elk segment volledig met **lichaamsvloeistof** is gevuld, staat de lichaamswand onder spanning. Dat geeft de regenworm een zekere **stevigheid**. Vandaar dat we deze lichaamsvloeistof het **hydroskelet** noemen.

In de lichaamswand komen twee spierlagen voor: de **kringspieren** aan de buitenkant en de **lengtespieren** aan de binnenkant. Samen met de **opperhuid** die eroverheen ligt, wordt zo een **huidspierzak** gevormd.

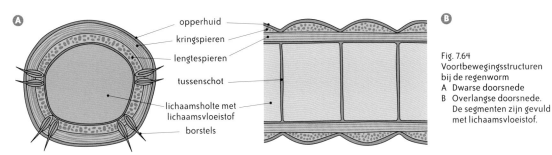

opperhuid
kringspieren
lengtespieren
tussenschot
lichaamsholte met lichaamsvloeistof
borstels

Fig. 7.64
Voortbewegingsstructuren bij de regenworm
A Dwarse doorsnede
B Overlangse doorsnede. De segmenten zijn gevuld met lichaamsvloeistof.

Op de buikzijde en op de flanken steken per segment 4 paren stijve haren of **borstels** uit. De borstels staan schuin naar achteren gericht en kunnen met behulp van **borstelspieren** als weerhaakjes in de bodem vastgezet worden.

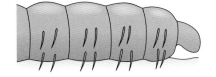

Fig. 7.65 Ligging van de borstels bij de regenworm (zijaanzicht)

6.2.2 Bewegingsmechanisme

De voortbeweging komt tot stand door de **samenwerking** van de **spierlagen** in de lichaamswand, de **lichaamsvloeistof** en de **borstels**.

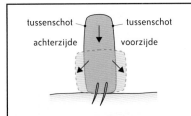 tussenschot — tussenschot achterzijde — voorzijde Fig. 7.66 Contractie van kringspieren: het segment wordt langer en smaller. (De volle lijn geeft de vorm van het segment weer voor de contractie, de stippellijn na de contractie.)	Als de **kringspieren** van een segment samentrekken, wordt de diameter van het segment kleiner. Maar aangezien elk segment afgesloten is en gevuld met lichaamsvloeistof, drukt de lichaamsvloeistof op de twee tussenschotten en wordt het segment langer en smaller.
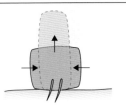 Fig. 7.67 Contractie van lengtespieren: het segment wordt korter en dikker. (De volle lijn geeft de vorm van het segment weer voor de contractie, de stippellijn na de contractie.)	Als reactie op het verlengen van het segment trekken de **lengtespieren** van het segment samen waardoor het segment korter wordt. De lichaamsvloeistof drukt op de huidspierzak waardoor de diameter van het segment weer vergroot. Het segment wordt korter en dikker.
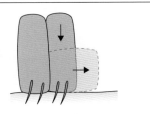 Fig. 7.68 Rol van de borstels bij de voortbeweging	Doordat de **borstels** door de **borstelspieren** naar achteren toe in de bodem vastgezet worden, verlengt het segment alleen in voorwaartse richting. De borstels beletten dat de regenworm achteruit zou schuiven. Vooruitschuiven is echter wel mogelijk; de borstels geven dan immers mee. Zonder de steun die de borstels geven, zou het segment aan beide zijden evenveel verlengen en zou de regenworm niet vooruitkomen.

Tabel 7.2 Vormverandering van een segment door de afwisselende werking van kring- en lengtespieren

De kringspieren van de opeenvolgende segmenten trekken na elkaar samen; we spreken van een **contractiegolf**. Elke kringspiercontractie wordt gevolgd door een contractie van de lengtespieren.

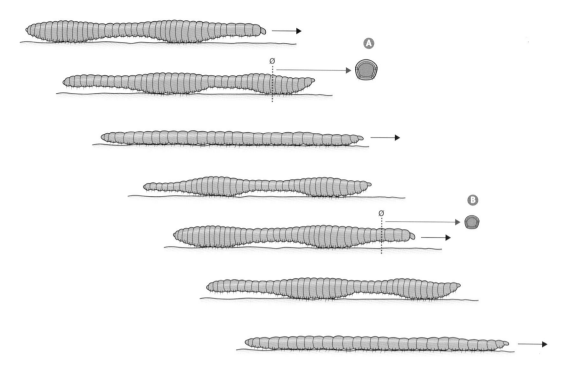

Fig. 7.69 Contractiegolf bij de voortbeweging van de regenworm
A Resultaat van de contractie van lengtespieren in het segment
B Resultaat van de contractie van kringspieren in het segment

6.2.3 Beweging als reactie op prikkels

Regenwormen zijn **bodemdieren** die gangen graven. Alleen 's nachts en bij heel nat weer komen ze aan het bodemoppervlak. Door hun graafactiviteiten oefenen regenwormen een gunstige invloed uit op de bodemkwaliteit. Zo zorgen ze voor verluchting en drainering, mengen ze de bodemlagen door elkaar zodat dieper gelegen lagen rijker aan humus worden en verbeteren ze de kruimelstructuur van de bodem.

Volgende voorbeelden van beweging als reactie op prikkels staan in verband met hun levenswijze:

* Regenwormen reageren op **bodemtrillingen**. Bodemtrilling betekent voor een regenworm gewoonlijk dat een mol nadert. De mol eet tot tachtig regenwormen per dag. De bodem ontvluchten wanneer die trilt, is dus efficiënt voor een regenworm. De regenworm vlucht hierbij in de richting waar de kop zit. Zo komt hij soms boven de grond te voorschijn.

* Na overvloedige regenval zie je vaak regenwormen boven de grond kruipen. Dat is te verklaren door het feit dat hun gangen onder water komen te staan. Het zuurstofgas dat in het bodemwater is opgelost, is snel verbruikt door bodemorganismen. Zuurstofnood dwingt de regenworm aan de oppervlakte te komen. Daar vindt hij **zuurstofgas**.

* Als de grond te droog wordt, kruipen de regenwormen dieper, waardoor ze dichter bij het grondwater komen. Regenwormen hebben een **vochtig milieu** nodig.

* Als regenwormen, die in het duister over vochtige aarde kruipen, door een zaklamp beschenen worden, ontvluchten ze het **licht**.

* Regenwormen trekken zich ook terug bij **aanraking**.

* Regenwormen reageren op heel wat **chemische stoffen**. Ze reageren negatief op azijn en andere zure of bittere stoffen. Daartegenover reageren ze positief op zoete stoffen, ui, vlees en vooral humus.

7 Beweging bij eencellige organismen (U)

Sommige eencellige organismen bewegen met behulp van **trilharen**. Andere doen beroep op één of twee grote **zweepharen**, of bewegen zich door celuitstulpingen die we **schijnvoetjes** noemen. We bestuderen deze verschillende bewegingsstructuren bij enkele concrete voorbeelden van eencellige organismen. We gaan ook na hoe deze eencellige organismen reageren op bepaalde prikkels.

7.1 Beweging bij het pantoffeldiertje

Het pantoffeldiertje is een eencellig organisme dat leeft in zoetwater waarin rottend plantenmateriaal voorkomt.

7.1.1 Beweging door trilhaarwerking

De vorm van de cel van het pantoffeldiertje lijkt enigszins op een kleine pantoffel. Het celmembraan van het pantoffeldiertje is bezet met **trilharen** of **ciliën**, die in schuine rijen volgens de lengteas zijn ingeplant.

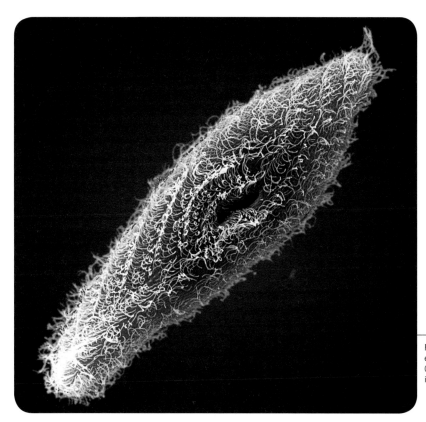

Fig. 7.70 Microfoto van een pantoffeldiertje (tot 0,25 mm). Het celoppervlak is bezet met rijen trilharen.

De trilharen bewegen niet allemaal tegelijk, maar wel achtereenvolgend in een soort **golfbeweging**, zoals blijkt uit de figuur hieronder. Zo ontstaat er een vloeiende beweging en kan het pantoffeldiertje zich draaiend om zijn lengteas voortbewegen in het water.

◀— zin van de voortbeweging

Fig. 7.71 Golfbeweging van de trilharen

7.1.2 Beweging als reactie op prikkels

- Pantoffeldiertjes reageren op **aanraking**. Ze zwemmen in allerlei richtingen rond en botsen daarbij regelmatig tegen soortgenoten of andere hindernissen. Als gevolg van deze aanraking veranderen ze onmiddellijk van richting.

- Tijdens de microscopische waarneming van pantoffeldiertjes stel je vast dat ze **vluchten voor het licht** en daardoor snel uit het beeld verdwijnen.

- Pantoffeldiertjes verzamelen zich rond **detritus**, in het water zwevende organische resten van dode organismen. Blijkbaar worden pantoffeldiertjes aangetrokken door **chemische stoffen** uit dit organisch afval.

- Pantoffeldiertjes bewegen zich van een zuurstofarm naar een **zuurstofrijk milieu**. Tijdens microscopisch onderzoek stel je vast dat de meeste pantoffeldiertjes zich verzamelen rondom een luchtbel of aan de rand van het dekglas. Het zuurstofgas dat in het water van het preparaat is opgelost, kan immers slechts worden aangevuld waar lucht en water met elkaar in contact komen.

7.1.3 Analoge trilhaarwerking bij de mens

Ook bij de mens komen op bepaalde plaatsen in het lichaam trilharen voor.

- De binnenwand van de luchtpijp is bekleed met trilhaarcellen. Voedsel- of stofdeeltjes die in de **luchtpijp** terechtkomen, worden omgeven door slijm en vervolgens via trilhaarwerking terug naar de keelholte afgevoerd.

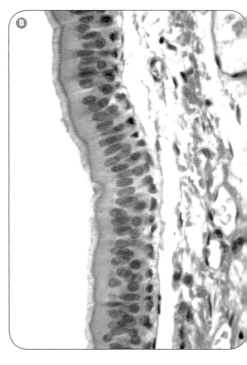

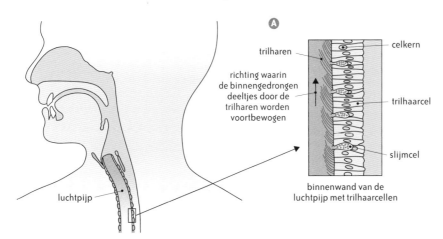

Fig. 7.72 Trilhaarcellen aan de binnenwand van de luchtpijp
A Schematische tekening
B Microfoto

- De binnenwand van de **eileiders** is bezet met trilharen. Samen met de peristaltiek door kring- en lengtespieren zorgen de trilharen voor het voortbewegen van de eicel doorheen de eileider naar de baarmoeder.

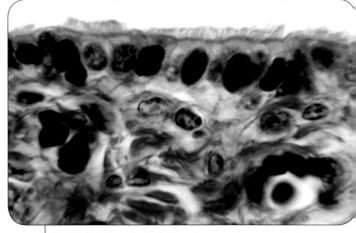

Fig. 7.73 De trilharen in de eileider golven naar de baarmoeder toe.

7.2 Beweging bij het oogwiertje

Het oogwiertje is een eencellig organisme dat zich bij warm weer massaal ontwikkelt in zoetwater. De cel bevat een grote celkern en veel bladgroenkorrels voor de fotosynthese.

7.2.1 Beweging door zweephaarwerking

Het oogwiertje kan bewegen door middel van een **zweephaar** of **flagel**. Dankzij de golvende draaibeweging van het zweephaar dat naar voren gericht is, zwemt dit eencellig organisme vooruit. Hierbij wentelt het oogwiertje om zijn as. Omdat de flagel aan de voorkant van het oogwiertje zit, trekt die het oogwiertje vooruit.

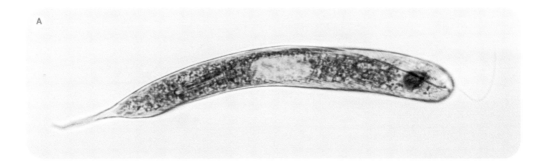

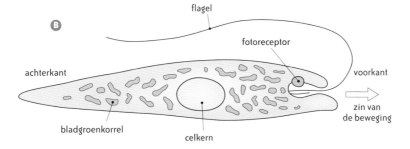

Fig. 7.74
A Microfoto van een oogwiertje (0,06 mm lang) met flagel aan de rechterkant
B Schematische tekening van een oogwiertje

7.2.2 Beweging als reactie op prikkels

Het oogwiertje kan verschillen in lichtintensiteit waarnemen dankzij de **fotoreceptor**. Het organisme zwemt **naar het licht** toe.

7.2.3 Analoge zweephaarwerking bij de mens

Ook bij de mens komt zweephaarwerking voor: de mannelijke voortplantingscellen of **spermatozoïden** kunnen zwemmen dankzij een zweephaar. Omdat de flagel achteraan de zaadcel zit, stuwt de flagel de zaadcel naar voren.

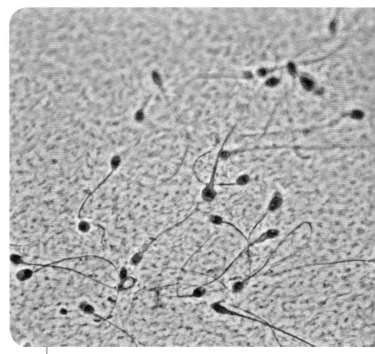

Fig. 7.75 De zweepstaart van een zaadcel is een voorbeeld van een zweephaar of flagel bij de mens.

7.3 Beweging bij de amoebe

De amoebe is een eencellig organisme dat leeft op rottende bladeren, in plassen en op mossen.

7.3.1 Beweging door pseudopodiënvorming

De amoebe heeft geen vaste vorm. De celvorm verandert langzaam maar bijna voortdurend door **cytoplasmastroming**.
Hierbij vormt het cytoplasma uitstulpingen, die **schijnvoetjes** of **pseudopodiën** worden genoemd. Dankzij die pseudopodiën kan een amoebe over een vast substraat kruipen. Deze kruipbeweging noemen we een **amoeboïde beweging**.

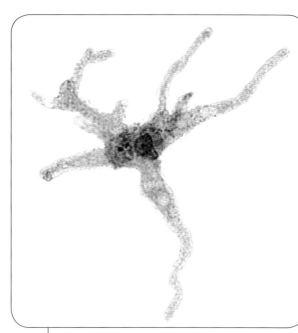

Fig. 7.76 Microfoto van een amoebe (ca 0,5 mm groot). Schijnvoetjes of pseudopodiën ontstaan door cytoplasmastroming.

7.3.2 Beweging als reactie op prikkels

- Amoeben vluchten **weg van het licht**.

- Ze kruipen van een zuurstofarm naar een **zuurstofrijk milieu**.

- Amoeben vormen ook pseudopodiën **om zich te voeden**. Ze bewegen naar bacteriën en naar eencellige organismen die ze met schijnvoetjes omvloeien. Na het insluiten van hun prooi ontstaat er een voedselvacuole, waarbinnen het voedsel wordt verteerd. Deze vorm van voedselopname heet **fagocytose**.

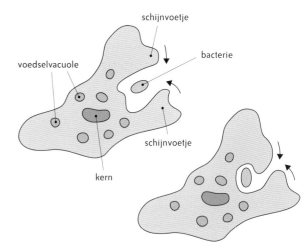

Fig. 7.77 Fagocytose door pseudopodiënvorming bij de amoebe

7.3.3 Analoge amoeboïde bewegingen bij de mens

Ook in ons lichaam komen cellen voor die zich met amoeboïde bewegingen verplaatsen.
Bepaalde **witte bloedcellen** verlaten de bloedbaan met amoeboïde bewegingen naar de plaats waar bacteriën de weefsels zijn binnengedrongen. Daar fagocyteren ze de schadelijke indringer.

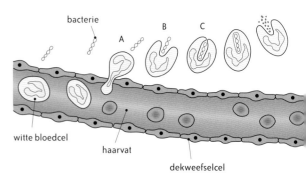

Fig. 7.78 Een witte bloedcel wringt zich met amoeboïde bewegingen tussen de dekweefselcellen (A) en kruipt tussen de weefselcellen door naar een bacterie (B), die hij fagocyteert (C), en vervolgens verteert.

8 Beweging bij planten (U)

Planten kunnen zich niet verplaatsen, maar ze vertonen wel beweging als reactie op prikkels.

8.1 Tropieën

Alle planten groeien naar het licht. Ze krommen hun stengel en draaien hun bladeren naar het licht. Dat kun je duidelijk waarnemen nadat je een kamerplant van de schaduwkant naar het licht hebt gedraaid. De bladeren richten zich na enkele dagen naar het licht.
Krommingsbewegingen van plantendelen die **veroorzaakt en gericht** worden **door een uitwendige prikkel** noemen we **tropieën**.

Een tropie komt bij planten meestal voor in de vorm van een draaiende beweging tijdens de groei, zodat de plant **naar de prikkel toe (positieve tropie)** of juist **van de prikkel weg (negatieve tropie)** groeit. Dit wordt veroorzaakt door een laag gehalte aan groeihormonen aan de kant waar de plant heen groeit. Daardoor wordt de stengel aan de ene kant minder lang dan aan de andere kant en kromt hij zich.

Afhankelijk van de soort prikkel wordt het woord 'tropie' voorafgegaan door een Grieks voorvoegsel, dat de soort prikkel aanduidt. Omdat planten kunnen reageren op verschillende soorten prikkels, zijn er ook verschillende soorten tropieën. We illustreren dit met enkele voorbeelden.

positieve fototropie aard van de prikkel: licht	Stengels groeien in de richting van het licht. Ook wanneer zonnebloemen hun bloemen meedraaien met de draairichting van de zon, spreken we van positieve fototropie.	Fig. 7.79 Positieve fototropie bij de stengel van tuinkers
positieve en negatieve geotropie aard van de prikkel: zwaartekracht	Als een kiemplant in horizontale stand wordt gebracht, dan kromt de wortel zich naar beneden (positieve geotropie) en de stengel naar boven (negatieve geotropie).	Fig. 7.80 Geotropie bij een kiemplant
positieve thigmotropie aard van de prikkel: aanraking	Als een bonenstengel een staak aanraakt, windt hij zich er omheen. Bij de erwt (of heggenrank) zijn de topblaadjes van het veervormig samengesteld blad omgevormd tot ranken die zich om takjes winden.	Fig. 7.81 Thigmotropie bij de bonenplant

8.2 Nastieën

Veel plantensoorten sluiten hun bloemen als de lichtintensiteit afneemt. Als de lichtintensiteit weer toeneemt, openen ze zich opnieuw. **Bewegingen** van plantendelen **veroorzaakt door** maar **niet gericht naar een uitwendige prikkel**, noemen we **nastieën**. Er zijn verschillende soorten nastieën, afhankelijk van de aard van de prikkel. We illustreren dit met enkele voorbeelden.

fotonastie aard van de prikkel: licht	De bloem van de morgenster is alleen open bij zonneschijn. Als de hemel betrekt, sluit de bloem zich. Ook 's nachts is ze dicht.	 Fig. 7.82 Fotonastie bij de morgenster
nyctinastie aard van de prikkel: dag- en nachtritme	De waterlelie gaat een paar uur na zonsopgang open en sluit zich voor zonsondergang. De bladeren van klaverzuring nemen 's avonds een slaapstand in en gaan 's morgens over naar de waakstand.	 Fig. 7.83 Nyctinastie bij de waterlelie
thermonastie aard van de prikkel: temperatuur	Krokussen openen zich in de warmte en sluiten zich in de kou.	 Fig. 7.84 Thermonastie bij de krokus
thigmonastie aard van de prikkel: aanraking	Als een insect in de dauwdruppels van de zonnedauw blijft kleven, buigen de tentakels zich langzaam over het dier heen. Daarna begint de vertering van de prooi. Als je enkele blaadjes van het kruidje-roer-mij-niet aanraakt, vouwen ze zich opwaarts. Is de prikkel sterker of uitgebreider, dan zal de bladsteel van het veervormig samengesteld blad neerklappen.	 Fig. 7.85 Thigmonastie bij zonnedauw

Spierwerking als reactie op prikkels
Samenvatting

1 Spieren zijn effectoren

Spieren worden **effectoren** genoemd, omdat ze (onbewust of bewust) **reageren op prikkels**.

2 Spierwerking niet in samenwerking met het skelet

kloppen van de hartspier	peristaltiek	verwijden en vernauwen van bloedvaten	tijdelijk afsluiten van doorgangen
• impuls van de **sinusknoop** → contractie van voorkamers • impuls van de atrio-ventriculaire knoop → contractie van de kamers	**golfbeweging** van de darmwand als gevolg van de afwisselende werking van **kring- en lengtespieren**	door **kringspiertjes** minder of meer samen te trekken, verandert de diameter van **slagadertjes** en regelen ze de bloedtoevoer	**sluitspieren** (kringspieren) sluiten tijdelijk doorgangen af bv. de maagportier, de anus, de blaasuitgang

3 Spierwerking in samenwerking met het skelet

3.1 Skelet

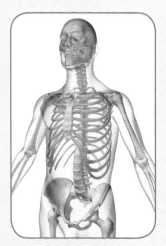

- Het skelet bestaat uit beenderen die in grootte en vorm variëren.
- De vorm van een been bepaalt de functie van dat been.
- (V) • **Functies** van **lange beenderen** (pijpbeenderen) en **platte beenderen** zijn:
  - steun en vorm aan het lichaam geven
  - beweging mogelijk maken
  - een opslagplaats van mineralen (calcium en fosfaat) vormen
  - bloedcellen aanmaken

  Een unieke functie van platte beenderen is bescherming van weke organen.
- Het skelet is opgebouwd uit beenweefsel en kraakbeenweefsel.

(V)	beenweefsel	kraakbeenweefsel
macroscopisch	• compact been met dichte structuur • sponsachtig been met holten waarin rood beenmerg zit	• verbindend weefsel tussen beenderen • vormgevend en steunend weefsel • bekleding van beenderuiteinden in gewrichten
microscopisch	• botcellen ingebed in intercellulaire matrix (tussencelstof) rijk aan collageen en kalkzouten • doorbloed	• kraakbeencellen ingebed in intercellulaire matrix (tussencelstof) met o.a. collageen • niet doorbloed

3.2 Gewrichten

- Een gewricht is een **verbinding tussen twee beenderen** die ten opzichte van elkaar kunnen bewegen.
- We onderscheiden **verschillende soorten gewrichten** volgens de beweging die ze mogelijk maken (U).
- Het **kniegewricht** is een scharniergewricht met aan de voorkant de knieschijf en binnenin het gewricht de menisci en de kruisbanden (U).

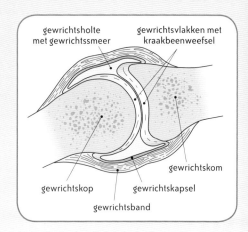

3.3 Skeletspieren

- Skeletspieren zijn **spieren die met pezen vastzitten aan de beenderen** van het skelet.
- **Antagonistische spieren** zijn spieren die een tegengestelde beweging veroorzaken bv. de biceps en de triceps.

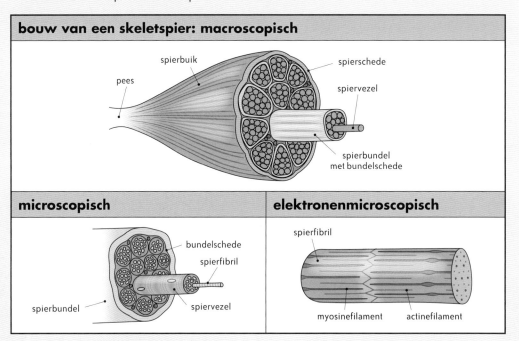

4 Soorten spierweefsel

dwarsgestreept spierweefsel	hartspierweefsel	glad spierweefsel
• alle skeletspieren • geordende ligging van actine- en myosinefilamenten waardoor dwarse strepen voorkomen • meerdere celkernen per spiervezel • spiervezel enkele cm lang • snel en krachtig samentrekken en vlug vermoeid • onder invloed van de wil	• hartspier • dwarsgestreepte, vertakte spiervezels • één of twee celkernen per spiervezel • spiervezel 50 tot 100 µm lang • snel en ritmisch samentrekken en kort uithoudingsvermogen • niet onder invloed van de wil • impuls tot samentrekking komt van de sinusknoop	• alle gladde spieren • geen geordende ligging van actine- en myosinefilamenten waardoor geen dwarse strepen voorkomen • één celkern per spiercel • spoelvormige cellen 0,5 mm lang • langzaam samentrekken en vrijwel onvermoeibaar • niet onder invloed van de wil

5 Hoe komt spiercontractie tot stand?

- **Spierfibril in rust**: actine- en myosinefilamenten zijn uit elkaar geschoven → spierfibril is dun en lang.
- **Spierfibril in actie**: myosinefilamenten haken zich vast aan de actinefilamenten → beide soorten filamenten schuiven in elkaar → spierfibril wordt korter.
- **Energie voor spierwerking**: spierglycogeen en leverglycogeen worden omgezet in afzonderlijke glucosemoleculen die na verbranding in de spiervezel chemische energie leveren.
- **Myoglobine** in het cytoplasma van spiervezels kan zuurstofgas binden en opnieuw loslaten. Wanneer hemoglobine onvoldoende zuurstofgas kan afgeven aan de intens werkende spier, zal myoglobine bijspringen en het eigen gebonden zuurstofgas afgeven (U).

6 Beweging bij enkele ongewervelde dieren (U)

6.1 Beweging bij vliegende insecten

	poten	vleugels
bewegingsstructuren	**exoskelet** (uitwendig skelet) waarop de **loopspieren** vastgehecht zijn	**chitineplaten van het borststuk** waarop de **vliegspieren** vastgehecht zijn
bewegingsmechanisme	**antagonistische werking** van buigers en strekkers	**antagonistische werking** van heffers (verticale spieren) en zinkers (lengtespieren)

6.2 Beweging bij de regenworm

- **Bewegingsstructuren: lengte- en kringspieren** in de lichaamswand, **lichaamsvloeistof** (hydroskelet) en **borstels** met borstelspieren
- **Bewegingsmechanisme**: de kringspieren van de opeenvolgende segmenten trekken na elkaar samen **(= contractiegolf)**. Door de druk van de lichaamsvloeistof op de tussenschotten worden de segmenten langer. De borstels zetten zich vast en zorgen ervoor dat de segmenten alleen in voorwaartse richting kunnen verlengen. Contracties van lengtespieren herstellen telkens de vormverandering van het segment.

7 Beweging bij eencellige organismen (U)

	pantoffeldiertje	oogwiertje	amoebe
bewegings- structuur	trilharen of ciliën	zweephaar of flagel	schijnvoetjes of pseudopodiën
reactie op prikkels	- aanraking - licht (-) - voedsel (detritus) - zuurstofrijk milieu	- licht (+)	- licht (-) - voedsel - zuurstofrijk milieu

8 Beweging bij planten (U)

- **Tropieën** zijn krommingsbewegingen van plantendelen die veroorzaakt worden door en gericht zijn naar een uitwendige prikkel. Naar de prikkel toe is een **positieve tropie**, van de prikkel weg is een **negatieve tropie**.
- **Nastieën** zijn bewegingen van plantendelen veroorzaakt door, maar niet gericht naar een uitwendige prikkel.

THEMA

8

KLIERWERKING
ALS REACTIE OP PRIKKELS

INHOUD

Waarover gaat dit thema?

In dit thema bespreken we hoe we ook door **klierwerking** kunnen reageren op prikkels. Klieren zijn net als spieren **effectoren**. Als reactie op een prikkel produceren klieren bepaalde stoffen of **klierproducten**.

Volgens de plaats waar het klierproduct terechtkomt – in het uitwendig of het inwendig milieu – maakt men een onderscheid tussen **exocriene** en **endocriene klieren**. We bekijken het verschil in bouw en gaan na hoe beide kliersoorten aangepast zijn aan hun functie.

Tot slot worden ook enkele voorbeelden van **klierwerking bij planten** toegelicht.

1 Klieren zijn effectoren

Klieren kunnen als reactie op prikkels stoffen afscheiden. Die **klier-werking** noemen we klierafscheiding of **secretie**. De stoffen zelf die door klieren worden afgescheiden, noemen we kliersappen of **klier-producten**.

Zo scheiden speekselklieren speeksel af als reactie op de geur van een lekkere maaltijd of als reactie op een stukje brood in je mond. Traanklieren scheiden plots veel traanvocht af als reactie op gasvor-mige stoffen die vrijkomen wanneer je een ui pelt.

Omdat klieren via secretie **op prikkels reageren**, noemen we ze **effectoren**.

Naargelang het klierproduct terechtkomt in het uitwendig of het in-wendig milieu maken we een onderscheid tussen **exocriene** en **endocriene klieren**. Van die 2 soorten klieren bespreken we de bouw en de aanpassingen aan hun functie.

Fig. 8.1 Traanklieren reageren door secretie van traanvocht o bepaalde gasvormige stoffen die vrijkomen bij het snijden van een ui.

2 Exocriene klieren

2.1 Wat zijn exocriene klieren?

Traan-, talg- en zweetklieren geven hun klierproducten af aan het lichaamsoppervlak, m.a.w. aan het **uitwendig milieu**. Tot het uitwendig milieu behoren niet alleen de buitenwereld, maar ook de ruimten in het lichaam die rechtstreeks in verbinding staan met de buitenwereld. Zo behoort bv. het spijsverteringskanaal tot het uitwendig milieu. Deze ruimte staat immers via de mond en de anus in verbinding met de buitenwereld. Het speeksel dat in de mond- en keelholte terechtkomt, of het maagsap in de maag, worden dus afgegeven aan het uitwendig milieu.

Klieren die hun producten aan het uitwendig milieu afgeven, zijn **exocriene klieren**. 'Exo-' betekent 'naar buiten'. Het zijn dus klieren met **uitwendige secretie**.

Enkele voorbeelden van exocriene klieren zijn traanklieren, talgklieren, zweetklieren, speekselklieren, maag- en darmwandklieren, alvleesklier en melkklieren.

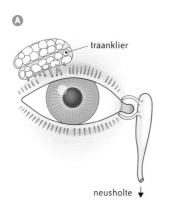

traanklier

neusholte ↓

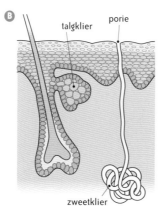

talgklier   porie

zweetklier

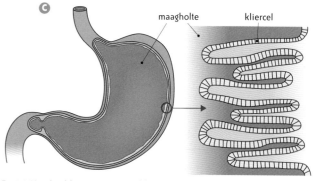

maagholte   kliercel

Fig. 8.2 Voorbeelden van exocriene klieren
A Traanklier
B Talgklier en zweetklier in de huid
C Maagwandklieren scheiden maagsap af in de maagholte
   die ook tot het uitwendig milieu behoort.

2.2 Bouw en aanpassingen van exocriene klieren

2.2.1 Bouw van exocriene klieren

Exocriene klieren, zoals speeksel-, traan- en talgklieren, zijn **trosvormige klieren**. Ze bestaan uit **klierzakjes** die aan de binnenzijde bekleed zijn met **kliercellen**. Aan de buitenzijde van een klierzakje ligt glad spierweefsel. Als de spiercellen samentrekken, wordt het klierzakje leeg geperst en vloeit het klierproduct via een **afvoerbuis naar het uitwendig milieu**. De bouwstoffen voor het klierproduct halen de kliercellen uit het bloed in de aanvoerende haarvaten.

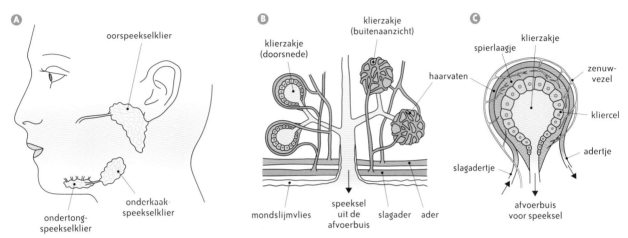

Fig. 8.3 Speekselklieren zijn exocriene klieren.
A Situering van de speekselklieren
B Speekselklieren zijn trosvormige klieren bestaande uit klierzakjes met afvoerbuizen waarlangs het speeksel naar de mondholte vloeit.
C Detail van een klierzakje

Behalve de exocriene klieren met kliercellen in klierzakjes komen er ook **verspreid liggende kliercellen** voor, o.a. in de slijmvliezen van de mond, de dunne darm, de luchtpijp en de vagina. Die kliercellen geven hun klierproduct **rechtstreeks aan het uitwendig milieu** af. Ze halen de bouwstoffen voor hun klierproduct uit aanvoerende haarvaten.

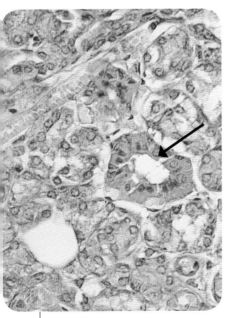

Fig. 8.4 Microfoto van een doorsnede door de onderkaakspeekselklier. De pijl duidt een klierzakje aan.

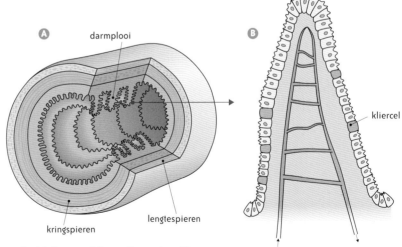

Fig. 8.5 Darmwandklieren zijn exocriene klieren.
A Doorsnede van de darm met darmplooien en darmvlokken
B Verspreid liggende kliercellen in de wand van een darmvlok

2.2.2 Aanpassingen van exocriene klieren aan hun functie

Exocriene klieren hebben een **afvoerbuis** waarmee ze hun klierproduct in het uitwendig milieu kunnen afgeven. De **diameter van de afvoerbuis** is klein bij klieren met een waterige secretie, zoals bij speekselklieren, en groter bij klieren met een slijmerige secretie, zoals bij oorsmeerklieren.

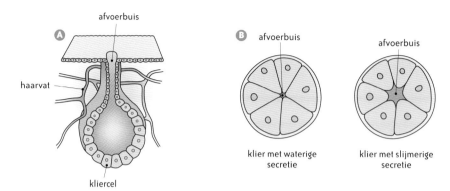

Fig. 8.6 Aanpassingen van exocriene klieren aan hun secretiefunctie
A   Schematische voorstelling van de bouw van een exocriene klier
B   Verschil in diameter van de afvoerbuis

3 Endocriene klieren

3.1 Wat zijn endocriene klieren?

Sommige klieren geven hun klierproducten af in het **bloed**, dat deel uitmaakt van het **inwendig milieu**.
Klieren die hun klierproduct afscheiden in het bloed, zijn **endocriene klieren**. 'Endo-' betekent 'naar binnen'. Het zijn dus klieren met **inwendige secretie**.

Het klierproduct van endocriene klieren noemen we een **hormoon**. Vandaar dat endocriene klieren ook **hormoonklieren** worden genoemd.

Voorbeelden van endocriene klieren of hormoonklieren zijn hypothalamus, hypofyse, schildklier en bijschildklieren, bijnieren, eilandjes van Langerhans in de alvleesklier, voortplantingsklieren (eierstokken en teelballen).

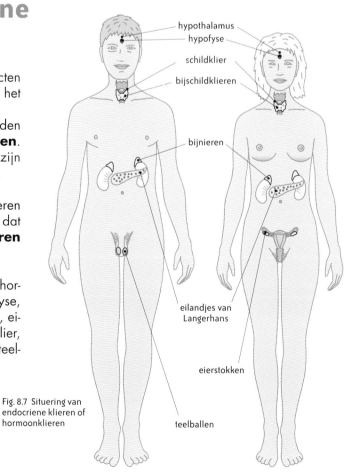

Fig. 8.7 Situering van endocriene klieren of hormoonklieren

Omdat hormonen op andere plaatsen geproduceerd worden dan waar ze actief zijn, worden ze via de bloedsomloop getransporteerd door het hele lichaam. Hormonen werken als **signaalstoffen** of chemische boodschappers voor bepaalde organen. Wanneer hormonen via het bloed die organen bereiken, zullen ze de werking van die organen beïnvloeden.

We illustreren dat met het voorbeeld van het hormoon **adrenaline** dat door de bijnier wordt geproduceerd.
Wanneer je fietsend naar school plots achternagezeten wordt door een blaffende hond, zal de bijnier grote hoeveelheden adrenaline afscheiden in het bloed. Adrenaline beïnvloedt de werking van een aantal organen. Zo begint het hart sneller te kloppen en verhoogt de ademfrequentie. Door deze veranderingen in je lichaam kun je beter reageren op gevaar.

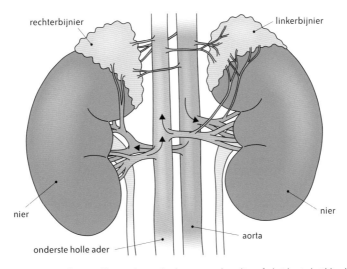

Fig. 8.8 Ligging van de bijnieren, endocriene klieren die o.a. het hormoon adrenaline afscheiden in het bloed

Adrenalineverslaving

Gamers winden zich elke dag meerdere uren op in een (computer)spel. Tijdens die opwinding wordt een **grote hoeveelheid adrenaline** aangemaakt.
Op de duur ontstaat er **gewenning** aan de adrenaline en kan het lichaam geen dag zonder. Wanneer gamers zich dan toch een dag moeten onthouden, ervaart hun lichaam een tekort aan adrenaline, waardoor ze zich onrustig gedragen, zelfs wanneer ze stilzitten.

Adrenalineverslaving komt ook veel voor bij beoefenaars van extreme sporten zoals bungeejumpen, stuntvliegen, bergbeklimmen …

Fig. 8.9 Gamers

3.2 Bouw en aanpassingen van endocriene klieren

3.2.1 Bouw van endocriene klieren

Endocriene klieren bestaan uit **groepjes kliercellen** of uit **klierblaasjes** die zijn **omsponnen met haarvaten**. De bouwstoffen voor het klierproduct halen de kliercellen uit het bloed in de aanvoerende haarvaten.

Zo bestaat de schildklier uit talloze klierblaasjes, waartussen haarvaten lopen. De kliercellen nemen bepaalde stoffen, o.a. jodium, uit het bloed op en vormen hiermee schildklierhormoon of thyroxine. Dit hormoon komt doorheen het celmembraan van de kliercellen in het bloed terecht. Het schildklierhormoon regelt de algemene stofwisseling en beïnvloedt de groei en de ontwikkeling.

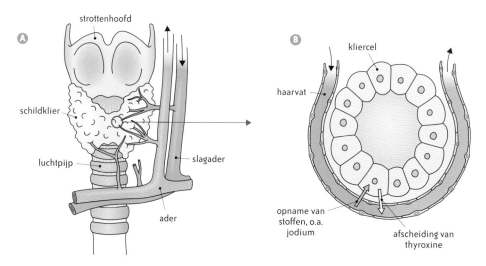

Fig. 8.10 De schildklier is een endocriene klier.
A Ligging van de schildklier
B Afscheiding van het hormoon thyroxine door kliercellen van een klierblaasje

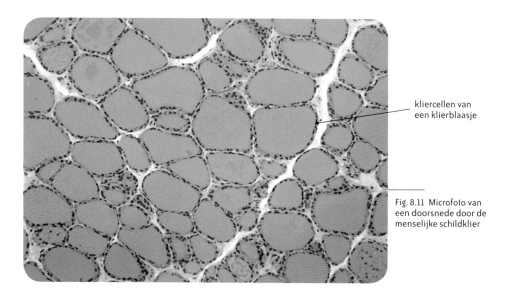

kliercellen van een klierblaasje

Fig. 8.11 Microfoto van een doorsnede door de menselijke schildklier

3.2.2 Aanpassingen van endocriene klieren aan hun functie

In tegenstelling tot de exocriene klieren hebben endocriene klieren **geen afvoerbuis**. Omdat het endocriene klierweefsel doorweven is met haarvaten, kunnen de kliercellen zeer efficiënt de geproduceerde hormonen rechtstreeks aan het bloed (inwendig milieu) afgeven.

4 Voorbeeld van een gemengde klier

De **alvleesklier** is een voorbeeld van een **gemengde klier** omdat ze **zowel exocrien als endocrien klierweefsel** bevat.

Op een overlangse doorsnede van de alvleesklier stel je vast dat over de hele lengte van de klier een **afvoerbuis** loopt die in de twaalfvingerige darm uitmondt.
Het **exocrien klierweefsel** van de alvleesklier bestaat uit zeer vele klierzakjes die **alvleessap** produceren. Het alvleessap bevat verschillende verteringsenzymen en komt via de afvoerbuis **in het uitwendig milieu van het spijsverteringskanaal** terecht.

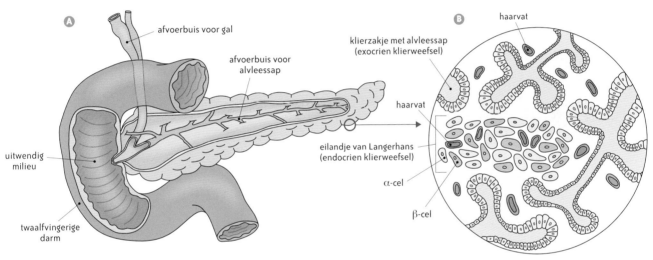

Fig. 8.12 De alvleesklier is een voorbeeld van een gemengde klier.
A Gedeeltelijke overlangse doorsnede van de alvleesklier met de afvoerbuis voor alvleessap
B Schematische tekening van exocrien klierweefsel (klierzakjes) en endocrien klierweefsel (eilandje van Langerhans met α- en β-cellen) in de alvleesklier

Tussen de exocriene klierzakjes bevinden zich groepjes **endocriene kliercellen**, die hun klierproduct (een hormoon) afscheiden in de bloedbaan. Deze celgroepjes zijn de **eilandjes van Langerhans**.
De endocriene kliercellen van deze eilandjes produceren niet allemaal dezelfde hormonen. De meeste cellen (75 %) vormen het hormoon **insuline**; ze worden β-**cellen (bètacellen)** genoemd. De andere, de α-**cellen (alfacellen)**, maken het hormoon **glucagon**. Beide hormonen spelen een rol bij het constant houden van het glucosegehalte in het bloed. Hoe dat precies gebeurt, wordt in thema 10 besproken.

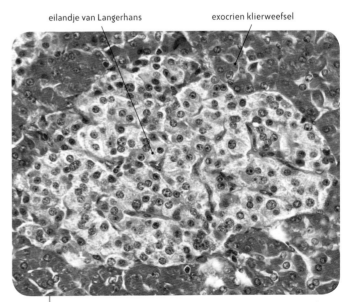

Fig. 8.13 Microfoto van een doorsnede door een eilandje van Langerhans (lichtpaarse cellen met donkerpaarse celkernen) in de alvleesklier; het eilandje is omgeven door exocrien klierweefsel.

Ook bij planten is er klierwerking waarbij bepaalde producten uitwendig of inwendig gesecreteerd worden. We illustreren dat met enkele voorbeelden.

5.1 Uitwendige secretie

Voorbeelden waarbij er sprake is van uitwendige secretie bij planten, zijn de klierharen van brandnetels en honingklieren.

5.1.1 Klierharen van brandnetels

Klier- of brandharen bij brandnetels hebben aan de top een weerhaakje. Bij aanraking komt het weerhaakje in de huid vast te zitten en breekt de kop van het brandhaar af. Daardoor wordt een soort injectienaald gevormd die zich in de huid boort. Daarbij komt mierenzuur vrij dat een branderig gevoel geeft. Ook histamine dat plaatselijke verwijding van haarvaten en daardoor zwelling van de huid veroorzaakt, wordt vrijgegeven. Klierharen hebben een **beschermende functie tegen vraat**.

Fig. 8.14
A Alleen de lange, naaldvormige uitsteeksels op de bladeren van de brandnetel zijn brandharen. De korte haren zijn onschadelijk.
B Detail van twee brandharen

5.1.2 Honingklieren of nectariën

Honingklieren of nectariën zijn **klieren van bloemplanten die nectar afscheiden**. Nectar is een suikerrijke vloeistof. Pas in de honingmaag van bijen verandert de chemische samenstelling van nectar en wordt die als honing in de raten afgezet door de bijen.

De honingklieren die zich binnen de bloemen bevinden spelen vooral een **rol bij het lokken van insecten**. De honingklieren en de nectar die ze produceren, liggen vaak **diep verscholen in de bloem**. De toegang tot de nectar wordt in sommige gevallen extra vernauwd door de specifieke vorm van de bloemkroon. Daardoor moeten sommige insecten zich volledig in de bloem wringen om erbij te kunnen. Op die manier krijgen ze meer stuifmeel op hun lichaam of wrijven ze hun bepoederde haren langs de stempel. Zo wordt bestuiving in de hand gewerkt.

Sommige planten scheiden ook nectar af uit klieren die buiten de bloemen liggen. Daarmee **lokken ze roofinsecten**. Die eten niet alleen de nectar, maar ook de plantenetende insecten. Zo **beperkt** de plant de **plantenvraat**.

Fig. 8.15 Deze hommel moet zich tot diep in de bloemkroon van de witte dovenetel wringen om tot bij de nectar te geraken. Dat bevordert de bestuiving.

Fig. 8.16 Nectariën (met zwarte pijltjes aangeduid) op de bladeren van laurierkers

5.2 Inwendige secretie

Plantenhormonen, melksap en hars zijn voorbeelden van producten die door inwendige secretie afgegeven worden.

5.2.1 Plantenhormonen

Planten vormen stoffen die hun levensprocessen beïnvloeden. Het zijn plantenregulatoren of plantenhormonen. Zo beïnvloeden **groeihormonen** de groei van planten.

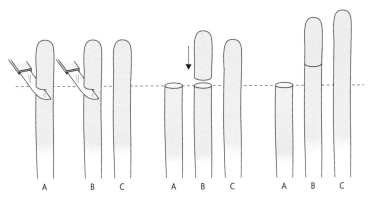

Fig. 8.17 Experimenteel onderzoek naar de aanwezigheid van groeihormonen in de stengeltoppen bij kiemplanten

De groei van een stengel gebeurt aan de stengeltop. De aanwezigheid van groeihormonen in stengeltoppen werd experimenteel aangetoond.

Van twee groeiende haverkiemplanten (A en B) werd de stengeltop afgesneden. Een derde kiemplant (C) diende als controleplant. Bij kiemplant B werd het topje teruggeplaatst, terwijl kiemplant A onthoofd bleef. Na een tiental uren bleek plant B iets korter dan de controleplant C, maar toch duidelijk langer dan de onthoofde plant A.

Uit deze waarneming kun je besluiten dat de top van de kiemplant verantwoordelijk is voor de groei. Onderzoekers hebben in de stengeltoppen van kiemplanten de stof **auxine** ontdekt. Deze stof is een groeihormoon dat vanuit de stengeltop naar beneden getransporteerd wordt en de **lengtegroei van de stengel** regelt.

Ook **ethyleen** is een hormoon bij bloemplanten. Het bevordert onder meer de **rijping van fruit**. Rijpe vruchten scheiden ethyleengas af, wat de rijping van nog onrijp fruit stimuleert.

Zo zullen onrijpe bananen sneller rijpen als je ze in een fruitschaal naast rijpe appelen legt. Ethyleen versnelt daarbij het afbraakproces van bladgroen, zodat de groene bananen geel worden. Ook de afbraak van de celwanden in de groene bananen wordt gestimuleerd, zodat die vruchten malser worden.

Vooraleer bananen getransporteerd worden naar de fruitveilingen, worden ze enkele dagen vooraf met een welbepaalde hoeveelheid ethyleengas in contact gebracht. Op die manier kunnen de fruithandelaars het rijpingsproces van de groene bananen controleren en precies bepalen wanneer het fruit rijp zal zijn om in de winkelrekken te leggen.

Fig. 8.18
Het rijpingsproces van bananen wordt beïnvloed door ethyleengas.

5.2.2 Melksap of latex

Sommige planten beschikken over kliercellen die **melksap** of **latex** afscheiden. Latex is een wit of soms geel melkachtig vocht dat bij beschadiging van de plant naar buiten loopt. Door stolling van de latex wordt de wonde afgesloten. Zo **beschermt** het melksap de plant tegen indringers zoals bacteriën en schimmels. Bovendien is het sap voor veel planteneters giftig.

Fig. 8.19
A Bloeiende papavers
B Ingekerfde zaaddoos (vrucht) van de papaver. Uit het gestolde melksap wordt opium vervaardigd en worden de pijnstillers morfine en codeïne gewonnen.

5.2.3 Hars

Overal ter wereld komen bomen voor die hars afscheiden als ze worden verwond of beschadigd door insecten. Hars is een taai, kleverig product dat geproduceerd wordt door kliercellen rond harskanalen. Deze harskanalen komen vooral voor in naaldbomen. Hars heeft een wondafdekkende functie. **Gestold hars verhindert dat schimmels of bacteriën binnendringen** en de boom infecteren.

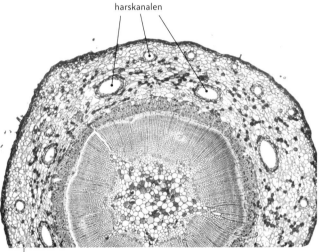

harskanalen

Fig. 8.20 Ingekleurde microfoto van een dwarse doorsnede van een eenjarige stengel van een den

Fig. 8.21 Gestold hars dicht een wonde in de schors van een naaldboom.

Rubberwinning uit latex

Heel wat planten produceren **latex die rubber bevat**, maar slechts enkele (waaronder de rubberboom) produceren rubber van een goede kwaliteit en in voldoende hoeveelheden. Men kan het melksap laten stollen of door toevoeging van ammoniak het melksap vloeibaar houden.

Gestolde rubber wordt gedroogd en geperst om er schoenzolen, laarzen en isolatie- of bouwmateriaal van te maken. Andere producten waarin heel veel natuurrubber wordt gebruikt, zijn condooms, vliegtuig- of Formule 1-banden, ballons voor weerstations …, kortom alles wat extreem rekbaar en stabiel moet zijn. Een Engelse apotheker ontdekte dat met gestolde rubber zelfs potlood kan worden gegomd. Dat verklaart meteen de naam 'rubber', naar het Engelse 'to rub', wat 'wrijven' betekent.

Fig. 8.22
A Om het melksap van de rubberboom te winnen wordt een insnijding aangebracht tot in de latexvaten, waarna het melksap naar buiten vloeit.
B Onder de wonde wordt een potje bevestigd waarin het uitlopende melksap wordt opgevangen.

Klierwerking als reactie op prikkels
Samenvatting

1 Klieren zijn effectoren

Klieren worden **effectoren** genoemd omdat ze **reageren op prikkels**. Deze reactie heeft steeds **secretie** of afscheiding van een klierproduct tot gevolg.

2 Exocriene klieren

wat?	bouw en aanpassingen
• Exocriene klieren **geven hun klierproduct af aan het uitwendig milieu** → klieren met **uitwendige secretie**. • Tot het **uitwendig milieu** behoren niet alleen de buitenwereld, maar ook de ruimten in het lichaam die rechtstreeks in verbinding staan met de buitenwereld.	• klieren met **klierzakjes** en een **afvoerbuis** naar het uitwendig milieu 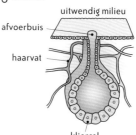 • **verspreid liggende kliercellen** o.a. in de slijmvliezen van de mond, de dunne darm, de luchtpijp en de vagina • De bouwstoffen voor het klierproduct halen de kliercellen uit het bloed in de aanvoerende haarvaten.

3 Endocriene klieren

wat?	bouw en aanpassingen
• Endocriene klieren **geven hun klierproduct af aan het bloed** → klieren met **inwendige secretie**. • Het klierproduct van endocriene klieren noemen we een **hormoon** → endocriene klieren = **hormoonklieren**.	• **groepjes kliercellen** of **klierblaasjes** omsponnen met haarvaten • **geen afvoerbuis** maar secretie van hormonen rechtstreeks in het bloed 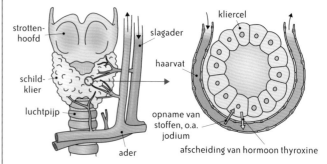 • De bouwstoffen voor het klierproduct halen de kliercellen uit het bloed in de aanvoerende haarvaten.

158

4 Voorbeeld van een gemengde klier

De **alvleesklier** is een voorbeeld van een **gemengde klier** omdat ze **zowel exocrien als endocrien klierweefsel** bevat.

exocrien klierweefsel van de alvleesklier	endocrien klierweefsel van de alvleesklier
• klierzakjes met kliercellen die alvleessap voor de spijsvertering produceren	• eilandjes van Langerhans met kliercellen die de hormonen insuline en glucagon voor de regeling van het glucosegehalte in het bloed produceren
• afvoerbuis naar het spijsverteringskanaal dat tot het uitwendig milieu behoort	• geen afvoerbuis want secretie van hormonen in de bloedbaan

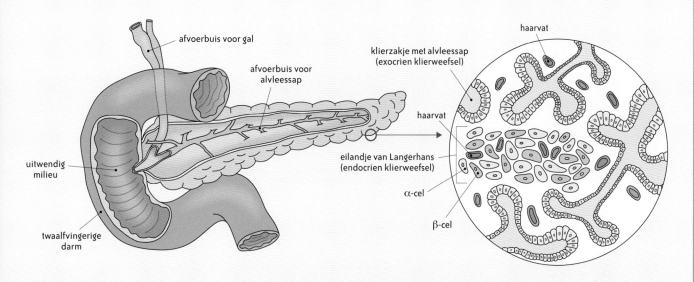

afvoerbuis voor gal

afvoerbuis voor alvleessap

uitwendig milieu

twaalfvingerige darm

haarvat

klierzakje met alvleessap (exocrien klierweefsel)

haarvat

eilandje van Langerhans (endocrien klierweefsel)

α-cel

β-cel

5 Klierwerking bij planten (U)

uitwendige secretie	inwendige secretie
• **klierharen** van brandnetels → bescherming tegen vraat	• afscheiding van **plantenhormonen** → invloed op groei van planten en rijping van fruit
• **honingklieren** of nectariën → insecten lokken	• afscheiding van **melksap** of latex → bescherming tegen binnendringen van bacteriën en schimmels en giftig voor planteneters
	• afscheiding van **hars** → bescherming tegen binnendringen van bacteriën en schimmels

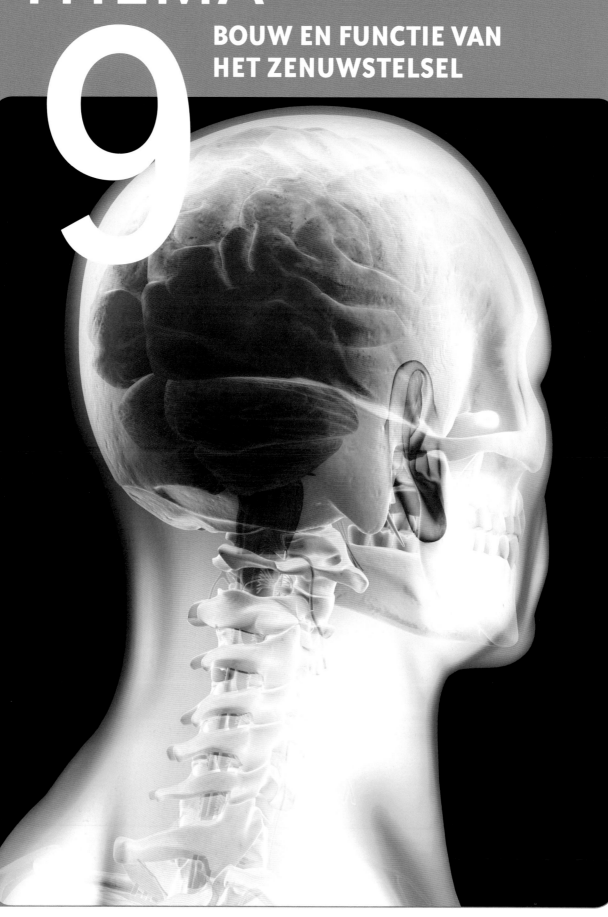

THEMA
9

BOUW EN FUNCTIE VAN HET ZENUWSTELSEL

DEEL 3 Organismen verwerken prikkels

INHOUD

Waarover gaat dit thema?

Dat we gevat kunnen reageren op prikkels, hebben we te danken aan ons zenuwstelsel en hormonaal stelsel. Die stelsels worden ook de **informatie-geleiders** of **conductoren** genoemd, omdat ze de verbindende schakel zijn tussen de receptoren, die een prikkel registreren, en de effectoren, die reageren op de prikkel.

In dit thema leer je hoe het zenuwstelsel zijn functie als conductor uitoefent. Om dit goed te begrijpen, staan we eerst stil bij de **bouw en functie van cellen van het zenuwstelsel**, in het bijzonder van **neuronen**. We leggen ook het verband tussen een neuron en een **zenuw**.
Vervolgens gaan we dieper in op het **mechanisme van de informatieoverdracht** via neuronen.

Aan de hand van vele figuren situeren we de **delen van het centraal en het perifeer zenuwstelsel**, een **indeling gebaseerd op de bouw en de ligging** van de organen van het zenuwstelsel. Zo komen de belangrijkste hersendelen aan bod en duiden we op een dwarse doorsnede van het ruggenmerg de delen met in- en uittredende zenuwen aan.
Aansluitend bespreken we de **informatieverwerking in de hersenen** en overlopen we aan de hand van enkele concrete voorbeelden het **traject dat een zenuwimpuls** aflegt bij een **reflex** en bij een **gewilde beweging**.

Tot slot bespreken we het onderscheid tussen **animaal** en **autonoom zenuwstelsel** – een **functionele indeling** van het zenuwstelsel – en duiden we bij het autonoom zenuwstelsel het verschil tussen **sympathisch** en **parasympathisch** zenuwstelsel.

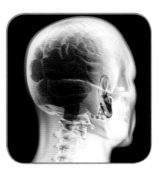

1 Het zenuwstelsel als conductor

Als een mug op je arm komt zitten, probeer je haar weg te slaan. Je krijgt het water in de mond wanneer je de geur van frieten waarneemt. Je trekt je voet terug als je in een te heet bad stapt. Zodra het startschot wordt gelost, schieten sprinters uit de startblokken. Die **voorbeelden** zijn illustraties van reacties op prikkels. Met volgend **experiment** onderzoeken we hoe je de rol van het zenuwstelsel als conductor kunt ervaren.

---

onderzoeksvragen

Hoe ervaar je de rol van het zenuwstelsel bij het reageren op een prikkel?
Is de reactiesnelheid bij elke persoon dezelfde?

waarnemingen

1 Een proefpersoon legt een arm op de tafel met de vingers over de rand en zijn duim en wijsvinger ongeveer 5 cm uit elkaar.

2 Een klasgenoot houdt tussen duim en wijsvinger een meetlat in verticale positie vast bij het merkteken 30 cm. Het nulpunt van de lat bevindt zich tussen duim en wijsvinger van de proefpersoon.

3 Onverwacht laat je de lat los. Op het moment dat de proefpersoon de lat ziet vallen, grijpt hij hem vast door duim en wijsvinger te sluiten maar zonder zijn arm van de tafel te halen.

4 Op de lat lees je af over welke afstand ze gevallen is. Na enkele pogingen kun je een gemiddelde berekenen. Dat aantal cm is een maat voor de reactiesnelheid van de proefpersoon.

5 Je kunt het experiment herhalen met proefpersonen die een sport beoefenen waarbij het erop aan komt snel te reageren.

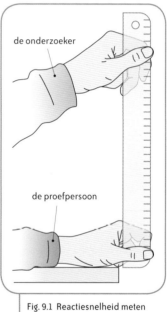

Fig. 9.1 Reactiesnelheid meten m.b.v. een meetlat

besluit

De **spieren** waarmee je de lat vastgrijpt, worden gestuurd door signalen die de **hersenen** geven op basis van de informatie die door de **ogen** wordt geregistreerd. De **reactiesnelheid verschilt van persoon tot persoon**. Geoefende personen reageren sneller.

Uit de aangehaalde voorbeelden en het experiment kun je afleiden dat de reactie op een prikkel meestal in een ander orgaan tot stand komt dan waar de prikkel is waargenomen. Er is dus een **schakel** nodig **tussen de receptor en de effector** om de werking van beide op elkaar af te stemmen. Die schakel is het **zenuwstelsel**. Daarom wordt het zenuwstelsel ook een **conductor** of geleider genoemd. Het geeft **informatie in het lichaam door** en vervult een **coördinerende functie**.

Reactiesnelheid van een sprinter

Het duurt 0,03 seconden voor het geluid van het startpistool het inwendig oor (de receptor) van de sprinter bereikt. Daar worden de geluidsprikkels omgevormd tot zenuwimpulsen, die de hersenen (conductor) ongeveer 0,01 seconde later binnendringen.

De hersenen herkennen het elektrisch signaal als de verwachte 'knal' en geven de impulsen via het ruggenmerg en de zenuwen door aan bepaalde spieren (effectoren) die na nog eens 0,03 seconden tot actie overgaan.

Fig. 9.2 Sprinters reageren bij de start op een geluidsprikkel. Elk paar startblokken heeft eigen luidsprekers, zodat het startschot overal op precies hetzelfde ogenblik weerklinkt.

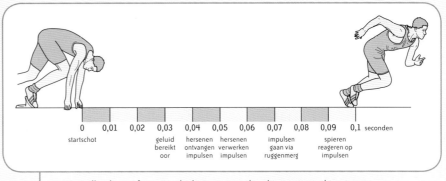

Fig. 9.3 Snelheid van informatiegeleiding en -verwerking bij een startende sprinter

2 Indeling van het zenuwstelsel

Omdat het zenuwstelsel erg complex is, is het zinvol een indeling te maken vanuit twee gezichtspunten.

Enerzijds maken we een **indeling gebaseerd op de bouw en de ligging van de organen**. Zo onderscheiden we:

- het **centraal zenuwstelsel** dat bestaat uit de hersenen (1) en het ruggenmerg (2).

- het **perifeer zenuwstelsel** dat is opgebouwd uit een netwerk van zenuwen dat de hersenen en het ruggenmerg met de rest van het lichaam verbindt.
  Tot het perifeer zenuwstelsel behoren de hersenzenuwen (3), de ruggenmergzenuwen (4) en de grensstrengen (5) met zenuwen van en naar de inwendige organen.

Anderzijds is er een **indeling van het zenuwstelsel gebaseerd op de functie**. Zo onderscheiden we:

- het **animaal zenuwstelsel** dat de interactie tussen het individu en zijn omgeving regelt.

- het **autonoom zenuwstelsel** dat alle onbewuste levensprocessen binnen het individu controleert.

Om de bouw en de functie van het zenuwstelsel te kunnen begrijpen, is het noodzakelijk dat we **eerst focussen op de cellen van het zenuwstelsel** (zie punten 3 en 4). Pas nadien bespreken we de grotere structuren van het zenuwstelsel (zie punten 5 tot 8).

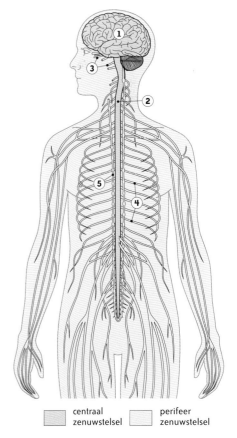

centraal zenuwstelsel   perifeer zenuwstelsel

Fig. 9.4 Delen van het centraal en het perifeer zenuwstelsel

3 Cellen van het zenuwstelsel

Bij nader onderzoek van zenuwweefsel kunnen we hoofdzakelijk twee celtypes onderscheiden: zenuwcellen of **neuronen** en **steuncellen**.

3.1 Neuronen

Neuronen zijn de **meest essentiële cellen** van het zenuwstelsel aangezien ze **informatie doorsturen** (zie verder impulsgeleiding 4.1). Iedereen heeft al bij zijn geboorte het volledige aantal neuronen. Van de ongeveer 100 miljard in de hersenen sterven er dagelijks 50 000 tot 100 000 af. Het verlies van neuronen is onherroepelijk en is vooral een gevolg van veroudering, ernstige verwondingen, vergiftiging door alcohol of andere verslavende middelen.

3.1.1 Bouw en functie van een neuron

Hoewel er verschillende types neuronen bestaan, hebben ze toch een aantal gemeenschappelijke bouwkenmerken.
Een neuron is opgebouwd uit een vrij groot **cellichaam** en smalle **uitlopers**.

- Het **cellichaam** is het deel van het neuron dat de celkern en het meeste cytoplasma bevat.

- De **uitlopers** bevatten ook cytoplasma; we onderscheiden twee soorten nl. de **dendrieten** en het **axon**.

  Dendrieten zijn meestal korte en sterk vertakte uitlopers. Een neuron kan heel veel dendrieten hebben. Dendrieten **ontvangen zenuwimpulsen van andere cellen** (receptoren of neuronen) en **vervoeren die impulsen naar het cellichaam toe**.

  Het **axon** is meestal één lange uitloper die alleen aan zijn uiteinde vertakt is. Het uiterste puntje van elke vertakking is iets verbreed en vormt een zogenaamd **eindknopje**. Met de eindknopjes ligt het axon heel dicht tegen een andere cel waaraan een zenuwimpuls (informatie) moet worden doorgegeven. Het axon is de uitloper die **zenuwimpulsen geleidt van het cellichaam weg**.

Uit de richting waarin de zenuwimpuls in de dendrieten over het cellichaam naar het axon loopt, kunnen we afleiden dat er **in een neuron steeds eenrichtingsverkeer van de impulsgeleiding** is.

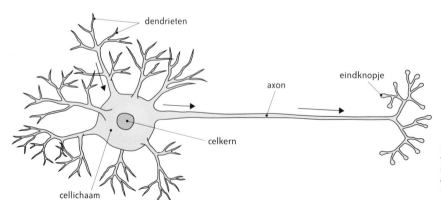

Fig. 9.5 Schematische voorstelling van een neuron. De pijlen geven het eenrichtingsverkeer van de impulsgeleiding aan.

In het perifeer zenuwstelsel zijn de meeste axonen omhuld door een vetachtig laagje: de **myelineschede**. De myelineschede wordt gevormd door achter elkaar liggende **cellen van Schwann**.

Elke Schwann-cel is vele keren rond een axon gewikkeld. Tussen de opeenvolgende Schwann-cellen is er telkens een kleine onderbreking in de myelineschede: deze niet-gemyeliniseerde stukjes noemen we de **knopen van Ranvier**. Een knoop van Ranvier situeert zich dus op de plaats tussen twee Schwann-cellen.

De functies van de stof myeline komen later aan bod (zie 3.2.1).

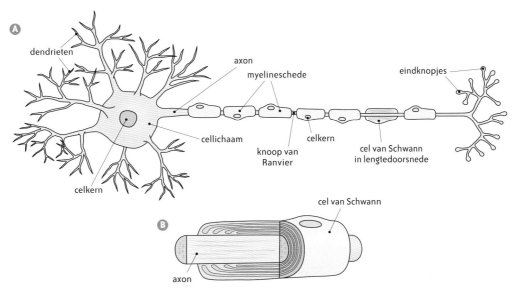

Fig. 9.6
A   Neuron met gemyeliniseerd axon. Cellichamen zijn nooit gemyeliniseerd.
B   Detail van een cel van Schwann in lengtedoorsnede

Dendrieten en axonen zijn door hun draadvormige bouw en vele vertakkingen bijzonder geschikt voor de **functie van een neuron**, namelijk **zenuwimpulsen** (informatie) **opvangen en geleiden**. Dankzij haar uitlopers kan één zenuwcel met heel veel andere zenuwcellen in contact staan.

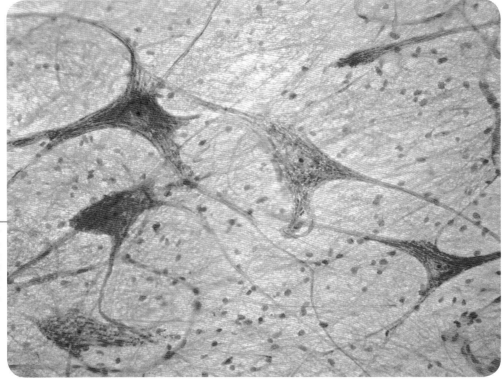

Fig. 9.7
Microfoto van enkele cellichamen van neuronen en de vele contacten (paarse stippen) tussen neuronen

3.1.2 Soorten neuronen volgens de richting van de impuls

Op basis van de **richting waarin de impuls vervoerd wordt** tussen receptor en effector, onderscheiden we drie soorten neuronen. Ze vertonen een aantal specifieke bouwkenmerken.

- **Afferente (aanvoerende)** of **sensorische neuronen**

  Dit zijn neuronen die zenuwimpulsen ontvangen **van een receptor** en die impulsen vervolgens geleiden **naar het centraal zenuwstelsel**. Afferente neuronen worden ook **sensorische neuronen** genoemd.
  Bij afferente neuronen die hun impulsen krijgen van bijvoorbeeld gevoelsreceptoren in de huid, heeft het cellichaam maar één korte uitloper, die zich onmiddellijk vertakt in twee tegengestelde richtingen. De ene tak staat in verbinding met de receptor (een vrij zenuwuiteinde in de huid) en de andere loopt naar het ruggenmerg.

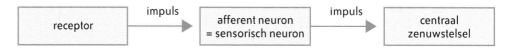

- **Efferente (afvoerende)** of **motorische neuronen**

  Dit zijn neuronen die zenuwimpulsen geleiden **van het centraal zenuwstelsel naar een effector**. Het zijn dikwijls neuronen die de spieren activeren; vandaar dat we ze ook **motorische neuronen** noemen.
  Ze hebben korte dendrieten en een lang gemyeliniseerd axon.

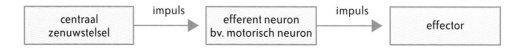

- **Schakelneuronen**

  Dit zijn neuronen die **zenuwimpulsen geleiden binnen het centraal zenuwstelsel**.
  Schakelneuronen kunnen impulsen ontvangen van sensorische neuronen en doorgeven aan efferente neuronen. Ze kunnen ook impulsen ontvangen van andere schakelneuronen of doorgeven aan andere schakelneuronen. Schakelneuronen liggen geheel binnen het centraal zenuwstelsel, nl. in de hersenen en het ruggenmerg. Ze hebben korte dendrieten en korte niet-gemyeliniseerde axonen.

Op Fig. 9.8 vinden we de drie soorten neuronen terug, te beginnen vanaf de pijnreceptor in de huid tot een spier die bijvoorbeeld de hand doet wegtrekken.

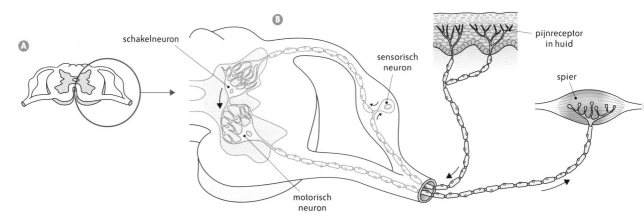

Fig. 9.8 Soorten neuronen volgens de richting van de impuls
A Dwarse doorsnede door het ruggenmerg
B Uitvergroting met de ligging van sensorisch neuron, schakelneuron en motorisch neuron; de zwarte pijlen geven de richting van de impulsgeleiding aan.

3.1.3 Verband tussen neuron en zenuw

Een algemene benaming voor de **lange uitlopers** van neuronen is **zenuwvezels**. Meestal bedoelen we dan de gemyeliniseerde axonen. Meerdere zenuwvezels liggen parallel naast elkaar en vormen op die manier een **zenuwbundel** omgeven door een bindweefselschede. Die houdt de zenuwvezels samen en zorgt voor bescherming. Meerdere zenuwbundels bij elkaar vormen een **zenuw** waar ook weer een stevige bindweefselmantel rond zit. Binnen die bindweefselmantel lopen er **bloedvaten** tussen de zenuwbundels.

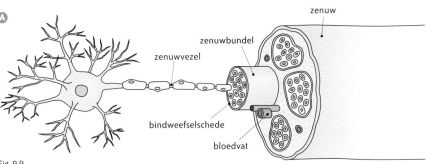
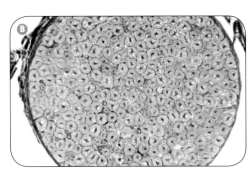

Fig. 9.9
A Verband tussen neuron en zenuw
B Microfoto van een dwarse doorsnede door een zenuwbundel. De stipjes zijn doorgesneden zenuwvezels; de bleke zone rond elk stipje is de myelineschede.

Naargelang de soort zenuwvezels die ze bevatten, onderscheiden we drie soorten zenuwen:

- **sensorische zenuwen** met uitsluitend zenuwvezels van **afferente** neuronen
- **motorische zenuwen** met uitsluitend zenuwvezels van **efferente** neuronen
- **gemengde zenuwen** met zenuwvezels van zowel **afferente** als **efferente** neuronen.

3.1.4 Verband tussen neuron en witte stof en grijze stof

Myeline rond zenuwvezels geeft aan zenuwbundels en zenuwen een **witte kleur**. Niet-gemyeliniseerde delen van neuronen, zoals de cellichamen en meestal ook de dendrieten, hebben een **grijze kleur**. Daarom spreken we in het zenuwstelsel van **witte stof** en **grijze stof**.

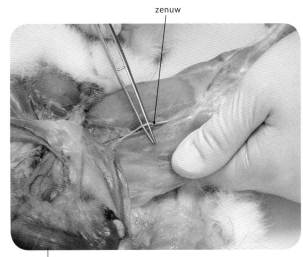

Fig. 9.10 Een door myeline wit gekleurde zenuw in de achterpoot van het konijn

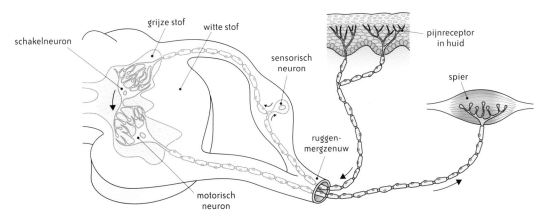

Fig. 9.11 Situering van witte stof en grijze stof in het ruggenmerg. De ruggenmergzenuw is een gemengde zenuw omdat ze zowel zenuwvezels van sensorische als van motorische neuronen bevat.

3.2 Steuncellen

Afhankelijk van de plaats in het zenuwstelsel zijn er tien tot wel vijftig keer zoveel steuncellen als neuronen. Ze spelen een essentiële rol bij de **werking en instandhouding van neuronen**.

3.2.1 Cellen van Schwann

De steuncellen in het **perifeer zenuwstelsel** zijn de **cellen van Schwann**. Ze zijn al aan bod gekomen bij de bouw van een neuron. Schwann-cellen zijn verantwoordelijk voor de vorming van de **myelineschede rond de zenuwvezels** (axonen) van perifere zenuwen.

Myeline is een vetachtige stof die volgende **functies** heeft:

- **impulsgeleiding verbeteren**
  Myeline zorgt ervoor dat impulsen sneller worden doorgestuurd. Vooral voor het overbruggen van lange afstanden, zoals bij zenuwvezels die lopen van ruggenmerg naar handen of naar voeten, is dat van cruciaal belang. Hoe dikker de myelineschede, hoe sneller de impulsgeleiding (zie ook 4.1.4).

- **zenuwvezels isoleren**
  Myeline verhindert dat een elektrisch signaal (de zenuwimpuls) overspringt naar een neuron waar het niet voor bedoeld is en zo kortsluiting veroorzaakt.

Als de **myelineschede** rond de zenuwvezels **beschadigd** raakt of **vernietigd** wordt, bijvoorbeeld door het afsterven van Schwann-cellen, verloopt de **impulsgeleiding trager en trager** of wordt de impuls zelfs niet meer doorgegeven. Vertraagde of geblokkeerde impulsgeleiding veroorzaakt heel wat symptomen, die duiden op een **verstoorde activiteit van het zenuwstelsel**. Zo kan er bijvoorbeeld een verminderde zintuiglijke gevoeligheid optreden, zoals een onduidelijk zicht, coördinatieproblemen, moeilijkheden bij het stappen en problemen met lichaamsfuncties, zoals het controleren van de blaas.

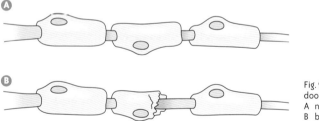

Fig. 9.12 Afbraak van de myelineschede door beschadiging van Schwann-cellen
A normale myelineschede
B beschadigde myelineschede

3.2.2 Gliacellen

In het **centraal zenuwstelsel** zijn **gliacellen** de belangrijkste groep steuncellen. De verhouding tussen gliacellen en neuronen is ongeveer 10:1. In tegenstelling tot neuronen zijn gliacellen wel in staat zich te delen.

Er komen verschillende soorten gliacellen voor, waarvan we enkele **functies** vermelden:

- **neuronen bij elkaar en op hun plaats houden**
  Sommige gliacellen zorgen voor stevigheid en behoud van structuur van hersenweefsel, waar ze groepen neuronen van elkaar scheiden. Op die manier ontstaan er verschillende zones in de hersenen die elk instaan voor het verwerken van welbepaalde informatie (zie 6.1).

- **neuronen beschermen en isoleren**

Sommige gliacellen wikkelen hun uitlopers vele malen rond een axon van een nabijgelegen neuron. Daardoor ontstaat er rond het axon een dikke beschermende koker, die gevuld is met myeline. Het kale stukje axon tussen twee segmentjes van de myelineschede wordt ook hier een knoop van Ranvier genoemd. De isolerende functie is vergelijkbaar met die van de cellen van Schwann.

- **beschadigde of dode neuronen opruimen**

Sommige gliacellen zijn in staat om zich in het centraal zenuwstelsel voort te bewegen op zoek naar beschadigde of dode neuronen en die op te ruimen (vergelijk met de manier van voortbewegen van een witte bloedcel die de bloedbaan verlaat om een bacterie op te ruimen).

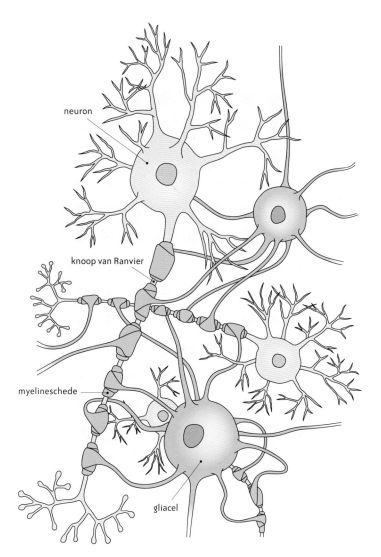

Fig. 9.13 Een bepaald type gliacel myeliniseert meerdere axonen van neuronen die zich in het centraal zenuwstelsel situeren.

- **neuronen van voedingsstoffen en zuurstofgas voorzien en afvalstoffen ervan verwijderen**

Sommige gliacellen hebben een groot aantal uitlopers die eindigen op een soort 'voetjes'. Enkele van die voetjes staan in contact met haarvaten, de andere staan in verbinding met omliggende neuronen. De gliacellen nemen voedingsstoffen en zuurstofgas op uit de haarvaten en geven die door aan de neuronen. Omgekeerd nemen ze van de neuronen afvalstoffen over en geven die door aan de haarvaten.

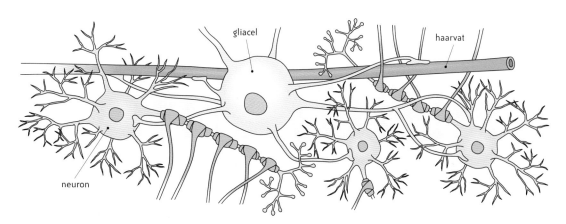

Fig. 9.14 Een bepaald type gliacel staat met sommige uitlopers in contact met haarvaten en met andere uitlopers in verbinding met neuronen (de myelineschede rond de axonen wordt gevormd door andere gliacellen, zoals weergegeven op Fig. 9.13).

4 Informatieoverdracht via neuronen

Receptoren registreren prikkels. Die opgenomen informatie geven ze door aan sensorische neuronen die de informatie overdragen aan neuronen in het centraal zenuwstelsel (CZS). Daar wordt de informatie verwerkt en via motorische neuronen overgedragen aan effectoren.

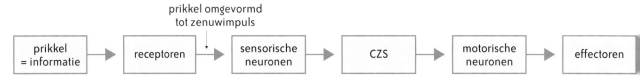

Uit het schema kun je afleiden dat er bij de informatiestroom op verschillende plaatsen informatieoverdracht moet gebeuren. Hoe dat gebeurt, bespreken we hieronder.

4.1 Impulsgeleiding binnen het neuron

4.1.1 Neuron in rustfase

Bij alle cellen is het **celmembraan elektrisch geladen** door de aanwezigheid van **elektrisch geladen deeltjes** of **ionen** aan weerszijden van het celmembraan. Sommige deeltjes zijn positief geladen, andere zijn negatief geladen. Deze deeltjes kunnen zich door het celmembraan verplaatsen via poriën, die **kanalen** worden genoemd. Deze kanalen kunnen open of dicht gaan.

De ongelijke verdeling van de ionen binnen **(intracellulair)** en buiten **(extracellulair)** de cel zorgt ervoor dat de binnen- en buitenzijde van de cel een verschillende lading hebben. We spreken van een **ladingsverschil** en daardoor ook van een **elektrisch geladen celmembraan**.

Een neuron bevindt zich in de **rustfase** wanneer het **geen impuls** doorstuurt. Op dat ogenblik is de binnenzijde van het celmembraan negatief geladen ten opzichte van de buitenzijde. Dat ladingsverschil noemen we de **rustpotentiaal**.

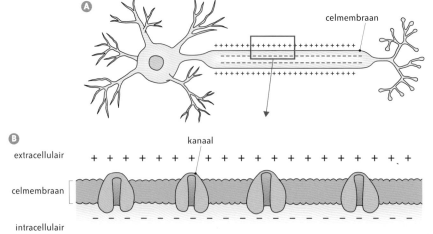

Fig. 9.15 Ladingstoestand van een neuron in rustfase
A Ladingstoestand ter hoogte van een axon
B Detail van het elektrisch geladen celmembraan tijdens de rustfase. Via kanalen kunnen elektrisch geladen deeltjes zich verplaatsen.

4.1.2 Neuron in actiefase

Wanneer **een voldoende sterke prikkel het neuron activeert**, gaat de zenuwcel over van de rustfase naar de **actiefase**. Daarbij gaan bepaalde kanalen in het celmembraan open en gaan er meer positief geladen deeltjes naar binnen. Door de herverdeling van de ionen wordt de binnenzijde op een bepaald ogenblik positief geladen. Het veranderen van de rustpotentiaal noemen we **depolarisatie**.

Als de ladingsverandering groot genoeg is – er wordt een **drempelwaarde** overschreden – ontstaat er een klein stroomstootje. Dat elektrisch signaal noemen we de **zenuwimpuls**. Het ladingsverschil dat die impuls veroorzaakt, is de **actiepotentiaal**.

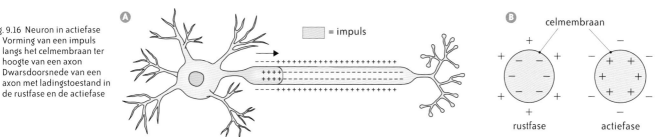

Fig. 9.16 Neuron in actiefase
A Vorming van een impuls langs het celmembraan ter hoogte van een axon
B Dwarsdoorsnede van een axon met ladingstoestand in de rustfase en de actiefase

Die plaatselijke ladingsverandering ter hoogte van het celmembraan wordt bijzonder snel voortgeleid over de hele lengte van het axon tot aan de eindknopjes. Dit geleiden van het elektrisch signaal noemen we de **impulsgeleiding**.

4.1.3 Neuron in herstelfase

De plaatselijke ladingsverandering ter hoogte van het celmembraan is maar van korte duur. Er volgt onmiddellijk een nieuwe verplaatsing van ionen doorheen het celmembraan, waardoor de binnenkant opnieuw negatief wordt, en de buitenkant positief. Het ladingsverschil wordt dus teruggebracht naar de oorspronkelijke situatie van de rustfase.

Dit terugkeren naar de rustfase wordt de **herstelfase** genoemd. Als gevolg van de herstelfase is de cel in staat om een nieuwe impuls door te sturen.

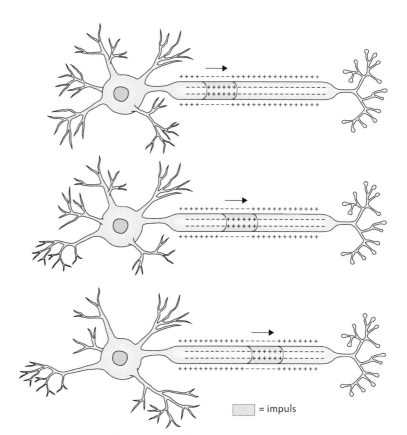

Fig. 9.17 Impulsgeleiding ter hoogte van het axon

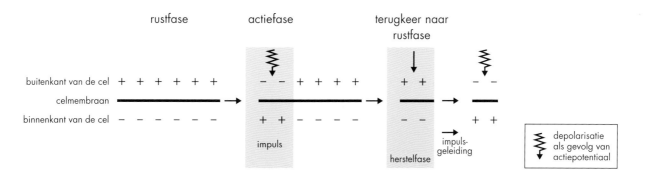

Fig. 9.18 Opeenvolging van rustfase, actiefase en herstelfase in het celmembraan van een neuron

4.1.4　Snelheid van impulsgeleiding

De snelheid van de impulsgeleiding varieert volgens de soort axonen. Die snelheid is namelijk **afhankelijk van de dikte van het axon en van de dikte van de myelineschede**. Naarmate de dikte van het axon toeneemt, gaat de impulsgeleiding sneller. Dunne, niet-gemyeliniseerde axonen hebben een geleidingssnelheid van ca. 2 m/s; bij de dikste gemyeliniseerde axonen is dat ruim 100 m/s. Deze snelheid komt goed van pas in het perifeer zenuwstelsel waar de te overbruggen afstanden in het menselijk lichaam tot 1 m kunnen bedragen (bijvoorbeeld van ruggenmerg tot voet).

Door de **isolerende invloed van de myelineschede**, die verhindert dat ionen weglekken via het celmembraan, kan de **beweging van ionen** doorheen het celmembraan **alleen ter hoogte van de knopen van Ranvier** plaatsvinden. De depolarisatie ter hoogte van een knoop van Ranvier is voldoende om de elektrische spanning (ladingsverschil) in de volgende knoop van Ranvier te verhogen tot boven de drempelwaarde. Hierdoor ontstaat er ook in die knoop een actiepotentiaal en dus een impuls. Dit proces zet zich voort over de hele lengte van het gemyeliniseerde axon.
De impuls springt dus als het ware **van insnoering naar insnoering**, waardoor de geleiding veel sneller gebeurt. We spreken van een **sprongsgewijze impulsgeleiding**.

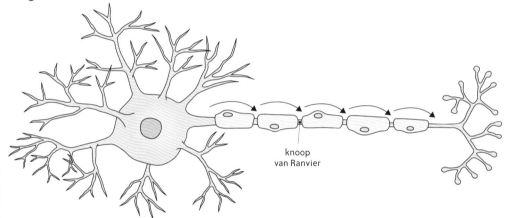

Fig. 9.19
Sprongsgewijze
impulsgeleiding langs
een gemyeliniseerd
axon

knoop
van Ranvier

MS of multiple sclerose

Multiple sclerose, meestal afgekort tot MS, is een **aandoening van het centraal zenuwstelsel**, waarbij de neuronen **myeline verliezen**.
De term multiple sclerose duidt op de verscheidene (multipele) plaatsen waar verharding (sclerose) optreedt als gevolg van een afbraakproces van eigen myeline.
Men vermoedt dat in sommige gevallen de oorzaak moet worden gezocht bij een **virale** infectie. In vele gevallen gaat het echter om een **spontane zelfvernietigingsreactie**. Hoe dat proces verloopt, is nog niet helemaal duidelijk. Wel staat vast dat bepaalde witte bloedcellen de myelineschede beschadigen. Na verloop van tijd treedt er ook verval op van de axonen en van de gliacellen die met hun uitlopers de myelineschede rond de axonen vormen. Uiteindelijk zorgt de vernietiging van de myelineschede voor een **verstoring van de impulsgeleiding**.

MS kan nog niet worden genezen. Gelukkig bestaan er wel **behandelingen** en therapieën die personen met MS een heel stuk kunnen verder helpen, zowel voor de behandeling van acute opstoten als voor de onderhoudsbehandeling. Die behandelingen, hoofdzakelijk op basis van medicijnen, helpen de patiënt om er opnieuw bovenop te komen na een opstoot, nieuwe opstoten te verhinderen en belemmeringen en handicaps te vermijden.

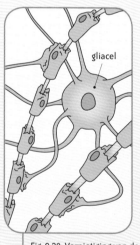

gliacel

Fig. 9.20 Vernietiging van de
myelineschede bij MS

Fig. 9.21 MS leidt op
termijn tot invaliditeit.

Multiple Sclerose Liga Vlaanderen

Fig. 9.22 Logo
van de MS-liga

www.ms-sep.be

4.2 Impulsoverdracht tussen neuronen

Impulsoverdracht tussen neuronen gebeurt van de eindknopjes van het ene neuron naar de dendrieten of het cellichaam van het aansluitende neuron. De plaats waar informatie-overdracht tussen twee neuronen plaatsvindt, wordt een **synaps** genoemd. Tussen beide neuronen bevindt zich een uiterst nauwe ruimte die we **synaptische spleet** noemen.

Ter hoogte van een synaps wordt het **elektrisch signaal** (zenuwimpuls) **overgedragen** op de aansluitende cel. Dat gebeurt met een **chemisch signaal**, nl. via een chemische stof, **neurotransmitter** genoemd. Deze overdrachtsstof bevindt zich aanvankelijk in **synaptische blaasjes**. Neuronen maken dergelijke blaasjes met neurotransmitter constant aan en slaan ze op in de eindknopjes van hun axon.

Zodra de impuls het membraan van de eindknopjes bereikt, gebeurt de **impulsoverdracht tussen neuronen** in de volgende stappen, zoals weergegeven op Fig. 9.23B:

1 De impuls bereikt de eindknopjes van een axon.

2 Neurotransmitter komt vrij uit de synaptische blaasjes en belandt in de synaptische spleet.

3 Neurotransmitter bindt zich aan specifieke membraanreceptoren in het membraan van dendrieten van het aansluitend neuron. Deze binding is een chemisch signaal.

4 Het chemisch signaal veroorzaakt een ladingsverandering in het membraan van de dendrieten en leidt zo tot een nieuw elektrisch signaal (impuls).

De overdracht van een impuls van cel naar cel door middel van neurotransmitter noemen we **neurotransmissie**. De werking van een neurotransmitter duurt ongeveer 0,5 tot 1 ms. Daarna worden de moleculen van de neurotransmitter afgebroken of opnieuw opgenomen in de eindknopjes voor hergebruik in het neuron waar ze geproduceerd werden.

Dat in een synaps de **impulsoverdracht slechts in één richting** plaatsvindt, is een gevolg van het eenrichtingsverkeer van impulsen in neuronen.

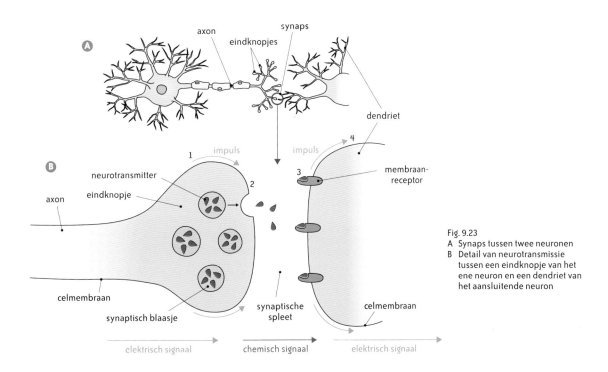

Fig. 9.23
A Synaps tussen twee neuronen
B Detail van neurotransmissie tussen een eindknopje van het ene neuron en een dendriet van het aansluitende neuron

4.3 Invloed van drugs op neurotransmissie

Drugs zijn **producten die een invloed hebben op ons bewustzijn**. Ze veranderen onze waarnemingen, onze gevoelens en ons gedrag. We gebruiken drugs om ons meer genot te verschaffen. Vandaar dat we ook spreken van **genotmiddelen**.

Als je bepaalde ervaringen als aangenaam beleeft, dan is dat o.a. te wijten aan de aanwezigheid van sommige neurotransmitters. Die worden aangemaakt in bepaalde hersengebieden. Daardoor ontstaan **gevoelens van genot en welzijn**. Neurotransmitters worden na een korte tijd afgebroken of vanuit de synaptische spleet opnieuw opgenomen in het neuron waar ze geproduceerd werden. De aangename gevoelens ebben dan weg.

De moleculen die in **drugs** voorkomen, **werken in op het proces van neurotransmissie**. Sommige drugs bevatten moleculen die gelijken op de normale neurotransmitters. Daardoor kunnen ze de membraanreceptoren van de neuronen beïnvloeden. Ze werken soms stimulerend, soms remmend en soms verstorend op de impulsoverdracht.

Drugs zoals **amfetamines** stimuleren de afgifte van de normale neurotransmitters. **Cocaïne** remt de heropname van de normale neurotransmitter door zich in de synaptische spleet vast te zetten op het membraan van het eindknopje. In beide gevallen blijft er een hoog gehalte aan neurotransmitters in de synaptische spleet, waardoor de impulsoverdracht wordt gestimuleerd. Daarom noemen we amfetamines en cocaïne **stimulerende drugs**.

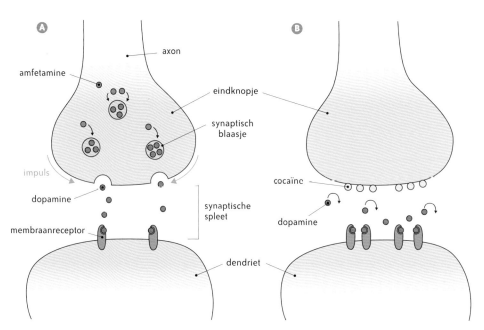

Fig. 9.24 Invloed van drugs op de neurotransmissie
A Amfetamine zorgt ervoor dat de neurotransmitter dopamine meer dan normaal wordt vrijgegeven.
B Cocaïne verhindert de heropname van de neurotransmitter dopamine door het eindknopje.

Sommige drugs werken zo verstorend op het zenuwstelsel dat ze **hallucinaties** doen ontstaan. Een hallucinatie is een zintuiglijke waarneming die als werkelijk wordt ervaren door degene die hallucineert, maar die niet overeenkomt met de realiteit. Hallucinaties kunnen op alle zintuigen betrekking hebben. Zo kan men beelden zien of geluiden horen die er niet zijn. Ook reuk-, smaak- en gevoelshallucinaties kunnen voorkomen. Drugs die hallucinaties opwekken, noemen we **hallucinogene drugs**.

Volgens hun werking op het zenuwstelsel kunnen we drugs als volgt indelen:

verdovende drugs	stimulerende drugs	hallucinogene drugs	verdovende drugs met hallucinogene effecten	stimulerende drugs met hallucinogene effecten
alcohol codeïne morfine heroïne GHB (gamma-hydroxy-boter-zuur) kalmeermiddelen slaapmiddelen	nicotine cafeïne cocaïne amfetamines	lsd (lysergine-zuur-diëthylamide) en aanverwante stoffen	cannabisproducten zoals marihuana en hasj	xtc (ecstasy)

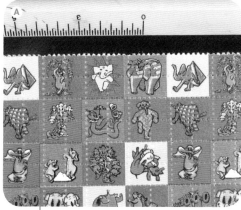

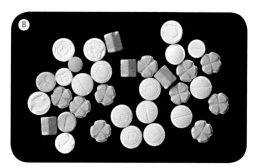

Fig. 9.25 Drugs met hallucinogene effecten
A Lsd wordt verkocht in de vorm van papiertrips (papiertjes doordrenkt met lsd) en microdots (tabletjes).
B Xtc is een stimulerende drug die verkocht wordt in de vorm van gekleurde pilletjes.
C Cannabisproducten (marihuana en hasj) worden vermengd in een sigaret.

Wat ook de motivatie is van een regelmatig druggebruiker of van een drugverslaafde, meestal is het zo dat drugs gebruikt worden voor de **gewenste effecten** ervan op het zenuwstelsel. Ze brengen de gebruiker in een stemming van welbehagen, soms in een roes of in euforie en zelfs extase. Dat is ook de reden waarom sommige drugs therapeutisch gebruikt worden, bijvoorbeeld voor pijnbestrijding.
Daarnaast heeft het gebruik van drugs een aantal **ongewenste neveneffecten** zoals angst en paniekgevoelens. Dikwijls ontstaan er depressieve gevoelens in de periode zonder drugs.

Sommige drugs lijken onschuldig omdat ze **sociaal aanvaard** zijn. Dat is het geval voor koffie, alcohol, tabak en sommige medicijnen. Het gebruik van andere drugs zoals heroïne, cocaïne, xtc enz. is **ronduit gevaarlijk**. Bij regelmatig gebruik brengen alle drugs min of meer ernstige lichamelijke schade toe aan de gebruiker.

Dikwijls heeft druggebruik ook **sociale gevolgen**. Er ontstaan heel wat spanningen in de omgeving van de gebruiker: slechte schoolprestaties, afwezigheid op het werk, relationele problemen … Druggebruikers geraken daardoor sociaal geïsoleerd.
Sommige drugs zijn heel duur. Regelmatige gebruikers komen daardoor in financiële problemen. In sommige gevallen kan dat leiden tot crimineel gedrag.

4.4 Impulsoverdracht van receptor naar sensorisch neuron

In deel 1 heb je kennisgemaakt met receptoren. Zoals je weet, kunnen receptoren ofwel gespecialiseerde cellen ofwel vrije zenuwuiteinden zijn.

De volgende tabel geeft hiervan een overzicht.

receptoren die gespecialiseerde cellen zijn	receptoren die vrije zenuwuiteinden zijn
kegeltjes en staafjes in het netvlies	tast- en druklichaampjes in de huid
haarcellen in het basaal membraan van het slakkenhuis	koude- en warmtereceptoren in de huid
haarcellen in het statolietorgaan en het ampullaorgaan	pijnreceptoren in de huid
smaakcellen in de smaakknoppen op de tong	reukhaartjes van reukcellen in het reukslijmvlies

Wanneer de **receptor een gespecialiseerde cel** is (bv. licht-, geluids-, evenwichts- en smaakreceptor), ontstaat onder invloed van een specifieke prikkel een impuls in de receptor. Die impuls wordt via een **synaps** overgedragen aan een dendriet van een aansluitend **sensorisch neuron**.
De impulsoverdracht tussen receptor en sensorisch neuron kunnen we in volgende stappen indelen, zoals weergegeven op Fig. 9.26:

1 De receptor (bv. een haarcel) wordt geprikkeld door een specifieke prikkel waarvoor die gevoelig is.

2 Er is een ladingsverandering ter hoogte van het celmembraan van de receptor waardoor een impuls ontstaat.

3 Neurotransmitter van de receptor wordt vrijgegeven in de synaptische spleet.

4 De binding van de neurotransmitter aan de membraanreceptor van de dendriet van het aansluitend sensorisch neuron is een chemisch signaal.

5 Dat signaal veroorzaakt een ladingsverandering in het membraan van de dendriet en leidt zo tot een nieuw elektrisch signaal (impuls) in het sensorisch neuron.

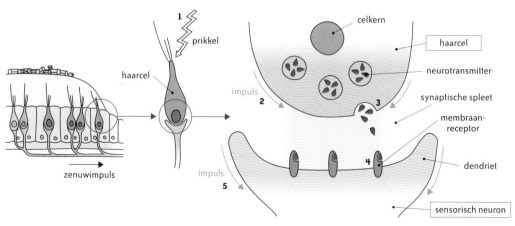

Fig. 9.26 Impulsoverdracht tussen een haarcel in het statolietorgaan en een dendriet van het aansluitend sensorisch neuron

Wanneer de **receptor een vrij zenuwuiteinde** is (bv. in het reukslijmvlies en in de huid), dan is dat vrij zenuwuiteinde eigenlijk een dendriet van een sensorisch neuron. Er is in dit geval **geen sprake van impulsoverdracht via een synaps** omdat de receptor zelf deel uitmaakt van het sensorisch neuron.

De specifieke prikkels, reukstoffen en gevoelsprikkels, veroorzaken een ladingsverandering ter hoogte van het celmembraan van de vrije zenuwuiteinden. De vorming van een impuls is het gevolg. Die impuls wordt verder geleid binnen het sensorisch neuron.

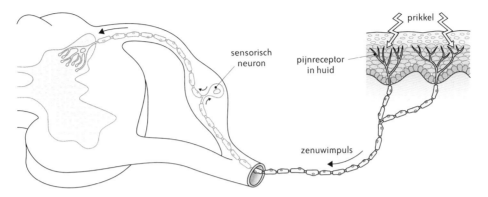

Fig. 9.27 Omvorming van een gevoelsprikkel tot een impuls en geleiding van de zenuwimpuls binnen het sensorisch neuron

4.5 Impulsoverdracht van motorisch neuron naar spier

Je weet al dat een motorisch neuron altijd impulsen geleidt naar een effector, meestal een spier. De synaps die gevormd wordt tussen het axon van een motorisch neuron en de aansluitende spiervezel wordt een **motorische eindplaat** genoemd.

In de synaps wordt neurotransmitter vrijgegeven en gebeurt ongeveer hetzelfde als bij een synaps tussen 2 neuronen. **Neurotransmitter** bindt op een membraanreceptor; kanalen gaan open en er ontstaat een **ladingsverandering** langs het celmembraan van de spiervezel.

Dit elektrisch signaal wordt door de spiervezel beantwoord met een **spiercontractie**.

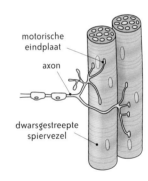

Fig. 9.28 Motorische eindplaten

Eén motorisch neuron stuurt impulsen naar meer dan één spiervezel. Ze vormen samen een **motorische eenheid**.

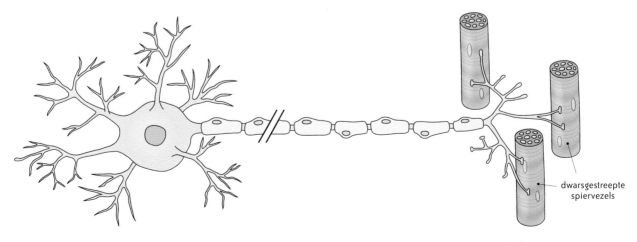

Fig. 9.29 Een motorisch neuron staat in contact met meerdere spiervezels en samen vormen ze een motorische eenheid. De grootte van een motorische eenheid varieert tussen 1 en 100 spiervezels.

5 Centraal en perifeer zenuwstelsel

5.1 Bouw van het centraal zenuwstelsel

Zoals je al weet, bestaat het centraal zenuwstelsel uit de **hersenen** en het **ruggenmerg**. In wat volgt bespreken we de bouw van deze twee delen.

5.1.1 Bouw van de hersenen

Onze hersenen liggen beschermd in de **hersenschedel** en hebben een massa van 1300-1400 g. Het zijn **weke organen** met een bleekroze kleur. De hersenen zijn niet alleen beschermd door de schedel, maar ook door de **hersenvliezen**.
Als je menselijke hersenen uitwendig bekijkt, zie je alleen de **grote hersenen**, de **kleine hersenen** en de **hersenstam**. Andere onderdelen, zoals de **hersenbalk**, de **tussenhersenen**, de **hersenholten**, de **grijze** en de **witte stof** worden pas zichtbaar wanneer je de hersenen doorsnijdt.
We bespreken de bouw en ligging van de verschillende hersenonderdelen.

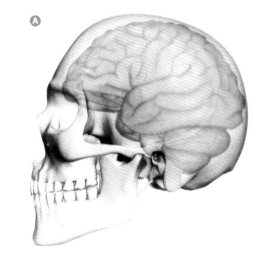

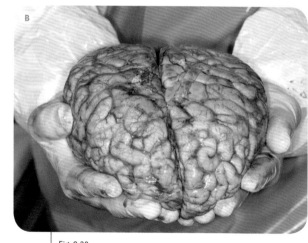

Fig. 9.30
A De hersenschedel beschermt de hersenen.
B Menselijke hersenen
C Zijaanzicht van de hersenen

grote hersenen

hersenstam

kleine hersenen

- **Grote hersenen**

Opvallend aan de buitenkant van de grote hersenen zijn de **windingen en groeven** die het oppervlak sterk vergroten. Zo is er een diepe **overlangse groef** die de grote hersenen in een linker- en een rechterhelft, de zogenaamde **hemisferen**, verdeelt.

Twee andere opvallende groeven zijn de **groef van Rolando** en de **groef van Sylvius**.

De groeven verdelen elke hersenhelft in **vier lobben**. Het deel van de hersenhelft dat voor de groef van Rolando ligt, is de **voorhoofdslob of frontale lob**. Het deel net achter die groef is de **wandlob**. Onder de groef van Sylvius situeert zich de **slaaplob**. Voorbij de wandlob en de slaaplob vind je de **achterhoofdslob**.

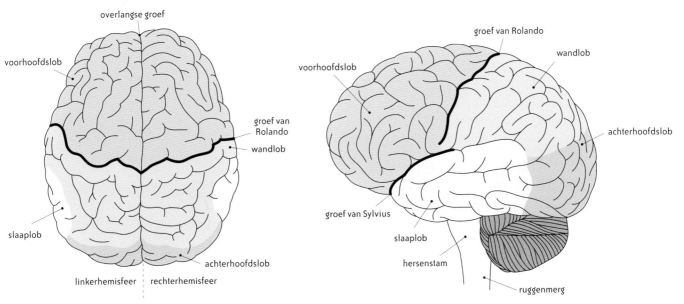

Fig. 9.31 Bovenaanzicht van de grote hersenen

Fig. 9.32 Zijaanzicht van de linkerhemisfeer met situering van de vier lobben

- **Hersenbalk**

Fig. 9.33 stelt een overlangse doorsnede van de hersenen voor, precies in de overlangse groef. Je ziet dat de windingen en groeven van het hersenoppervlak aan de binnenkant van de overlangse groef doorlopen. Aan de basis van de overlangse groef ligt de **hersenbalk**, een strook die de linker- en de rechterhemisfeer met elkaar verbindt.

- **Tussenhersenen**

Op een overlangse doorsnede van de hersenen, krijg je ook een zicht op de tussenhersenen. Ze bevinden zich tussen de grote hersenen en de hersenstam. De tussenhersenen bestaan uit de **thalamus en de hypothalamus**. Onderaan de hypothalamus bevindt zich het hersenaanhangsel: de **hypofyse**. Dat is een hormoonklier die nauw samenwerkt met de hypothalamus (zie thema 11).

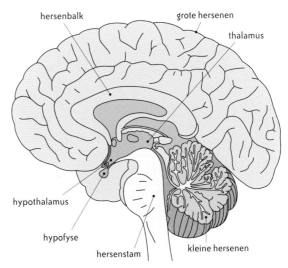

Fig. 9.33 Overlangse doorsnede van de hersenen met aanduiding van de hersenbalk en de tussenhersenen

• Hersenstam

De hersenstam bevindt zich tussen de tussenhersenen en het ruggenmerg. Van boven naar onder is de hersenstam samengesteld uit de **middenhersenen**, de **brug van Varol** en het **verlengde merg**, dat de overgang naar het ruggenmerg vormt.

Aan de hersenstam ontspringen 12 paar hersenzenuwen (zie 5.2.1).

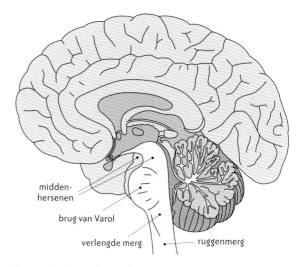

Fig. 9.34 Overlangse doorsnede van de hersenen met aanduiding van de delen van de hersenstam

• Kleine hersenen

De kleine hersenen liggen aan de achterzijde van de hersenstam, ter hoogte van de brug van Varol en het verlengde merg. Het oppervlak van de kleine hersenen vertoont een groot aantal min of meer evenwijdig lopende groeven. De kleine hersenen zijn door een overlangse groef verdeeld in **twee hemisferen** die met elkaar **verbonden** zijn **door de brug van Varol**.

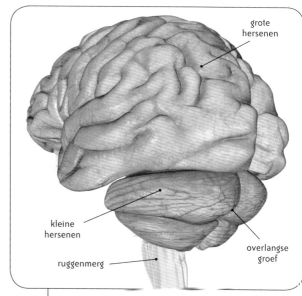

Fig. 9.35 Achteraanzicht van de grote en de kleine hersenen

• Hersenvliezen

De hersenen zijn niet alleen beschermd door de schedel, maar ook door drie **hersenvliezen** met **hersenvocht ertussen.**

Het vlies dat tegen de hersenen aanligt, is rijk doorbloed en voorziet het zenuwweefsel van **voedingsstoffen en zuurstofgas**.

Het buitenste vlies is verbonden met de schedel.

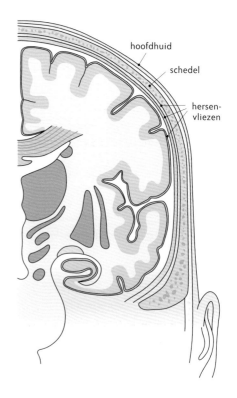

Fig. 9.36 Beschermende delen van de hersenen: de schedel en drie hersenvliezen

- ## Hersenholten (ventrikels)

  De hersenen zijn binnenin niet massief, maar bevatten 4 holten: de **hersenholten** of **ventrikels**, die met elkaar in verbinding staan. Op een overlangse doorsnede kan je alleen het derde en vierde ventrikel zien. Het eerste en tweede ventrikel liggen zijdelings van het middenvlak en zijn zichtbaar op een frontale doorsnede.

  De wand van de ventrikels is rijk aan bloedvaten. Dat **vaatrijk weefsel** geeft helder weefselvocht af: het **hersenvocht**, waarmee de ventrikels gevuld zijn. Het hersenvocht in de ventrikels vormt één geheel met het hersenvocht tussen de hersenvliezen. Dat geheel van hersenvocht vertoont een trage stroming, waarbij er een evenwicht is tussen productie en heropname ervan in het bloed.

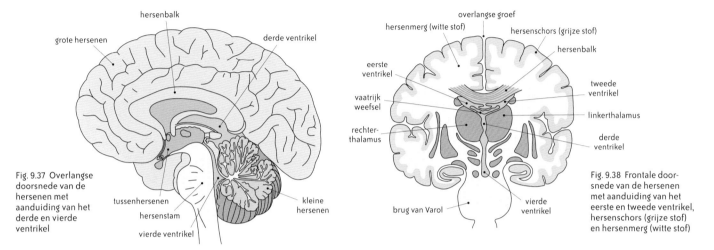

Fig. 9.37 Overlangse doorsnede van de hersenen met aanduiding van het derde en vierde ventrikel

Fig. 9.38 Frontale doorsnede van de hersenen met aanduiding van het eerste en tweede ventrikel, hersenschors (grijze stof) en hersenmerg (witte stof)

De functies van het hersenvocht zijn:
  - **schokken opvangen**. De hersenen drijven als het ware in het hersenvocht en ondervinden daardoor veel minder hinder van de zwaartekracht of plotse versnellingen.
  - **zorgen voor een stabiel extracellulair milieu voor de neuronen**. Daartoe wordt de samenstelling van het hersenvocht binnen nauwe grenzen stabiel gehouden.
  - de **inwendige druk in de hersenen constant houden**. Zowel een te hoge als een te lage druk zijn schadelijk voor het hersenweefsel.

- ## Grijze en witte stof in de hersenen

  Op een frontale doorsnede van de hersenen (Fig. 9.38) vind je **grijze en witte stof** terug.

  De buitenste laag, zowel van de grote als van de kleine hersenen, bestaat uit grijze stof en noemen we de **hersenschors**. Onder de hersenschors ligt het **hersenmerg**, dat uit witte stof bestaat. Zo is de thalamus, naast nog andere grijze zones, een gebied van grijze stof binnen het hersenmerg.

Te veel hersenvocht: waterhoofd

Een waterhoofd wordt veroorzaakt door een **overmatige hoeveelheid hersenvocht**. Normaal gesproken wordt hersenvocht in een constant tempo gevormd en vervolgens weer naar het bloed afgevoerd. Daarbij blijft de totale hoeveelheid hersenvocht steeds ongeveer 150 ml. Bij een waterhoofd is deze hoeveelheid veel groter omdat meestal de **afvoer van hersenvocht gestoord** is.

Het volume hersenvocht moet perfect geregeld worden om de juiste druk in de hersenen te bewaren. Als de vloeistof niet kan afvloeien, stijgt de druk in de hersenen. Daardoor worden de **ventrikels vergroot** en het **hersenweefsel samengedrukt**. Er ontstaat dan een waterhoofd. Dat kan ernstige geestelijke en/of lichamelijke ontwikkelingsachterstand veroorzaken.

Een **operatie** is de aangewezen **behandeling** om het teveel aan hersenvocht te verwijderen. Via het inbrengen van een dun, flexibel buisje met een eenrichtingsklep, kan hersenvocht vanuit de ventrikels worden afgevoerd naar de buikholte. Soms wordt de vloeistof ook opgevangen in een zakje buiten het lichaam.

5.1.2 Bouw van het ruggenmerg

Het verlengde merg van de hersenstam gaat zonder dui-
delijke begrenzing over in het ruggenmerg. Dat is een
buisvormige streng, gelegen in het **wervelkanaal**.
Dat kanaal ontstaat doordat de **wervelgaten** van de op
elkaar gelegen wervels een tunnel vormen. Het ruggenmerg
is dus beschermd door de **wervelkolom**.
Tussen de wervellichamen liggen **kraakbenige tussenwervelschijven**. Ze maken de beweeglijkheid van de
wervelkolom mogelijk en dienen als schokdemper voor de
verschillende wervels tijdens de beweging.

Tussen opeenvolgende wervels is aan beide kanten een
opening, het **tussenwervelgat**. Doorheen de tussenwer-
velgaten treden de ruggenmergzenuwen, die links en rechts
van het ruggenmerg ontspringen, uit het wervelkanaal.

Fig. 9.39 Schedel en wervelkolom
beschermen respectievelijk hersenen en
ruggenmerg

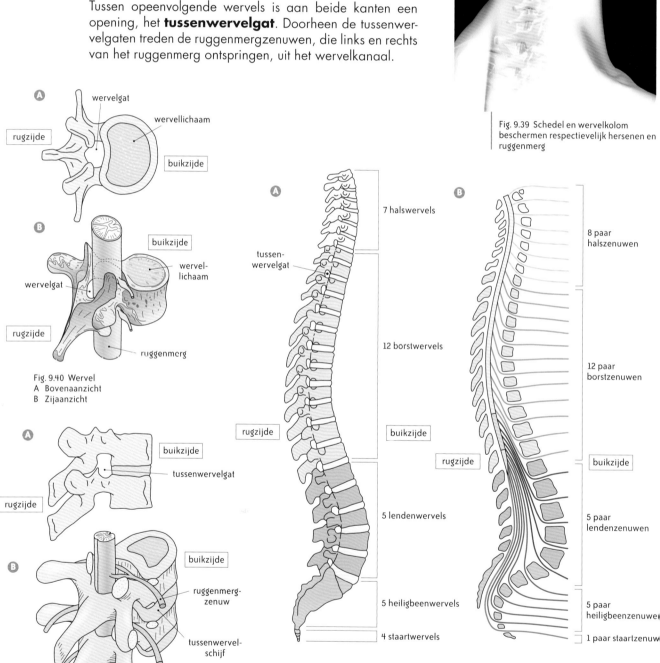

wervelgat

wervellichaam

rugzijde

buikzijde

buikzijde

wervel-
lichaam

wervelgat

rugzijde

ruggenmerg

Fig. 9.40 Wervel
A Bovenaanzicht
B Zijaanzicht

buikzijde

tussenwervelgat

rugzijde

buikzijde

ruggenmerg-
zenuw

tussenwervel-
schijf

rugzijde

ruggenmerg

Fig. 9.41
A Zijaanzicht van twee op elkaar volgende wervels.
   Tussen op elkaar volgende wervels is er zowel links als
   rechts een tussenwervelgat.
B Twee wervels met ruggenmerg in het wervelkanaal.
   Aan het ruggenmerg ontspringen ruggenmergzenuwen.

7 halswervels

tussen-
wervelgat

12 borstwervels

rugzijde

buikzijde

5 lendenwervels

5 heiligbeenwervels

4 staartwervels

8 paar
halszenuwen

12 paar
borstzenuwen

rugzijde

buikzijde

5 paar
lendenzenuwen

5 paar
heiligbeenzenuwen

1 paar staartzenuw

Fig. 9.42
A Zijaanzicht van de wervelkolom
B Zijaanzicht van een overlangse doorsnede van de wervelkolom
   met ruggenmerg en ruggenmergzenuwen. Het ruggenmerg
   vult het wervelkanaal slechts gedeeltelijk; ter hoogte van de
   lendenwervels is het wervelkanaal gevuld met een bundel van
   ruggenmergzenuwen.

Op een dwarsdoorsnede van het ruggenmerg zie je dat het ruggenmerg uit **grijze stof** bestaat, omgeven door **witte stof**. De grijze stof vormt een vlindervormige figuur met vier opvallende uitlopers of hoornen: **twee dorsale hoornen** (dorsaal = aan de rugzijde gelegen) en **twee ventrale hoornen** (ventraal = aan de buikzijde gelegen).

In het midden van de grijze stof loopt het ruggenmergkanaal, dat met **ruggenmergvocht** gevuld is. Het ruggenmergvocht en het hersenvocht in de ventrikels vormen één doorlopend geheel.

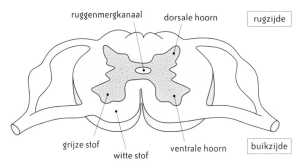

ruggenmergkanaal   dorsale hoorn   rugzijde

grijze stof   witte stof   ventrale hoorn   buikzijde

Fig. 9.43 Doorsnede van het ruggenmerg

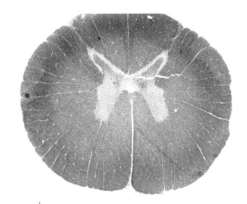

Fig. 9.44 Gekleurde microfoto van het ruggenmerg

Naast de wervels zorgen ook drie **ruggenmergvliezen**, die een voortzetting zijn van de hersenvliezen, voor **bescherming** van het ruggenmerg. Het vocht tussen de vliezen dempt plotselinge schokken en ook hier voorziet het binnenste vlies, dat rijk doorbloed is, het zenuwweefsel van **voedingsstoffen** en **zuurstofgas**.

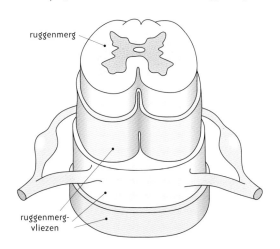

ruggenmerg

ruggenmerg-
vliezen

Fig. 9.45 Drie ruggenmergvliezen beschermen het ruggenmerg.

Meningitis of ontsteking van de hersen- en ruggenmergvliezen

Meningitis, een ontsteking van de beschermende vliezen rond de hersenen en het ruggenmerg, ontstaat meestal door een **bacteriële** of een **virale infectie**. De infectie is dikwijls het gevolg van een hoofdwonde of een operatie aan hersenen of ruggenmerg, waarbij het letsel geïnfecteerd wordt. Bacteriën kunnen ook afkomstig zijn uit de neus of andere luchtwegen.

Meningitis komt het meest voor bij **kinderen** van vier weken tot twee jaar oud. Kleine epidemieen van meningitis kunnen voorkomen in een omgeving waar relatief veel mensen dicht opeen verblijven, zoals scholen.

Koorts, hoofdpijn, een stijve nek en braken zijn de belangrijkste vroege symptomen.

Bacteriële meningitis is een zeer ernstige aandoening die met **antibiotica** kan worden behandeld. Virale meningitis komt het meest voor, is minder ernstig en kan niet worden behandeld met antibiotica, maar dient spontaan te genezen.

5.2 Bouw van het perifeer zenuwstelsel

Zoals je al weet, bestaat het perifeer zenuwstelsel uit een netwerk van zenuwen dat de hersenen en het ruggenmerg met de rest van het lichaam verbindt. Tot dat netwerk behoren de **hersenzenuwen**, de **ruggenmergzenuwen** en de **grensstrengen** met zenuwen van en naar inwendige organen.

5.2.1 Hersenzenuwen

Uit de hersenstam ontspringen 12 paar hersenzenuwen, waarvan de meeste in verbinding staan met de **zintuigen** en **de spieren van het hoofd**. Een belangrijke uitzondering is de **zwervende zenuw** (hersenzenuw X of *nervus vagus*), die verbonden is met **organen in de romp**, zoals het hart, de longen en de darmen. De zwervende zenuw regelt automatisch de hartslag, de ademhaling en de spijsvertering.

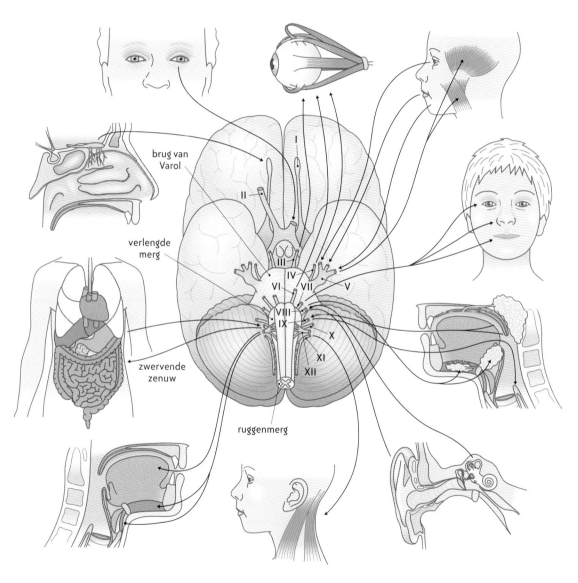

brug van Varol

verlengde merg

zwervende zenuw

ruggenmerg

Fig. 9.46 De hersenzenuwen worden aangeduid met Romeinse cijfers. Galenus, een Romeinse arts, was de eerste die er een aantal ontdekte. Hij bouwde een systeem op, dat wij nu nog gebruiken, door de hersenzenuwen te nummeren. De pijlen duiden de verbindingen aan tussen de hersenen en receptoren of effectoren.

5.2.2 Ruggenmergzenuwen

Vanuit het ruggenmerg vertrekken 31 paar ruggenmergzenuwen. Elke ruggenmergzenuw begint in de dorsale en ventrale hoorn als respectievelijk **dorsale en ventrale wortel**. Die komen dan samen en vormen één dikke **ruggenmergzenuw**.
Verderop vertakt elke ruggenmergzenuw zich tot fijnere zenuwen die tot de verste uithoeken van ons lichaam reiken.
De dorsale wortels vertonen een verdikking: de **ruggenmergzenuwknoop** of het **spinaal ganglion**. Een **ganglion** of **zenuwknoop** is een opeenhoping van cellichamen van neuronen.

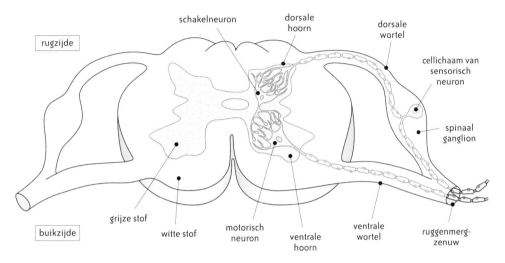

Fig. 9.47 Doorsnede van het ruggenmerg met aansluiting van twee ruggenmergzenuwen

5.2.3 Grensstrengen

Aan weerszijden van de wervelkolom loopt er een streng van onderling verbonden zenuwknopen. Die twee strengen zijn de **grensstrengen**. De zenuwknopen noemen we **grensstrengganglia**. De grensstrengen staan in verbinding met het ruggenmerg. Vanuit de grensstrengganglia vertrekken zenuwen naar de **inwendige organen**.

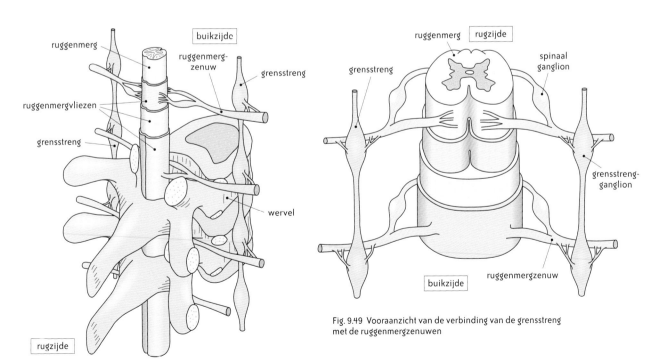

Fig. 9.48 Ligging van het ruggenmerg en de grensstrengen ten opzichte van de wervelkolom

Fig. 9.49 Vooraanzicht van de verbinding van de grensstreng met de ruggenmergzenuwen

Discus hernia of hernia van de tussenwervelschijf

De wervels zijn door kraakbenige tussenwervelschijven van elkaar ge-scheiden. Een **tussenwervelschijf** of **discus** laat bewegingen tussen de wervels onderling toe en vangt ook schokken op bij het stappen, lopen of springen.

Elke tussenwervelschijf heeft een sterke **buitenring** die een zachtere binnenlaag of **kern** vasthoudt. De kern bestaat voor een groot deel uit water dat wordt opgenomen uit de omlig-gende weefsels. 's Nachts zuigt deze kern zich vol water en overdag wordt dit water er door de zwaartekracht opnieuw uitgeperst. We zijn daarom 's morgens ook iets langer dan 's avonds.

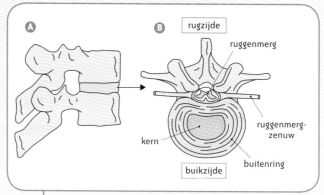

Fig. 9.50
A Zijaanzicht van een tussenwervelschijf tussen twee wervels
B Bovenaanzicht van een wervel en een normale tussenwervelschijf. Vooral de kern zorgt voor een schokbrekend effect.

Bij een **letsel aan de tussenwervelschijf** kan de buitenring scheuren en de kern van de schijf doorheen de buitenring naar buiten puilen. We spreken van een **hernia van de tussenwer-velschijf**. (*Hernia* is het Latijnse woord voor breuk; zo spreekt men ook bij een liesbreuk van een hernia.)
Het **uitpuilende deel kan de ruggenmergzenuw samendruk-ken en irriteren**. Als dat bijvoorbeeld een ruggenmergzenuw is die naar je rechterbeen loopt, dan kun je niet alleen pijn voelen in je rug maar ook tintelingen en pijn in je rechterbeen en -voet. We spreken van **uitstralende pijn**. Hevige zenuwpijn uitstralend in het been wordt **ischias** genoemd.

Factoren die het risico op het ontstaan van een discus hernia ver-hogen:

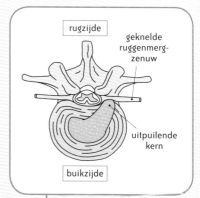

Fig. 9.51 Geknelde ruggenmergzenuw door uitpuilende kern van de tussenwervelschijf

*   de **levensstijl**, zoals nicotinevergiftiging door overdadig ro-ken, gebrek aan regelmatige lichaamsbeweging en slechte voeding.
*   de **leeftijd**, want met de loop der jaren verandert de samenstelling van de tussenwervelschijf; de kern wordt minder soepel en hij verdroogt (we krimpen). Ook de buitenring wordt minder elastisch, waar-door er gemakkelijker scheurtjes optreden.
*   een **ongeval**.
*   **eenzijdige overbelasting** van de wervelkolom door het optillen of dragen van grote lasten in een slech-te houding.

De belangrijkste factor is het **heffen van lasten**, want bij het onjuist heffen kan de druk binnenin de kern van de tussenwervelschijf tot meerdere honderden kilo's per cm^2 verhogen!

Wanneer de herniaklachten zich beperken tot rugpijn is **rusten** de meest aangewezen behandeling. Bij som-mige mensen trekt de zachte kern van de tussenwervelschijf zich dan vanzelf weer terug, en kan de tussen-wervelschijf helen. Zoals je al weet uit thema 7 is kraakbeenweefsel slecht doorbloed. Vandaar ook dat de kraakbenige tussenwervelschijven slechts langzaam herstellen.
Pas bij uitstraling en langdurige pijn grijpt men meestal **operatief** in. Hierbij wordt het zachte binnenste van de tussenwervelschijf verwijderd, waardoor de uitstulping verdwijnt en daarmee ook de druk op de zenuw. Deze behandeling heeft een veel sneller herstel tot gevolg, maar is ingrijpender voor de patiënt.
Zelfs na het herstel van de scheurtjes of na een operatie blijft die tussenwervelschijf een zwakke plek. Acti-viteiten en sportbeoefening worden best aangepast aan deze situatie.

Belang van een goede lichaamshouding

Veel mensen hebben rugklachten als gevolg van een verkeerde lichaamshouding. Vaak komt dat door een **verkeerd gebruik van de wervelkolom en de spieren die daaraan vastzitten**.

Door die spieren voortdurend verkeerd te gebruiken, kan de vorm van de wervelkolom veranderen. Deze vormverandering versnelt de slijtage van de tussenwervelschijven.

Het kan een gewoonte zijn geworden om te staan met een holle rug waarbij het bovenlichaam achterover-hangt. Of je bent gewoon om met gebogen schouders te lopen of om steevast onderuitgezakt op een stoel te zitten. Meestal zijn mensen zich niet bewust van hun slechte houding en beseffen ze dit pas als ze rug-klachten krijgen.

Enkele aandachtspunten voor een goede lichaamshouding zijn:

1 een goede staande houding.
- Verdeel je gewicht over beide voeten.
- Houd je hoofd en nek recht boven je romp.

2 een goede zithouding.
- Sta met beide voeten op de grond.
- Zit achteraan op de stoel.
- Zit met de onderrug tegen de leuning van de stoel.
- Bij voorkeur heb je een stoel die aangepast is aan de holle rug.
- Ontspan je schouders tijdens het zitten.

Fig. 9.52 Slechte (A) en goede (B) staande houding

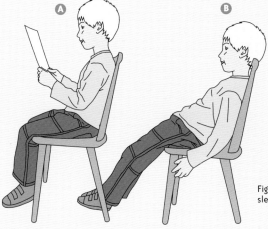

Fig. 9.53 Goede (A) en slechte (B) zithouding

3 een goede lig- en slaaphouding.
- Lig bij voorkeur op je zij of op je rug in plaats van op je buik.
- De rug moet goed ondersteund worden.

4 lasten dragen of optillen op de juiste manier.
Als je tilt, trekt of duwt, doe je dat met gebogen benen. Daardoor is de kans dat de wervelkolom in de juiste houding blijft, groter.

Fig. 9.54 Goede (A) en slechte (B) manier om lasten op te tillen

6 Informatieverwerking in de hersenen

6.1 Hersencentra

Op de meeste prikkels reageren we pas na verwerking van de informatie in de hersenen. Je weet al dat receptoren prikkels omvormen tot impulsen. Die kunnen via sensorische neuronen (en schakelneuronen) de hersenen bereiken. Afhankelijk van de plaats in je lichaam waar een prikkel wordt geregistreerd, zal een welbepaalde plaats in de hersenschors de impuls ontvangen en verwerken.

Men is erin geslaagd vrij nauwkeurig de **gebieden in de hersenschors**, waar **specifieke hersenfuncties** plaatsgrijpen, te lokaliseren. Dat heeft men kunnen vaststellen door verschillende gebieden **elektrisch** te **prikkelen**. Een elektrische prikkel op een welbepaalde plaats in de hersenschors lokt een specifieke reactie uit.

Een **hersencentrum (-zone of -veld)** is een bepaald hersenschorsgebied dat bestaat uit een **groep cellichamen van neuronen** die de informatie van bepaalde receptoren verwerken of de activiteiten van bepaalde effectoren regelen.

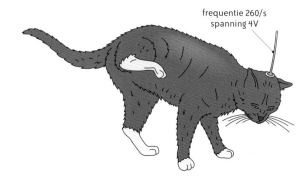

frequentie 260/s
spanning 4V

Fig. 9.55 Deze kat tilt haar rechterachterpoot op wanneer een bepaald gebied in de linkerhersenschors geprikkeld wordt.

Beschadiging van een bepaalde zone in de hersenschors geeft een verstoring van de functie, die door de zone wordt uitgeoefend. Iemand met volkomen normale ogen kan blind zijn omdat bijvoorbeeld het gezichtscentrum in de hersenen, verantwoordelijk voor het verwerken van lichtprikkels, beschadigd is.

Men kan de **hersenactiviteit onderzoeken** door veranderingen in de elektrische activiteit van de neuronen in de hersenschors gedurende een bepaalde tijd te registreren. Dat gebeurt door middel van een **elektro-encefalogram**, afgekort **EEG**.

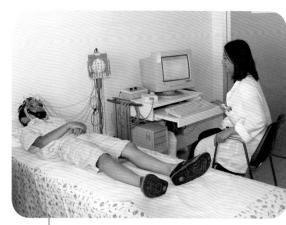

Fig. 9.56 Het nemen van een EEG: via elektroden op het hoofd wordt de elektrische activiteit van de hersenschors geregistreerd.

6.2 Centra in de grote hersenen

Het is hier niet de bedoeling een opsomming te geven van alle hersencentra, noch hun ligging en functies in detail te bespreken. Wel willen we aan de hand van enkele concrete voorbeelden de rol van hersencentra voor zintuiglijke waarneming en voor beweging illustreren. Deze schorsgebieden zorgen ervoor dat we ons **bewust** zijn van wat we waarnemen en hoe we reageren.

6.2.1 Motorische centra

De schorsgebieden in de linker- en rechterhemisfeer die in de voorhoofdslob **net voor de groef van Rolando** liggen, maken **beweging** of **motoriek** mogelijk. Ze **activeren** de spieren en worden de **primaire motorische centra** genoemd.

Elektrische prikkeling van een welbepaalde plaats in het motorisch schorsgebied veroorzaakt contractie van welbepaalde spieren in de tegengestelde lichaamshelft. Als je die hersenschors iets verderop prikkelt, reageren andere spieren. Daaruit kunnen we besluiten dat elke spier met een goed gelokaliseerd punt in het **motorisch centrum** verbonden is. De neuronen die voor die verbinding instaan, zijn **motorische neuronen**.

Na talloze prikkelexperimenten (bij hersenpatiënten) is men erin geslaagd alle **deelgebieden van de motorische hersenschors** met hun specifieke spieren in kaart te brengen. Ze stellen het **'motorisch mannetje'** in de grote hersenen voor.

Fig. 9.57 Primaire motorische centra
A Zijaanzicht van de linkerhemisfeer met situering van de primaire motorische centra. Neuronen in deze centra geven impulsen aan de spieren van de rechterlichaamshelft.
B Frontale doorsnede van de linkerhemisfeer ter hoogte van de stippellijn in A
C Motorisch mannetje gesitueerd op de frontale doorsnede van de linkerhemisfeer

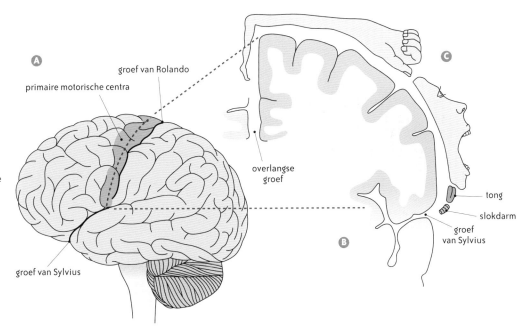

De **eigenaardige verhoudingen van het motorisch mannetje** vallen meteen op. Zo wordt de romp door een erg klein schorsgebied vertegenwoordigd, terwijl de hand en het gelaat uitzonderlijk grote centra in beslag nemen. Dat heeft alles te maken met de **mate van nauwkeurigheid** waarmee de betreffende spieren kunnen bewegen. Uit de figuur kun je afleiden dat hand- en tongspieren de grootste beweeglijkheid hebben.

De **secundaire motorische centra** bestrijken een heel groot schorsgebied in de voorhoofdslob net voor de primaire motorische centra. Ze vormen het **geheugen van onze motorische vaardigheden**. Hier wordt opgeslagen hoe we een lay-up moeten maken of hoe we piano spelen, typen en schrijven.

Voorbeelden van secundaire motorische centra zijn:
- het **motorisch spraakcentrum** of het **centrum van Broca**. Dit centrum coördineert de werking van de **spieren die betrokken zijn bij de spraak**. Opvallend is dat het spraakcentrum zich slechts in één van de twee hemisferen bevindt. Bij de meeste mensen is dat de linkerhemisfeer.
- het **schrijf- of grafisch centrum** dat de werking van de **spieren voor het schrijven** coördineert. Bij rechtshandigen ligt dat centrum in de linkerhemisfeer; bij linkshandigen in de rechterhemisfeer.

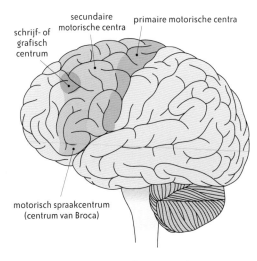

Fig. 9.58 Primaire en secundaire motorische centra van de grote hersenen

We illustreren de **samenwerking tussen primaire en secundaire motorische centra** met een voorbeeld.

Impulsen die je vingers sturen wanneer je piano speelt, ontstaan in de secundaire motorische centra. Daar ligt immers het motorisch geheugen voor onze motorische vaardigheden. Vanuit deze centra vertrekken impulsen naar de primaire motorische centra, die de impulsen doorgeven aan de vingerspieren. Deze effectoren voeren de beweging uit.

6.2.2 Sensorische centra

Nagenoeg alle schorsgebieden in de linker- en rechterhemisfeer achter de groef van Rolando en net onder de groef van Sylvius hebben te maken met **zintuiglijke gewaarwording** of **sensoriek**.

De gebieden die de zintuiglijke waarneming mogelijk maken, noemen we de **primaire sensorische centra**. Zo is er een centrum voor huidgevoeligheid, een gezichtscentrum, een gehoorcentrum, een reukcentrum en een smaakcentrum.

Wordt bij een patiënt de linkerhersenschors achter de groef van Rolando elektrisch geprikkeld, precies achter het primair motorisch centrum van de hand, dan meent hij dat er aan zijn rechterhand wordt gekriebeld. Na nog vele andere prikkelexperimenten is men erin geslaagd de verschillende **deelgebieden van de sensorische hersenschors voor huidgevoeligheid** in kaart te brengen. Ze worden voorgesteld door het **'sensorisch mannetje'**.

Hoe gevoeliger de huid van een bepaald lichaamdeel, hoe groter het sensorisch veld ervan. Zeer gevoelige lichaamsgebieden, zoals de vingertoppen, de lippen en de tong, zijn met zeer veel sensorische neuronen verbonden in die hersengebieden. Lichaamsdelen met een minder grote gevoeligheid, zoals de huid van de armen, de benen en de romp, hebben daar verhoudingsgewijs veel minder neuronen.

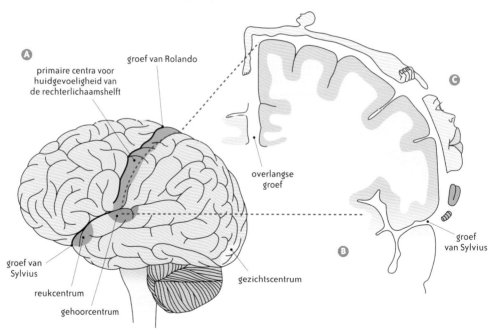

Fig. 9.59 Primaire sensorische centra in de grote hersenen
A Zijaanzicht van de linkerhemisfeer met situering van de primaire sensorische centra
B Frontale doorsnede van de linkerhemisfeer ter hoogte van de stippellijn in A
C Sensorisch mannetje gesitueerd op de frontale doorsnede van de linkerhemisfeer. De neuronen in de primaire centra voor huidgevoeligheid registreren gewaarwordingen in de huid van de rechterlichaamshelft.

Het is niet toevallig dat de primaire motorische en sensorische centra vlak naast elkaar liggen. Hun functies moeten immers zeer goed op elkaar afgestemd zijn: op een zintuiglijke gewaarwording volgt heel dikwijls een beweging. Hoe korter de neuronverbindingen tussen de verschillende hersengebieden, hoe sneller de reactie op een zintuiglijke waarneming kan volgen.

Dat je bepaalde beelden, geluiden, geuren en smaken of een bepaalde manier van aanraking kunt **herkennen**, is mogelijk door **ervaring**. Telkens je een nieuwe ervaring opdoet, wordt een nieuwe zone in de hersenschors aangelegd. Die **herinneringsgebieden** noemen we de **secundaire sensorische centra**. Ze zorgen er dus voor dat je een betekenis kunt geven aan de waarnemingen of dat je ze herkent. Ze liggen allemaal in de buurt van de overeenkomstige primaire sensorische centra.

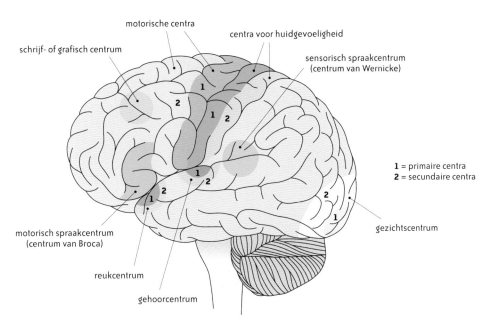

Fig. 9.60 Primaire en secundaire centra in de grote hersenen

Je weet al dat je het centrum van Broca nodig hebt voor de gecoördineerde werking van je spreekspieren (spieren van mond, keel, hals, borst en buik). In de buurt van het primaire gehoorcentrum is er ook een schorsgebied in de wandlob dat een rol speelt bij het begrijpen van wat er gezegd wordt of van wat je leest. Dat is het **sensorisch spraakcentrum** of het **centrum van Wernicke**, waar de **betekenis van de woorden** wordt opgeslagen. Bij het leren van nieuwe talen leg je naast de centra voor je moedertaal ook centra voor die andere talen aan. Net als het centrum van Broca komt het centrum van Wernicke slechts in één hemisfeer voor, meestal de linker.

Enkele voorbeelden illustreren de **samenwerking tussen de primaire en secundaire sensorische centra**:

- Dankzij de primaire sensorische gebieden voor huidgevoeligheid kun je een aanraking waarnemen. Je secundaire gebieden stellen je in staat om die aanraking fijn te vinden, of juist niet.

- Stel dat er in je broekzak naast een huissleutel ook een zakdoek, enkele euromunten en een balpen zitten. Als je er de sleutel wilt uithalen, zal je hand dankzij de primaire sensorische gebieden voor huidgevoeligheid de voorwerpen voelen. Met de secundaire velden zul je weten wat je voelt, zodat je de juiste keuze maakt. Het vastgrijpen zelf is dan weer een functie van de motorische centra.

- Dankzij het primaire gezichtscentrum kun je lichtprikkels waarnemen, maar het secundaire gezichtscentrum geeft een betekenis aan wat je ziet.

6.2.3 Overeenkomsten en verschillen tussen de twee hemisferen

Zowel in de linker- als de rechterhemisfeer komen **overeenkomstige zones** voor met **overeenkomstige functies**. Zo heb je zowel in de linker- als de rechterhersenhelft sensorische centra voor huidgevoeligheid (sensorisch mannetje). De linkerhersenhelft is evenwel verbonden met de rechterlichaamshelft en omgekeerd. Zo zal een vlieg die landt op de rechterhand geregistreerd worden in de sensorische hersenschors van de linkerhemisfeer. Als je de linkerteen wil bewegen, vertrekken er vanuit de motorische hersencentra van de rechterhemisfeer (het motorisch mannetje) impulsen naar spieren in de linkervoet.

Er zijn echter ook **verschillen in functie**. De linkerhemisfeer regelt spraak, taal en inzicht, terwijl de rechterhelft verantwoordelijk is voor ruimtelijke waarnemingen en artistieke begaafdheid.

Via de **hersenbalk** zijn de hemisferen van de grote hersenen met elkaar verbonden. Daardoor kan er informatie van de ene hersenhelft naar de andere worden doorgegeven.

6.2.4 Limbisch systeem

Het limbisch systeem is een geheel van hersengebieden die met elkaar in verbinding staan en zich situeren in het centrum van de hersenen, tussen de hersenschors en de hersenstam. De deelgebieden van het limbisch systeem liggen als een ring rond de hersenholten.
Het limbisch systeem is betrokken bij de **verwerking van emotie, motivatie, genot en het emotioneel geheugen**.

Volgend waar gebeurd verhaal illustreert de betekenis van het limbisch systeem. Bij een dynamietontploffing omstreeks 1868 werd een Engelse spoorwegarbeider ernstig gewond toen hij een ijzeren staaf dwars door zijn voorhoofd kreeg. Hij herstelde van het ongeval, kon daarna zelfs gewoon werken en had geen last van geheugenverlies. Maar in tegenstelling tot vroeger veranderde zijn karakter. Hij gedroeg zich als een kind, kreeg woedeaanvallen als hij zijn zin niet kreeg, was onverschillig en vloekte vreselijk.
Na zijn dood, tien jaar later, onderzocht men zijn hersenen. Men stelde vast dat bepaalde structuren van het limbisch systeem beschadigd waren.

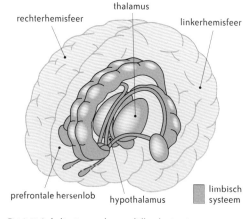

Fig. 9.61 Lokalisatie van de verschillende structuren van het limbisch systeem

Geheugenfunctie en associatiefunctie

Het geheugen is het vermogen om opgedane kennis en ervaringen op te slaan (onthouden) en op te roepen (herinneren). Er zijn twee belangrijke fasen in de geheugenfunctie: het **korte- en langetermijngeheugen**.
Bij het lezen van een onbekend nummer in de telefoongids, ben je dankzij het kortetermijngeheugen in staat het nummer even te onthouden, zodat je het kunt intoetsen. Als je het nummer daarna niet meer nodig hebt, vergeet je het. Als je het telefoonnummer regelmatiger zou gebruiken, wordt het opgeslagen in het langetermijngeheugen. Daardoor kun je het nummer enkele weken later nog herinneren.

Hoe snel feiten en ervaringen in het langetermijngeheugen worden opgeslagen, hangt onder meer af van herhaling (oefening), de emoties bij die ervaringen en hoe je het in verband kunt brengen met al eerder opgeslagen informatie. Dat laatste heeft te maken met de **associatiefunctie** van de hersenen. Iemand die bij een kampvuur staat toe te kijken, doet heel wat zintuiglijke waarnemingen op: hij voelt de hitte, ruikt verbrand materiaal, hoort het knetteren van het vuur en ziet de oranjerode vlammen.
Al die gewaarwordingen komen via afzonderlijke sensorische neuronen in de sensorische centra en worden via andere neuronen verbonden met associatieve schorsgebieden. Later zal het woord kampvuur deze beelden opnieuw oproepen bij die persoon.

Fig. 9.62 De gewaarwordingen en de sfeer bij een kampvuur blijven bij omdat ze opgeslagen worden in de associatieve schorsgebieden.

6.3 Centra in andere hersendelen

6.3.1 Centra in de kleine hersenen

De statoliet- en ampullaorganen in het inwendig oor zijn via neuronen verbonden met het **evenwichtscentrum** in de kleine hersenen.

Andere centra ontvangen impulsen van de motorische hersenschors en impulsen van de proprioreceptoren in spieren en gewrichten over hoe de beweging verloopt. Als antwoord op deze informatie sturen bepaalde centra in de kleine hersenen impulsen terug naar de spieren **om de bewegingen bij te sturen**. Een storing in deze centra kan leiden tot een dronkemansgang.

6.3.2 Centra in de tussenhersenen

- **Centra in de thalamus** vormen met behulp van schakelneuronen het **schakelstation** tussen de meeste sensorische neuronen en de grote hersenen. De impulsen, die ontstaan na prikkeling van receptoren, worden namelijk langs de thalamus naar de juiste sensorische velden in de grote hersenen geleid. De thalamus gaat daarbij **selectief** te werk: bepaalde impulsen (informatie) krijgen voorrang op andere. Op die manier verhindert de thalamus dat de grote hersenen overstelpt worden met zintuiglijke informatie. Nu begrijp je wellicht beter hoe het komt dat je bij het lezen van een spannend boek nauwelijks iets anders ziet of hoort. Door de werking van de thalamus ben je in staat je beter te **concentreren**.

- **Centra in de hypothalamus** beïnvloeden de **afscheiding van hormonen door de hypofyse**. In de hypothalamus komen ook het **dorst-**, het **honger- en** het **temperatuurcentrum** voor.

6.3.3 Centra in de hersenstam

In de hersenstam liggen centra die **automatische lichaamsfuncties** regelen, zoals de ademhaling, de hartslag en de slikreflex. Bij ernstige beschadiging van de hersenstam zal de dood snel intreden.

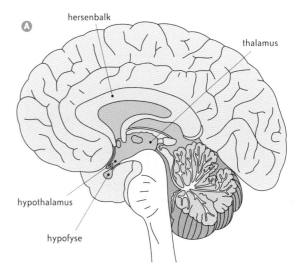

hersenbalk

thalamus

hypothalamus

hypofyse

Fig. 9.63
A De thalamus selecteert welke informatie naar de sensorische hersenschors wordt gestuurd.
B Door de selecterende tussenkomst van de thalamus kunnen we ons concentreren bij het studeren.

7 Zenuwbanen

Het **traject** dat door een **zenuwimpuls** wordt afgelegd, noemen we een **zenuwbaan**. Daarbij zijn verschillende achter elkaar geschakelde neuronen betrokken.

7.1 Traject van een impuls bij een reflex: reflexboog

Een **reflex** is een heel **snelle ongewilde reactie** van het lichaam op een prikkel. Als je bijvoorbeeld een tikje op je kniepees krijgt, schop je automatisch je been een stukje naar voren; vandaar dat we deze reflex de **kniepeesreflex** noemen. Trappen in glasscherven veroorzaakt een **terugtrekreflex**. Een derde voorbeeld van een reflex is de **pupilreflex**. Afhankelijk van de hoeveelheid licht, verandert de pupil van groot naar klein.

Het **traject** dat een impuls bij een reflex aflegt van de plaats van de prikkel (receptor) tot de plaats van reactie (effector), noemen we de **reflexboog**.

De reflexbogen ter hoogte van het hoofd en de hals, zoals de pupilreflex, de slikreflex en de speekselreflex, lopen **via de hersenstam**.
Reflexbogen ter hoogte van de romp en de ledematen (bv. kniepeesreflex) lopen **via het ruggenmerg**.
De **grote hersenen** maken dus **nooit** deel uit van een reflexboog.

Volgende elementen behoren tot de reflexboog: een receptor, een sensorisch neuron, eventueel één of meer schakelneuronen in de hersenstam of het ruggenmerg, een efferent neuron en een effector (spiervezel of kliercel).

Aan de hand van twee voorbeelden nl. de **kniepeesreflex** en de **terugtrekreflex** illustreren we het traject van de impuls bij een reflexboog.

Fig. 9.64 De kniepeesreflex wordt getest.

Fig. 9.65 Trappen in glasscherven veroorzaakt een terugtrekreflex.

- **Kniepeesreflex**

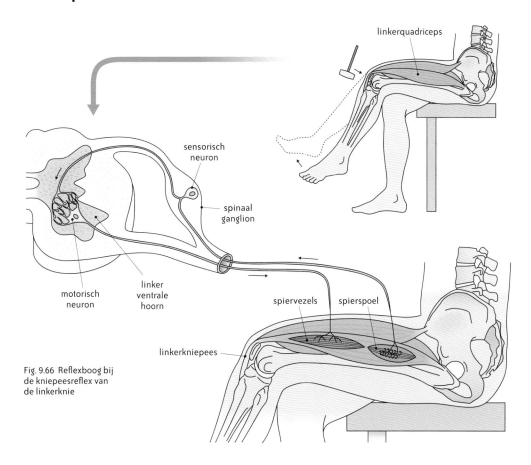

Fig. 9.66 Reflexboog bij
de kniepeesreflex van
de linkerknie

De verschillende **elementen van de kniepeesreflex** kun je als volgt samenvatten:

Prikkel ↓	De prikkel is de rekking van linkerkniepees en spiervezels van de linkerquadriceps (vierhoofdige dijspier) door een tik van de hamer.
Receptor ↓	De receptoren zijn de spierspoelen (proprioreceptoren) van de linkerquadriceps. Hier wordt de prikkel omgevormd tot een impuls.
Conductor ↓	Via twee achter elkaar geschakelde neuronen wordt de impuls van receptor naar effector geleid: • een sensorisch neuron met cellichaam in het linker spinaal ganglion • een motorisch neuron met cellichaam in de linker ventrale hoorn van het ruggenmerg.
Effector ↓	De effectoren zijn de spiervezels van de linkerquadriceps.
Reactie	De reactie is de contractie van de linkerquadriceps waardoor het kniegewricht wordt gestrekt en het linkeronderbeen omhoog wipt.

Eigen aan reflexen is dat de zenuwbaan volledig aan dezelfde kant van het lichaam blijft en de middenlijn van het centraal zenuwstelsel niet kruist. Een impuls die vertrekt aan de linkerquadriceps loopt volledig aan de linkerkant van het ruggenmerg naar de linkerquadriceps.

- **Terugtrekreflex**

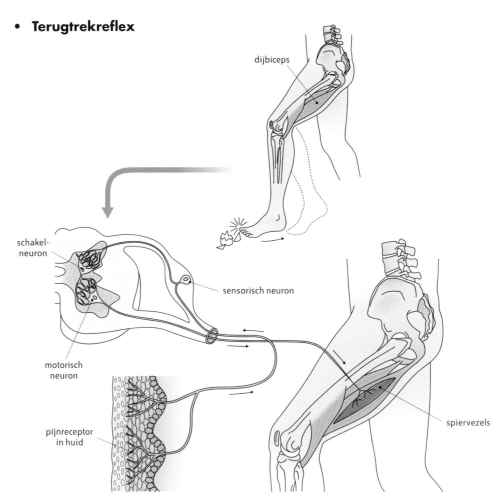

Fig. 9.67 Reflexboog bij de terugtrekreflex van de linkervoet

De verschillende **elementen van de terugtrekreflex** kun je als volgt samenvatten:

Prikkel ↓	De prikkel is een pijnlijke druk op de linker grote teen door het onverwacht trappen op een scherp voorwerp.
Receptor ↓	De pijnreceptoren in de huid van de grote teen registreren de pijnprikkel en vormen die om tot een impuls.
Conductor ↓	Via drie achter elkaar geschakelde neuronen wordt de impuls van receptor naar effector geleid: • een sensorisch neuron met cellichaam in het linker spinaal ganglion • een schakelneuron in de grijze stof van het ruggenmerg • een motorisch neuron met cellichaam in de linker ventrale hoorn van het ruggenmerg.
Effector ↓	De effectoren zijn de spiervezels van de linkerdijbiceps.
Reactie	De reactie is de contractie van de linkerdijbiceps waardoor de linkervoet wordt teruggetrokken.

De reflexboog bij de terugtrekreflex blijft volledig aan dezelfde kant van het lichaam en kruist de middenlijn van het centraal zenuwstelsel niet. Een impuls die vertrekt aan de linker grote teen loopt volledig aan de linkerkant van het ruggenmerg naar de linkerdijbiceps.

7.2 Traject van een impuls bij gewilde bewegingen

Bij gewilde bewegingen vertrekt de impuls uit de motorische hersenschors.
Een gewilde beweging ontstaat bijvoorbeeld wanneer je een bal wilt wegtrappen met je linkervoet. Je kunt de verschillende **elementen van de gewilde beweging** voor het wegtrappen van de bal als volgt samenvatten:

Conductor ↓	Via twee achter elkaar geschakelde neuronen wordt de impuls naar de effector geleid: <ul><li>een motorisch hersenschorsneuron met cellichaam in het motorisch centrum van de quadriceps van de rechterhemisfeer.</li><li>een motorisch ruggenmergneuron met cellichaam in de linker ventrale hoorn van het ruggenmerg.</li></ul>
Effector ↓	De effectoren zijn de spiervezels van de quadriceps.
Reactie	De reactie is een schopbeweging door contractie van de quadriceps.

Uit de zenuwbaan voorgesteld op Fig. 9.68 kun je afleiden dat bij een gewilde beweging de impuls de middenlijn van het centraal zenuwstelsel kruist. Een impuls die vertrekt in de rechterhemisfeer kruist de middenlijn ter hoogte van het verlengde merg om aan te komen bij de linkerquadriceps.

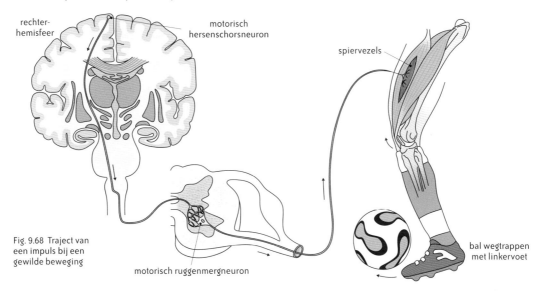

Fig. 9.68 Traject van een impuls bij een gewilde beweging

Een beweging willen uitvoeren volstaat niet altijd om ze te kunnen uitvoeren.
Iemand met een gave motorische hersenschors wiens lendensegmenten van het ruggenmerg verwoest zijn, kan de benen niet meer bewegen.
De impuls die uitgaat van het motorisch centrum in de hersenen bereikt de spieren niet meer, omdat de motorische zenuwbaan onderbroken is.

Fig. 9.69 Onderbreking van de motorische zenuwbaan leidt tot een motorische handicap.

Traject van een impuls
bij een bewuste gewaarwording

In tegenstelling tot een reflex komen bij bewuste gewaarwordingen de grote hersenen wél tussen. De zenuwimpulsen bij bewuste gewaarwordingen komen toe in de **sensorische hersenschors**.

Een balvaste rechtsvoetige dribbelaar moet over veel gevoel in de rechtervoet beschikken.
Je kunt de verschillende **elementen van de bewuste gewaarwording** bij balcontact als volgt samenvatten:

Prikkel ↓	De prikkel is het contact (druk) van de bal tegen de rechtervoet.
Receptor ↓	De receptoren zijn tast- en druklichaampjes in de huid van de rechtervoet die de prikkel omvormen tot een impuls.
Conductor	Via vier achter elkaar geschakelde neuronen wordt de zenuwimpuls naar het sensorisch centrum van de linkerhemisfeer geleid: • een sensorisch neuron met cellichaam in het rechter spinaal ganglion • een schakelneuron in de grijze stof van het ruggenmerg • een schakelneuron in de thalamus • een sensorisch hersenschorsneuron in de linkerhemisfeer. Op het moment dat de impuls in de hersenschors aankomt, is de dribbelaar zich bewust van het balcontact.

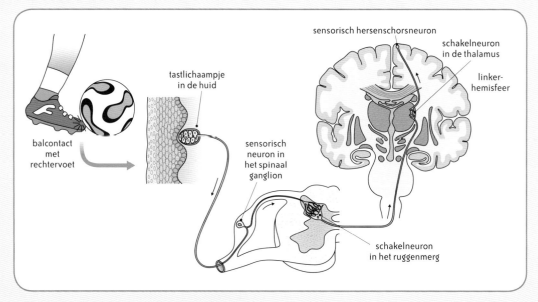

Fig. 9.70 Traject van een impuls bij een bewuste gewaarwording

Elke bewuste gewaarwording verloopt op dezelfde manier. Je bent je bewust van wat je ziet, hoort, ruikt, smaakt of voelt dankzij impulsen die via sensorische neuronen en schakelneuronen de overeenkomstige sensorische centra in de hersenschors bereiken.
Uit de zenuwbaan voorgesteld op Fig. 9.70 kun je afleiden dat bij een bewuste gewaarwording de impuls de middenlijn van het centraal zenuwstelsel kruist. De impuls die vertrekt aan de rechtervoet kruist de middenlijn ter hoogte van het verlengde merg om aan te komen in de linkerhemisfeer.

8 Animaal en autonoom zenuwstelsel

De indeling van het zenuwstelsel in centraal en perifeer zenuwstelsel is alleen gebaseerd op de **bouw** en de **ligging** van de organen (hersenen, ruggenmerg, zenuwen en grens-strengen).

Steunend op de **functies** maken we een onderscheid tussen het animaal en het autonoom zenuwstelsel.
In de biologie bedoelen we met **'animaal' onder invloed van de wil** en met **'autonoom' niet onder invloed van de wil**.

8.1 Animaal zenuwstelsel

Het animaal zenuwstelsel is het deel van het zenuwstelsel dat de **interactie van het individu met de omgeving** mogelijk maakt. Het controleert al onze **bewuste handelingen**, staat in voor de **zintuiglijke waarnemingen** en de verwerking van die informatie.
Het is de zetel van het verstand, het geheugen, de wil en het bewustzijn.

De structuren die instaan voor de werking van het animaal zenuwstelsel zijn de **grote** en de **kleine hersenen**, het **ruggenmerg**, de **sensorische** en de **motorische zenuwen**.

De effectoren die door het animaal zenuwstelsel worden bestuurd, zijn de **skeletspieren**.

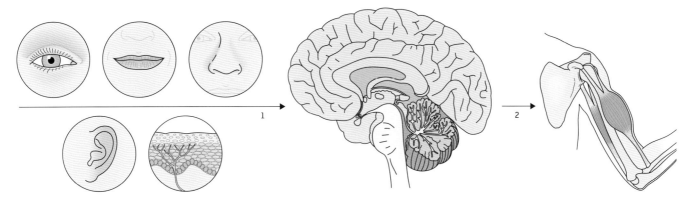

Fig. 9.71 Functies van het animaal zenuwstelsel
1 Aanvoer van impulsen vanuit de receptoren via sensorische neuronen naar de sensorische centra
2 Afvoer van impulsen vanuit de motorische centra naar skeletspieren

8.2 Autonoom zenuwstelsel

Het autonoom zenuwstelsel controleert binnenin het individu alle onbewuste levensprocessen, waarop **de wil geen vat** heeft.

Het autonoom zenuwstelsel **functioneert onafhankelijk van de hersenschors**. De neuronen liggen in de **hersenstam** (o.a. in het verlengde merg) en het **ruggenmerg**. Ze regelen de werking van hart, bloedvaten, ademhalingsorganen, nieren, darmen, geslachtsorganen en klieren.

De **effectoren** die door het autonoom zenuwstelsel worden bestuurd, zijn de **gladde spieren**, de **hartspier** en de **klieren**.

Het autonoom zenuwstelsel bestaat uit twee systemen die een tegengestelde of **antagonistische werking** hebben: het **sympathisch** en het **parasympathisch zenuwstelsel**.

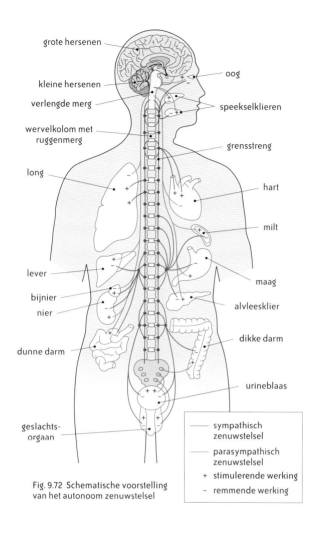

Fig. 9.72 Schematische voorstelling van het autonoom zenuwstelsel

8.2.1 Sympathisch zenuwstelsel

Het sympathisch zenuwstelsel treedt in werking **wanneer je uiterlijk actief bent**, bijvoorbeeld als je sport. Het **stimuleert** de hartactiviteit en de ademhaling, het verhoogt de bloedsuikerspiegel (glucosegehalte in je bloed) en de spierspanning en het verwijdt de bloedvaten naar de skeletspieren. Het sympathisch zenuwstelsel zal bijvoorbeeld geactiveerd worden als je het op een lopen zet voor een hond die achter je aanzit.
Het sympathisch zenuwstelsel remt daarentegen processen, zoals spijsvertering en urinevorming.

De impulsen voor het sympathisch zenuwstelsel vertrekken uit het **ruggenmerg** en bereiken de twee **grensstrengen**. Van daaruit worden de impulsen via zenuwen naar de organen geleid die moeten worden beïnvloed. Hier en daar vormen de vertakkingen van die zenuwen een dicht netwerk van zenuwknopen.

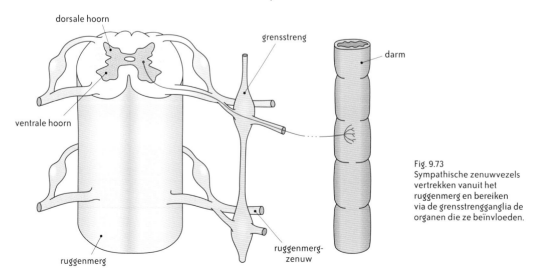

Fig. 9.73
Sympathische zenuwvezels vertrekken vanuit het ruggenmerg en bereiken via de grensstrengganglia de organen die ze beïnvloeden.

8.2.2 Parasympathisch zenuwstelsel

Het parasympathisch zenuwstelsel **brengt het lichaam** na een inspanning **terug tot de normale rusttoestand**. Enerzijds **stimuleert** het parasympathisch zenuwstelsel stofwisselingsprocessen, zoals spijsvertering en urinevorming. Anderzijds **vertraagt** het de hartactiviteit en de ademhaling en **remt** het de werking van de skeletspieren.

De impulsen van het parasympathisch zenuwstelsel worden in hoofdzaak geleid via de **zwervende zenuw**, die ontspringt in de hersenstam, en via de **bekkenzenuw**, die uit het ruggenmerg vertrekt. De vertakkingen van die twee zenuwen lopen naar alle organen die ook door het sympathisch zenuwstelsel beïnvloed worden.

8.2.3 Antagonistische werking van sympathisch en parasympathisch zenuwstelsel

Als het sympathisch zenuwstelsel de werking van een orgaan stimuleert, wordt gelijktijdig de remmende werking van het parasympathisch zenuwstelsel geneutraliseerd. Omgekeerd zal, wanneer een orgaan aan rust toe is, de remmende werking van het parasympathisch zenuwstelsel toenemen en zal gelijktijdig de activiteit van het sympathisch zenuwstelsel afnemen. Op die manier kan elk orgaan op elk moment optimaal functioneren. Beide systemen, die een tegengestelde of antagonistische invloed uitoefenen op de organen, zijn in hun werking **nauwkeurig op elkaar afgesteld**.

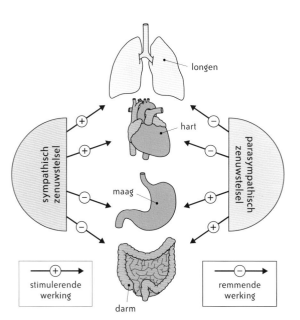

Fig. 9.74 Antagonistische werking van het sympathisch en parasympathisch zenuwstelsel op enkele organen

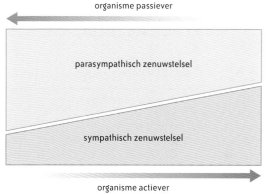

Fig. 9.75 De werking van het sympathisch en parasympathisch systeem is nauwkeurig op elkaar afgestemd: als je actiever wordt, neemt de sympathische invloed toe en de parasympathische invloed af. Het omgekeerde gebeurt als je passiever wordt.

Bouw en functie van het zenuwstelsel
Samenvatting

1   Het zenuwstelsel als conductor

Het zenuwstelsel vormt de schakel tussen receptoren en effectoren. Daarom noemen we het zenuwstelsel een **conductor** of geleider omdat het **informatie in het lichaam doorgeeft** en een **coördinerende functie** vervult.

2   Indeling van het zenuwstelsel

indeling gebaseerd op de bouw en de ligging van de organen	indeling gebaseerd op de functie
• centraal zenuwstelsel • perifeer zenuwstelsel	• animaal zenuwstelsel • autonoom zenuwstelsel

3   Cellen van het zenuwstelsel

3.1   Neuronen

bouw van een neuron

• Een neuron bestaat uit een **cellichaam** met uitlopers nl.
    – **dendrieten**: vervoeren impulsen naar het cellichaam toe
    – **axon** met myelineschede en eindigend op eindknopjes: vervoert impulsen van het cellichaam weg.
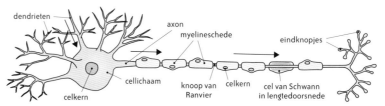

soorten neuronen volgens de richting van de impuls
• **afferente (aanvoerende) neuronen = sensorische neuronen**: geleiden impulsen van de receptor naar het centraal zenuwstelsel. • **efferente (afvoerende) neuronen**: geleiden impulsen van het centraal zenuwstelsel naar een effector. • **schakelneuronen**: geleiden impulsen binnen het centraal zenuwstelsel.
verband tussen neuron en zenuw
Een zenuw bestaat uit zenuwbundels van lange, parallel naast elkaar lopende, gemyeliniseerde zenuwvezels.
verband tussen neuron en witte stof en grijze stof
• Witte stof komt overeen met myeline rond zenuwvezels in zenuwbundels en zenuwen. • Grijze stof komt overeen met niet-gemyeliniseerde delen van neuronen, zoals de cellichamen en meestal ook de dendrieten.

3.2 Steuncellen

cellen van Schwann	gliacellen
• steuncellen in het **perifeer zenuwstelsel** • vormen de myelineschede rond de zenuwvezels → impulsgeleiding verbeteren en zenuwvezels isoleren	• steuncellen in het **centraal zenuwstelsel** • houden neuronen bij elkaar en op hun plaats • beschermen en isoleren neuronen • ruimen beschadigde of dode neuronen op • voorzien neuronen van voedingsstoffen en zuurstofgas en verwijderen afvalstoffen ervan

4 Informatieoverdracht via neuronen

4.1 Impulsgeleiding binnen het neuron

neuron in rustfase	neuron in actiefase	neuron in herstelfase
• stuurt geen impuls door • celmembraan: binnenzijde negatief en buitenzijde positief geladen = **rustpotentiaal**	• bij voldoende sterke prikkel • celmembraan: ionenverplaatsing waardoor binnenzijde positief en buitenzijde negatief geladen = depolarisatie en **actiepotentiaal** ↓ elektrisch signaal = **zenuwimpuls** ↓ impulsgeleiding binnen het neuron	• terugkeer naar de rustfase • celmembraan: nieuwe ionenverplaatsing waardoor binnenzijde negatief en buitenzijde positief geladen = **rustpotentiaal**

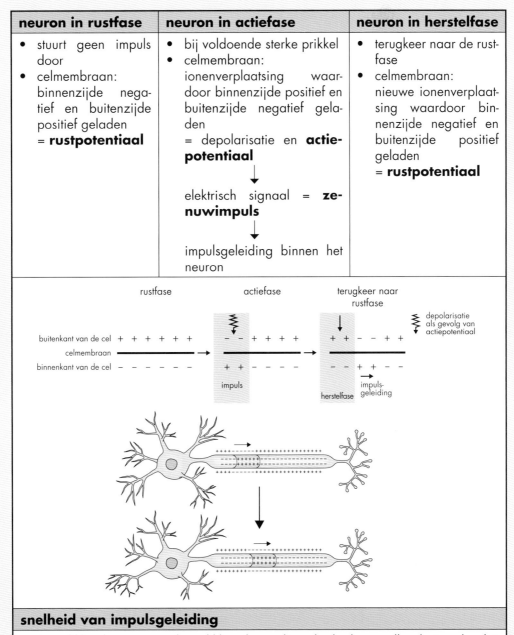

snelheid van impulsgeleiding
• hoe dikker het axon en hoe dikker de myelineschede, hoe sneller de impulsgeleiding • sprongsgewijze impulsgeleiding van knoop tot knoop van Ranvier

4.2 Impulsoverdracht tussen neuronen

- Impulsoverdracht tussen neuronen gebeurt aan een **synaps**.
- Het **elektrisch signaal** (zenuwimpuls) wordt **overgedragen** op de aansluitende cel. Dat gebeurt met een **chemisch signaal**, nl. met een **neurotransmitter** en verloopt als volgt:

1 De impuls bereikt het membraan van de eindknopjes.

↓

2 Neurotransmitter komt vrij uit de synaptische blaasjes en belandt in de synaptische spleet.

↓

3 Neurotransmitter bindt zich aan specifieke membraanreceptoren in het membraan van het aansluitend neuron. Deze binding is een chemisch signaal.

↓

4 Het chemisch signaal veroorzaakt een ladingsverandering in het membraan van de dendriet en leidt zo tot een nieuw elektrisch signaal (impuls).

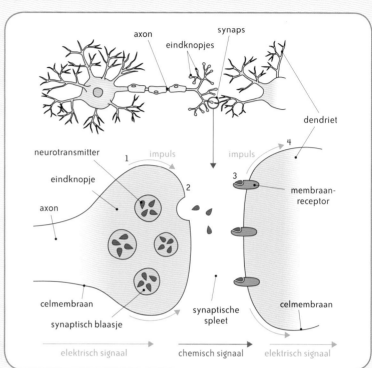

4.3 Invloed van drugs op neurotransmissie

Sommige drugs bevatten **moleculen die gelijken op de normale neurotransmitters**. Daardoor kunnen ze de membraanreceptoren van de neuronen beïnvloeden. Ze werken soms stimulerend, soms remmend en soms verstorend op de neurotransmissie.

4.4 Impulsoverdracht van receptor naar sensorisch neuron

Een **receptor** vormt een **synaps** met een **sensorisch neuron** waarbij de impulsoverdracht in de volgende stappen plaatsvindt:

1 De receptor (bv. haarcel) wordt geprikkeld.

↓

2 In de receptor ontstaat een impuls.

↓

3 Neurotransmitter van de receptor wordt vrijgegeven in de synaptische spleet.

↓

4 Neurotransmitter bindt aan de membraanreceptor van de dendriet.

↓

5 Een ladingsverandering in het membraan van de dendriet leidt tot een nieuw elektrisch signaal (impuls) in het sensorisch neuron.

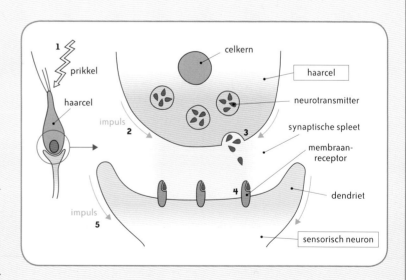

4.5 Impulsoverdracht van motorisch neuron naar spier

- Een motorisch neuron stuurt impulsen naar meer dan één spiervezel.
- De synaps, gevormd door het uiteinde van het axon en de aansluitende spiervezel, wordt **motorische eindplaat** genoemd.
- De impulsoverdracht aan de **synaps** verloopt op dezelfde manier als tussen 2 neuronen.
- De spiervezel beantwoordt het elektrisch signaal met een **spiercontractie**.

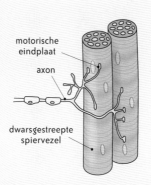

5 Centraal en perifeer zenuwstelsel

5.1 Bouw van het centraal zenuwstelsel

- **Hersenen**

- **Ruggenmerg**

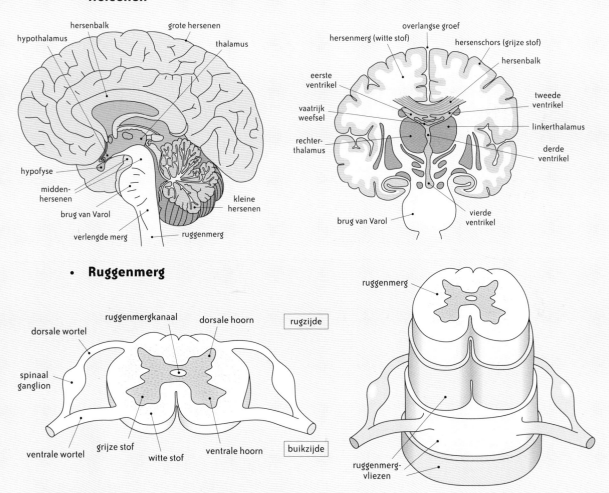

5.2 Bouw van het perifeer zenuwstelsel

- **12 paar hersenzenuwen**: ze ontspringen aan de hersenstam en staan in verbinding met de zintuigen en de spieren van het hoofd, behalve de zwervende zenuw (hersenzenuw X), die verbonden is met organen in de romp.
- **31 paar ruggenmergzenuwen**: ze vertrekken vanuit het ruggenmerg en vertakken tot fijnere zenuwen die tot de verste uithoeken van ons lichaam reiken.
- **2 grensstrengen**: aan weerszijden van de wervelkolom lopen 2 strengen met zenuwknopen (grensstrengganglia) die het ruggenmerg via zenuwen verbinden met de inwendige organen.

6   Informatieverwerking in de hersenen

Hersencentra bestaan uit een **groep cellichamen van neuronen** die de impulsen van bepaalde receptoren verwerken of de activiteiten van bepaalde effectoren regelen.

centra in de grote hersenen

motorische centra in de hersenschors

- **Primaire motorische centra** (motorisch mannetje) activeren de spieren.
- **Secundaire motorische centra** vormen het geheugen van de motorische vaardigheden.
- Het **motorisch spraakcentrum (centrum van Broca)** coördineert de werking van de spieren die betrokken zijn bij de spraak.
- Het **schrijf- of grafisch centrum** coördineert de werking van de spieren voor het schrijven en tekenen.

sensorische centra in de hersenschors

- **Primaire sensorische centra** registreren zintuiglijke gewaarwordingen:
    - centra voor huidgevoeligheid (sensorisch mannetje)
    - gezichtscentrum
    - gehoorcentrum
    - reukcentrum
    - smaakcentrum.
- **Secundaire sensorische centra** zorgen voor het herkennen van de zintuiglijke waarnemingen.
- In het **sensorisch spraakcentrum (centrum van Wernicke)** wordt de betekenis van de woorden opgeslagen.

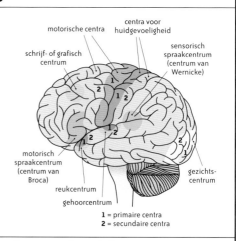

overeenkomsten en verschillen tussen de twee hemisferen

- Zowel in linker- als in rechterhemisfeer: overeenkomstige zones hebben overeenkomstige functies.
- Alleen in de linkerhemisfeer: motorische en sensorische spraakcentra (centrum van Broca en Wernicke) en meestal het schrijfcentrum.

limbisch systeem

- geheel van hersencentra gelegen in een ring rond de hersenventrikels
- betrokken bij de verwerking van emotie, motivatie, genot en het emotioneel geheugen

centra in andere hersendelen

centra in de kleine hersenen

- evenwichtscentrum om impulsen van statoliet- en ampullaorganen te verwerken
- centra voor het bijsturen van bewegingen om nauwkeuriger te bewegen

centra in de tussenhersenen

- Centra in de thalamus vormen een schakelstation tussen sensorische neuronen en de grote hersenen waardoor ze zintuiglijke informatie kunnen selecteren.
- Centra in de hypothalamus beïnvloeden de afscheiding van hormonen door de hypofyse, regelen de lichaamstemperatuur en maken ons bewust van honger en dorst.

centra in de hersenstam

Het zijn centra die automatische lichaamsfuncties regelen, zoals de ademhaling, de hartslag en de slikreflex.

7 Zenuwbanen

Een **zenuwbaan** is het traject dat door een zenuwimpuls wordt afgelegd vanaf de receptor tot aan de effector.

traject van een impuls bij een reflex: reflexboog	traject van een impuls bij een gewilde beweging
• De reflexboog loopt via de hersenstam of het ruggenmerg, nooit via de grote hersenen. • De reflexboog blijft volledig aan dezelfde kant van het lichaam en kruist de middenlijn van het centraal zenuwstelsel niet.	• De zenuwbaan loopt altijd via de grote hersenen. • De zenuwbaan kruist de middenlijn van het centraal zenuwstelsel.
receptor die prikkel opvangt ↓ impuls ↓ sensorisch neuron ↓ eventueel schakelneuron in ruggenmerg of hersenstam ↓ motorisch neuron ↓ spier	motorisch centrum in de hersenschors ↓ impuls ↓ motorisch hersenschorsneuron ↓ motorisch ruggenmergneuron ↓ spier

8 Animaal en autonoom zenuwstelsel

animaal zenuwstelsel	autonoom zenuwstelsel
regelt de interactie tussen het individu en zijn omgeving	controleert alle onbewuste levensprocessen binnen het individu
staat onder invloed van de wil	staat niet onder invloed van de wil
bestuurt de skeletspieren	• regelt de werking van de inwendige organen • bestuurt de gladde spieren, de hartspier en de klieren

omvat:
• centra in grote en kleine hersenen
• ruggenmerg
• sensorische en motorische zenuwen
	• omvat centra in hersenstam en ruggenmerg
	• bestaat uit het **sympathisch** en **parasympathisch zenuwstelsel** die een antagonistische werking hebben:
	  – sympathisch zenuwstelsel om actief te zijn
	  – parasympathisch zenuwstelsel om het lichaam tot rust te brengen.

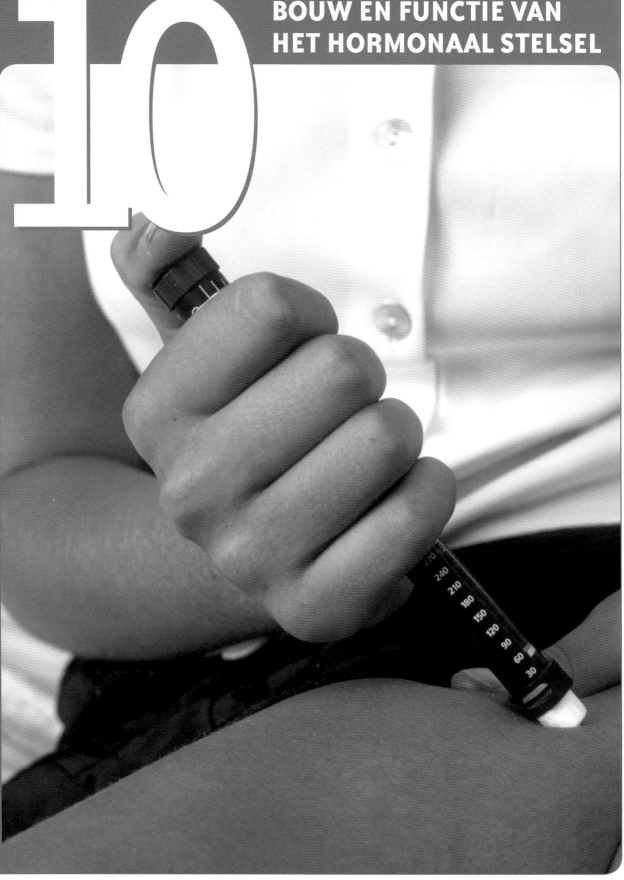

THEMA

10

BOUW EN FUNCTIE VAN HET HORMONAAL STELSEL

INHOUD

Waarover gaat dit thema?

Samen met het zenuwstelsel staat het **endocrien** of **hormonaal stelsel** in voor het **vervoeren van informatie**, en maakt het daarom deel uit van de **conductoren** van ons lichaam.

Voor de **bouw** van het hormonaal stelsel grijpen we gedeeltelijk terug naar thema 8 waarin we de bouw van endocriene klieren hebben besproken.

In dit thema bespreken we hoe specifieke lichaamscellen gevoelig zijn voor welbepaalde hormonen.

Naar hun **functie** zijn hormonen niet alleen **chemische boodschappers** maar ook **regelende stoffen**, die ervoor zorgen dat ons lichaam op de gepaste manier functioneert en reageert.

We bespreken twee regelsystemen op basis van **negatieve terugkoppeling**: de regeling van het glucosegehalte in het bloed en de regeling van het calciumgehalte in het bloed.

Het doel van de regelsystemen is de **homeostase** in het lichaam bewaken, zodat het inwendig milieu, waarvan het bloed deel uitmaakt, zo constant mogelijk wordt gehouden.

1 Het hormonaal stelsel als conductor

Wanneer je in een gevaarlijke situatie terechtkomt, kun je heel veel kracht opbrengen om je daaruit te werken. Je wordt geprikkeld door angst en mogelijk ook pijn, en de reactie daarop is het opdrijven van de energieproductie in de spieren. Deze effectoren ontvangen daarbij niet alleen signalen via neuronen, maar ook signalen via het bloed. In de aangehaalde situatie is de **signaalstof** het hormoon adrenaline, afkomstig van de bijnier.

Nadat je in veiligheid bent gebracht, voel je nog een tijdlang een verhoogde hartslag: adrenaline blijft nog even nawerken.

Het voorbeeld toont aan dat het hormonaal stelsel fungeert als geleider of **conductor** van informatie in ons lichaam.

Zoals we in thema 9 gezien hebben, is ook het zenuwstelsel een conductor. Toch zijn er enkele opvallende **verschillen in informatieoverdracht door het zenuwstelsel en het hormonaal stelsel**.

Fig. 10.1 Angst voor de stier veroorzaakt bij deze man een hoge adrenalineproductie waardoor hij een extra krachtinspanning kan leveren om te ontkomen aan het gevaar.

	zenuwstelsel	hormonaal stelsel
aard van het signaal	• elektrisch signaal via impulsgeleiding in een neuron • chemisch signaal via neurotransmissie	chemisch signaal via hormonen in het bloed
snelheid van het signaal	heel snel	trager
effect van het signaal	van korte duur	van langere duur
eindbestemming of doelwit voor het signaal	alle cellen die in contact staan met het neuron	alle cellen die gevoelig zijn voor het hormoon

Het woord **'hormonen'** is afkomstig van het Griekse woord *'horman'*, dat aandrijfstoffen betekent. Hormonen zijn stoffen die zowel een **stimulerende** als een **remmende invloed** op organen en weefsels kunnen hebben. Ze beïnvloeden ook het gedrag en emoties.

Hormonen zijn moleculen met een specifieke werking op één of meer organen. Ze worden gemaakt in **endocriene weefsels** en vervoerd via de bloedbaan. Daarom noemen we het hormonaal stelsel ook het **endocrien stelsel**.

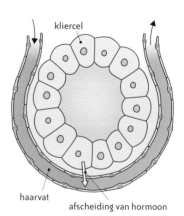

Fig. 10.2 Endocrien klierweefsel scheidt hormonen af in het bloed.

Endocrien weefsel kan

- voorkomen als een **volledig orgaan** bv. de bijnier.

- **deel uitmaken van een orgaan**, bv. de eilandjes van Langerhans in de alvlees-klier.

- bestaan uit **hormoonproducerende cellen** die **verspreid** liggen **in bepaalde weefsels**. Hormonen die door zulke 'individuele' cellen worden gemaakt, noemen we **weefselhormonen**.
  Een voorbeeld van een weefselhormoon is epo (erytropoëtine), dat door bepaalde cellen in de nieren wordt gemaakt. Dat gebeurt wanneer het zuurstofgehalte in het bloed te laag is. Epo bevordert in het rode beenmerg de aanmaak van rode bloedcellen.

Voor elk hormoon is het zo dat de **aanwezigheid in het bloed slechts tijdelijk** is. In de lever en de nieren worden hormonen, die via het bloed aangevoerd worden, continu afgebroken.

2 Gevoeligheid van cellen voor hormonen

In thema 8 heb je geleerd dat **hormonen signaal-stoffen** of **signaalmoleculen** zijn. In het menselijk lichaam komen meer dan vijftig verschillende hormonen voor. In het bloed circuleren er op hetzelfde moment moleculen van verschillende hormonen die alle delen van het lichaam bereiken. Hoe is het dan mogelijk dat een welbepaald hormoon op de juiste plaats in het lichaam zijn signaalfunctie kan uitvoeren? Hoe kan bijvoorbeeld het schildklierstimulerend hormoon, dat door de hypofyse wordt geproduceerd en vrijgegeven aan het bloed, enkel en alleen de schildklier stimuleren?
Een hormoon zal bij cellen slechts een reactie uitlokken als deze cellen voor dat hormoon **gevoelig** zijn. Dergelijke hormoongevoelige cellen worden de **doelwitcellen** van dat hormoon genoemd.

Je kan je nu afvragen op welke manier een doelwitcel de moleculen van hormonen herkent.
In het celmembraan van doelwitcellen komen **membraanreceptoren** voor. Dat zijn moleculen die precies passen bij de moleculestructuur van een bepaald hormoon. Vergelijk het met een sleutel die door zijn specifieke vorm in een welbepaald slot past.

Zodra het hormoon langs het celmembraan van de doelwitcel passeert, gaat het een **binding met de membraanreceptor** aan. Vanaf het ogenblik dat die binding gerealiseerd is, wordt de doelwitcel beïnvloed en volgt er een reactie van de cel.

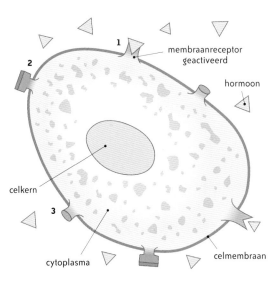

Fig. 10.3 Doelwitcel met specifieke membraanreceptoren 1, 2 en 3. Alleen aan membraanreceptor 1 kan het gegeven hormoon binden en een reactie uitlokken bij de doelwitcel. Bij membraanreceptoren 2 en 3 horen hormonen met een andere moleculestructuur.

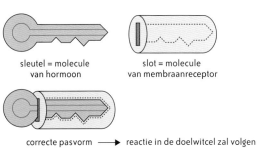

Fig. 10.4 Sleutel-slotmodel tussen hormoon en membraanreceptor

3 Voorbeelden van hormonale klieren en de functie van hun hormonen

Het zou ons in dit thema te ver leiden als we alle hormonale klieren en hun hormonen zouden bespreken. In de volgende tabel zijn een aantal belangrijke endocriene klieren opgenomen. De functies van hun hormonen geven je al enig idee van de **regelende invloed van het hormonaal stelsel** op het goed functioneren van je lichaam. In punt 4 zullen we met enkele voorbeelden deze regelende invloed meer uitvoerig bespreken.

hormoonklier	hormoon	functie van het hormoon
hypofyse	groeihormoon	• stimuleert de celstofwisseling van alle weefsels. • bevordert de lichaamsgroei door celdeling en celgroei te activeren.
	prolactine	• bevordert de ontwikkeling van borstklierweefsel. • stimuleert de melkproductie als er na de bevalling borstvoeding wordt gegeven.
	schildklierstimulerend hormoon (TSH)	zet de schildklier aan tot productie van schildklierhormoon thyroxine (TH).
	follikelstimulerend hormoon (FSH)	• stimuleert bij de vrouw de follikelgroei en eicelrijping en zet de eierstok aan tot secretie van oestrogeen. • stimuleert bij de man de vorming van zaadcellen in de teelballen.
	luteïniserend hormoon (LH)	• stimuleert bij de vrouw de eisprong en de omvorming van de opengebarsten follikel in een geel lichaam. • bevordert de secretie van geslachtshormonen door de eierstokken en de teelballen.

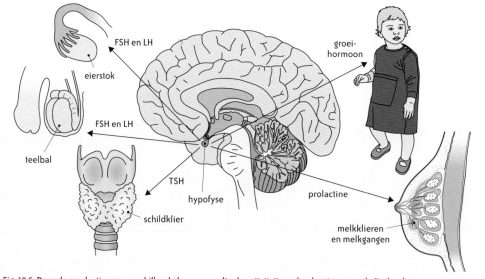

Fig. 10.5 Door de productie van verschillende hormonen die de activiteit van heel wat organen beïnvloeden, wordt de hypofyse ook wel de centrale klier in het hormonaal stelsel genoemd.

hormoonklier	hormoon	functie van het hormoon
schildklier	thyroxine (TH)	regelt de intensiteit van de stofwisseling en de celgroei.
eilandjes van Langerhans in de alvleesklier	insuline	• stimuleert lichaamscellen tot opname van glucose uit het bloed bij een te hoge bloed-suikerwaarde. • stimuleert lever- en spiercellen tot omzetting van glucose in glycogeen (reservesuiker).
	glucagon	stimuleert in de lever en de spieren de omzet-ting van glycogeen tot glucose als de bloed-suikerwaarde te laag is.

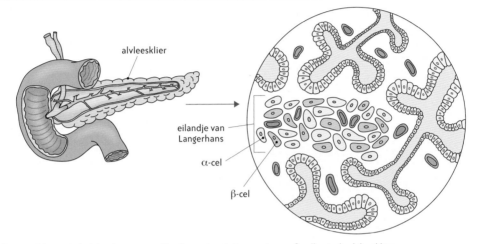

Fig. 10.6 Schematische tekening van een eilandje van Langerhans met α- en β-cellen in de alvleesklier

bijnier 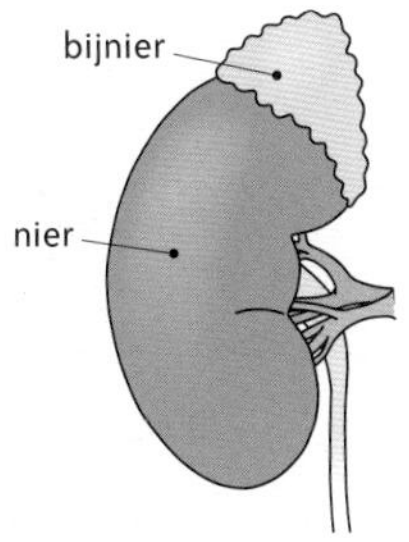	adrenaline	stelt het lichaam in staat zich aan te passen aan een acute stresssituatie (zie thema 11) en bereidt het lichaam voor op snelle reactie door • verhoging van hart- en ademhalingsfre-quentie • stijging van het glucosegehalte in het bloed • verhoogde bloedtoevoer naar het hart, de spieren en de hersenen.
eierstokken	oestrogeen	• stimuleert de ontwikkeling van de vrou-welijke geslachtsorganen, de secundaire geslachtskenmerken en beïnvloedt het ge-drag. • bevordert de aangroei van het baarmoe-derslijmvlies tijdens de menstruatiecyclus.
	progesteron	bereidt het baarmoederslijmvlies voor op de eventuele innesteling van het embryo en helpt de zwangerschap onderhouden.
teelballen	testosteron	• stimuleert de ontwikkeling van de man-nelijke geslachtsorganen, de secundaire geslachtskenmerken en beïnvloedt het ge-drag. • bevordert de aanmaak van zaadcellen.

Fig. 10.7 De bijnier ligt als een kapje op de nier.

4 Regelende werking van hormonen

4.1 Regelsystemen met negatieve terugkoppeling

Ons lichaam is een ontzettend ingewikkelde machine waarin per seconde talloze chemische reacties of **stofomzettingen** plaatsvinden. Voorbeelden van stofomzettingen zijn:

- de stofomzetting van glucose voor energieproductie

  glucose + zuurstofgas ⟶ **koolstofdioxide + water + energie**

- de stofomzetting van spierglycogeen naar afzonderlijke glucosemoleculen, wanneer we inspanningen leveren en de vraag naar energie in de spieren stijgt

  spierglycogeen ⟶ **afzonderlijke glucosemoleculen**

- de stofomzetting van zetmeel naar afzonderlijke glucosemoleculen, wanneer zetmeel in contact komt met spijsverteringssappen

  zetmeel ⟶ **afzonderlijke glucosemoleculen**

Het geheel van alle chemische reacties in het lichaam noemen we **stofwisselingsreacties**. Om de stofwisselingsreacties in goede banen te leiden en onder controle te houden zijn er **regelsystemen** nodig. Het hormonaal stelsel (en ook het zenuwstelsel) is een voorbeeld van zo'n regelsysteem.

Om te begrijpen hoe regelsystemen in het lichaam werken, kun je de vergelijking maken met de werking van de **thermostaat** voor de verwarming van de huiskamer. De thermostaat, die op een bepaalde temperatuur (de **drempelwaarde**) is ingesteld, controleert voortdurend de temperatuur in de huiskamer. Hij zet de centrale verwarming (cv) aan als de temperatuur beneden de drempelwaarde is gedaald en het dus te koud wordt. Hij zet de centrale verwarming uit als de drempelwaarde is overschreden en het dus te warm wordt.

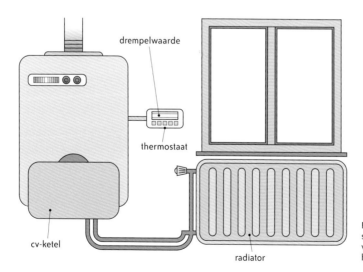

drempelwaarde

thermostaat

cv-ketel

radiator

Fig. 10.8 Schematische voorstelling van het regelsysteem voor de temperatuur in de huiskamer

De manier waarop een thermostaat regelend werkt, noemen we **negatieve terugkoppeling**. Dit houdt in dat de stijging van de temperatuur boven de drempelwaarde de warmteproductie doet afremmen. Omgekeerd zal de daling van de temperatuur beneden de drempelwaarde de warmteproductie doen toenemen.

De regeling met negatieve terugkoppeling bij de werking van de thermostaat voor huisverwarming kunnen we schematisch als volgt voorstellen:

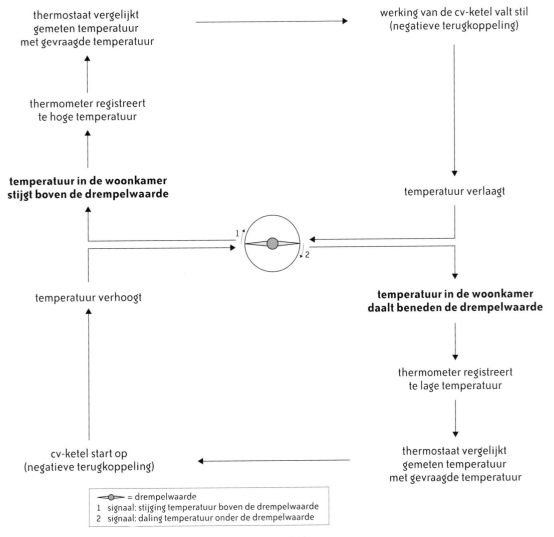

Fig. 10.9 Schema van de regelende werking van een thermostaat bij huisverwarming

Negatieve terugkoppeling vinden we ook terug in de wereld van de techniek bij de productie van stoffen: de **toename** van de hoeveelheid van een stof gaat de productie ervan **afremmen**, en de **afname** van de hoeveelheid van die stof gaat de productie ervan **stimuleren**.
Het **doel** van negatieve terugkoppelingssystemen laat zich raden: **efficiënt werken** m.a.w. zo weinig mogelijk energie en stoffen nutteloos verbruiken.

In ons lichaam is ook het **hormonaal stelsel een regelsysteem** dat dikwijls werkt met **negatieve terugkoppeling**. Wanneer een bepaald hormoon geproduceerd wordt om een verandering in het lichaam teweeg te brengen, zal op een bepaald ogenblik de **toename** van dat hormoon de eigen hormoonproductie **afremmen**. Omgekeerd zal een **afname** van dat hormoon de eigen hormoonproductie **stimuleren**.

In wat volgt illustreren we de werking van het hormonaal stelsel via negatieve terugkoppeling met twee voorbeelden:
- de regeling van het glucosegehalte in het bloed
- de regeling van het calciumgehalte in het bloed.

4.2 Regeling van het glucosegehalte in het bloed

4.2.1 Normaal functionerend regelsysteem

Glucose is de **belangrijkste energieleverancier** voor je lichaam. Weliswaar leveren ook vetten energie, maar de hersenen doen uitsluitend beroep op glucose. Het is dan ook erg belangrijk dat er steeds voldoende glucose in het bloedplasma aanwezig is.
Anderzijds vormt een aanhoudend hoog glucosegehalte in je bloed een bedreiging voor je gezondheid. Het kan bijvoorbeeld leiden tot suikerziekte of diabetes en zwaarlijvigheid of obesitas.

Voor het goed functioneren van het lichaam is het dus van essentieel belang dat het glucosegehalte in het bloedplasma, de **bloedsuikerspiegel** genoemd, **binnen nauwe grenzen** blijft. De bloedsuikerspiegel varieert afhankelijk van je **voeding** en van je **energieverbruik**.

Zoals je al weet, zijn de belangrijkste hormonen die het glucosegehalte in het bloed regelen, insuline en glucagon.

Fig. 10.10 Tijdens inspanning moet er voortdurend voldoende glucose in het bloedplasma aanwezig zijn om de spieren te kunnen bevoorraden.

- **Insuline doet het glucosegehalte dalen.**

  Na een maaltijd stijgt de **bloedsuikerspiegel boven de drempelwaarde** van ongeveer 1 g/l. De β-cellen uit de eilandjes van Langerhans beantwoorden deze stijging met de productie van **insuline** die aan het bloed wordt vrijgegeven.
  Vooral **lever-, spier- en vetcellen** zijn **gevoelig** voor insuline, omdat ze in hun celmembraan heel wat **membraanreceptoren** hebben die **insuline herkennen**.

  Door de **binding** tussen de insulinemolecule en de membraanreceptor zullen lever- en spiercellen gestimuleerd worden om **glucose uit het bloed** op te nemen en om te zetten in **glycogeen**. De vetcellen zullen gestimuleerd worden om glucose om te zetten in **vet**.

  Naarmate de bloedsuikerspiegel dichter bij de drempelwaarde komt, **neemt de insulineproductie af**. Dat is een regeling met **negatieve terugkoppeling**.

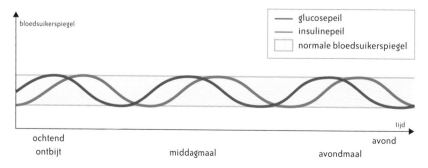

Fig. 10.11 Schommelingen van het glucose- en insulinegehalte in het bloedplasma bij een gezonde levenswijze

- **Glucagon doet het glucosegehalte stijgen.**

Door inspanningen te leveren of door lange tijd niet te eten kan de **bloedsuiker-spiegel onder de drempelwaarde** dalen. De α-cellen uit de eilandjes van Langerhans beantwoorden dit signaal met de secretie van **glucagon** in het bloed.

Glucagonmoleculen binden vervolgens aan de membraanreceptoren voor glucagon in het celmembraan van de levercellen. Door die binding worden de levercellen gestimuleerd tot het **omzetten van glycogeen in glucose**. Vervolgens komen glucose-moleculen in het bloedplasma terecht, waardoor de bloedsuikerspiegel opnieuw stijgt.

Naarmate het glucosegehalte in het bloed dichter bij de drempelwaarde komt, **neemt de glucagonproductie af**. Dat is een regeling met **negatieve terugkoppeling**.

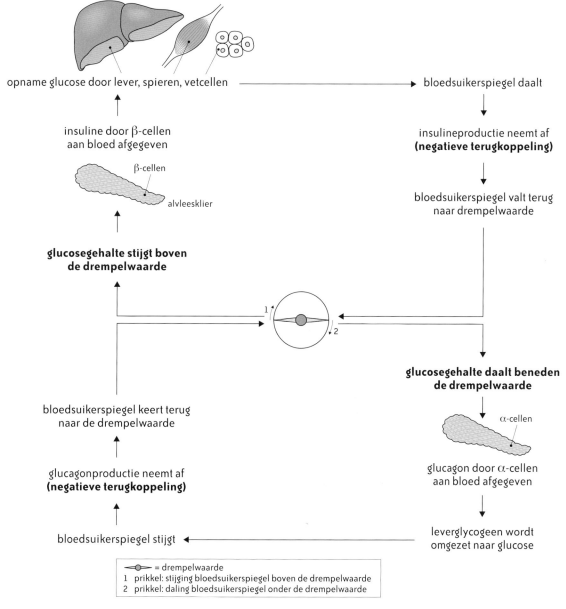

Fig. 10.12 Schema van de hormonale regeling van de bloedsuikerspiegel

Niettegenstaande de opname en het verbruik van glucose voortdurend variëren, zorgt de regeling door insuline en glucagon ervoor dat het glucosegehalte in het bloedplasma (inwendig milieu) binnen nauwe grenzen stabiel wordt gehouden. Het **kunnen hand-haven van een stabiel inwendig milieu** noemen we **homeostase**.

Uit het voorbeeld van de regeling van de bloedsuikerspiegel blijkt dat het **hormonaal stelsel** een **coördinerende werking** uitoefent tussen verschillende organen of weefsels: alvleesklier, lever, spieren en vetweefsel.

4.2.2 Falend regelsysteem: diabetes mellitus of suikerziekte

Vertaald uit het Latijn betekent diabetes mellitus 'zoete doorstroom'. Het verwijst naar de zoete smaak van urine bij patiënten met onbehandelde suikerziekte. Deze naam dateert uit de tijd dat een arts nog niet over een middel beschikte om glucose in de urine op te sporen. Het proeven van de urine was voor hem de enige onderzoeksmethode.

Diabetes is een ziekte waarbij de **spontane regeling van het glucosegehalte in het bloed verstoord** is. Bij een te hoge bloedsuikerspiegel komt glucose in de urine terecht.

We maken een onderscheid tussen twee typen diabetes, nl. diabetes type 1 en type 2.

• Diabetes type 1

Deze vorm van diabetes begint meestal voor het dertigste levensjaar. De aanleiding is de **afbraak van de insulineproducerende β-cellen** door ons eigen afweersysteem. Omdat er hierdoor vrijwel geen insuline meer wordt aangemaakt, spreken we van **insulineafhankelijke diabetes**. De patiënten die aan deze vorm van suikerziekte lijden, moeten een glucosearm dieet volgen. Voorts moeten ze zich voor elke maaltijd **insuline toedienen** om de gestegen bloedsuikerspiegel weer te kunnen normaliseren.

Met een insulinepen kan de juiste dosis insuline ingespoten worden. Als er te veel insuline wordt toegediend, kan dat leiden tot een plotse daling van de bloedsuikerspiegel beneden de drempelwaarde. We spreken dan van **hypoglycemie**.

De symptomen of verschijnselen van hypoglycemie zijn o.a. zweten, beven en duizeligheid, soms gevolgd door verwardheid en zelfs bewusteloosheid. Een blikje cola drinken of wat druivensuiker innemen, helpt de patiënt er meestal snel weer bovenop.

Fig. 10.13
A Glucosemeter
B Patiënt die zich insuline
   toedient met een insulinepen

Diabetes die niet behandeld wordt, kun je herkennen aan een aantal **symptomen**. Bij een te hoge bloedsuikerspiegel zullen de nieren glucose uitscheiden. Dat gaat gepaard met het uitscheiden van veel water. Daardoor moet iemand met onbehandelde diabetes **veel plassen** en heeft hij **voortdurend dorst**.

Omdat de cellen minder glucose opnemen, zullen ze meer vetten afbreken om energie te winnen. Daardoor **vermageren** patiënten sterk en hebben ze **voortdurend honger**.

• Diabetes type 2

Deze vorm van diabetes ontstaat meestal pas na het veertigste levensjaar. Mensen met diabetes type 2 produceren wel nog insuline, maar de **doelwitcellen reageren** er **onvoldoende** op. Men spreekt van **insulineonafhankelijke diabetes**.

Diabetes type 2 is de laatste decennia onrustwekkend toegenomen, en komt op steeds jongere leeftijd voor. Het heeft vooral te maken met **verkeerde voedingsgewoonten** en een **verkeerde levensstijl**. Te veel suiker en dierlijk vet eten en te weinig bewegen hebben zwaarlijvigheid tot gevolg. Zwaarlijvigheid bevordert de ongevoeligheid van de doelwitcellen voor insuline.

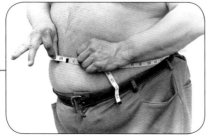

Fig. 10.14 Verkeerde voedingsgewoonten en een verkeerde levensstijl leiden tot diabetes type 2.

	1994	**2000**	**2010**
type 1 diabetes	11,5 miljoen	18,1 miljoen	23,7 miljoen
type 2 diabetes	98,9 miljoen	157,3 miljoen	215,6 miljoen
totaal	110,4 miljoen	175,4 miljoen	239,3 miljoen

Tabel. 10.1 Aantal mensen met diabetes over de hele wereld

In ons land komen ongeveer 400 000 diabetici voor. Men schat echter het aantal personen met diabetes type 2, die niet vermoeden dat ze suikerziekte hebben, op ongeveer een half miljoen.

In vergelijking met diabetes type 1 is type 2 een eerder **traag evoluerend proces**. De eerste klachten, zoals veel plassen, continue dorst en honger en vermoeidheid, ontstaan heel geleidelijk. Daardoor duurt het een hele tijd vooraleer de ziekte wordt opgemerkt. Zo kan het een toevallige vondst zijn, bijvoorbeeld bij een medisch onderzoek voor een totaal andere reden.
Wordt de ziekte in een vroeg stadium ontdekt, dan volstaat meestal een aangepast dieet om ernstige verwikkelingen te vermijden.

Wanneer diabetes lange tijd onbehandeld blijft, kunnen er **ernstige verwikkelingen** optreden.
Het kan leiden tot de afbraak van myeline, waardoor de **impulsgeleiding via de zenuwbanen verstoord** wordt. **Ongevoeligheid** in de tenen is een van de gevolgen. Door verminderde gevoeligheid in de voet kunnen wonden onbehandeld blijven.
Het hoge glucosegehalte in het bloedplasma tast ook de **wanden van de bloedvaten** aan. Vooral de haarvaten in de ogen en nieren hebben hieronder te lijden. Dit kan **blindheid** en het **uitvallen van de nierfunctie** veroorzaken.

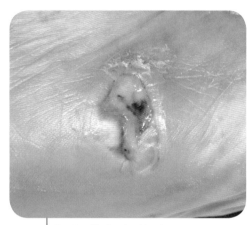

Fig. 10.15 Slechte doorbloeding van een onbehandelde wonde versnelt het afsterven van weefsels.

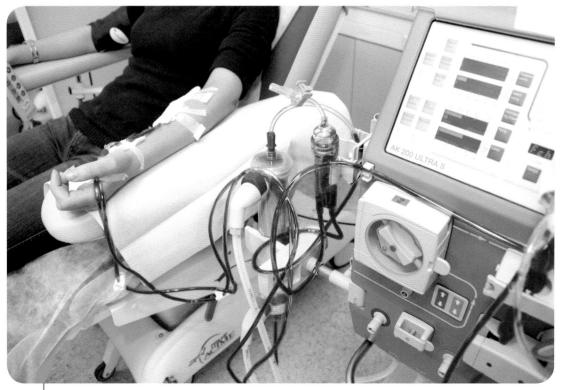

Fig. 10.16 Veel nierpatiënten hebben als gevolg van diabetes dusdanig veel schade opgelopen aan de nieren, dat ze een beroep moeten doen op nierdialyse met een kunstnier.

4.3 Regeling van het calciumgehalte in het bloed

Van de totale hoeveelheid calcium (calciumionen) in ons lichaam komt 99 % voor in de beenderen. Daarnaast is er een kleine hoeveelheid calciumionen (1 %) aanwezig in het bloedplasma en in de cellen. Calciumionen worden opgeslagen in het beenweefsel en de tanden en spelen een rol bij processen zoals spiercontractie, neurotransmissie en bloedstolling. Daarom is het van belang dat het calciumgehalte in het bloedplasma, ook **calciumspiegel** genoemd, **binnen nauwe grenzen geregeld** wordt.

De grote hoeveelheid calcium in de beenderen vormt een calciumvoorraad voor het lichaam. Daarnaast krijgen we calcium binnen via de voeding; via absorptie in de dunne darm nemen we het op in het bloed. We verliezen calcium bij filtratie van het bloed ter hoogte van de nierlichaampjes, maar kunnen een deel opnieuw opnemen in het bloedplasma door reabsorptie uit de voorurine.

Onder invloed van bepaalde hormonen kunnen tussen beenderen, dunne darm en nieren **calciumionen uitgewisseld** worden. Op die manier wordt de calciumspiegel binnen nauwe grenzen geregeld.

De belangrijkste hormonen die het calciumgehalte in het bloedplasma regelen, zijn **calcitonine** en **parathyroïd hormoon (PTH)**. Het is een regeling met **negatieve terugkoppeling**. Ook **vitamine D** komt onrechtstreeks tussen in de regeling van de calciumspiegel.

- **Calcitonine doet het calciumgehalte dalen.**

  Calcitonine is een hormoon dat wordt aangemaakt in de **schildklier**. Na inname van voeding met veel calcium (bv. melkproducten) kan het **calciumgehalte in het bloedplasma boven een bepaalde drempelwaarde** stijgen. Cellen in de schildklier beantwoorden die verhoging door calcitonine aan het bloed af te geven. Calcitonine stimuleert de calciumopname in de beenderen, remt de absorptie van calcium uit de dunne darm en remt de reabsorptie van calcium uit de voorurine.
  Naarmate de calciumspiegel daalt en dus dichter bij de drempelwaarde komt, zal de prikkel voor calcitonineproductie wegvallen en zal die productie dus afnemen. Dat is een regeling met **negatieve terugkoppeling**.

- **Parathyroïd hormoon (PTH) doet het calciumgehalte stijgen.**

  Parathyroïd hormoon (PTH) wordt aangemaakt in de **bijschildklieren**. Zodra het **calciumgehalte in het bloedplasma onder een bepaalde drempelwaarde** komt, wordt PTH door de bijschildklieren aan het bloed afgegeven. PTH stimuleert de vrijzetting van calcium uit de beenderen, de absorptie van calcium uit de dunne darm en de reabsorptie van calcium uit de voorurine.
  Naarmate de calciumspiegel stijgt en dus dichter bij de drempelwaarde komt, zal de prikkel voor PTH-productie wegvallen en zal die productie dus afnemen. Dat is een regeling met **negatieve terugkoppeling**.

- **Rol van vitamine D**

  Voor een goede werking van parathyroïd hormoon (PTH) is vitamine D nodig. Vitamine D krijgen we binnen via de voeding (bv. via melk, eierdooier, vette vis ...) en wordt onder invloed van uv-straling door stofomzetting in de huid gevormd.
  Vitamine D **versterkt de werking van PTH**: het verhoogt de calciumabsorptie doorheen de dunnedarmwand, vergemakkelijkt de calciumreabsorptie uit het nierbuisje en helpt calcium uit de beenderen vrij te zetten.

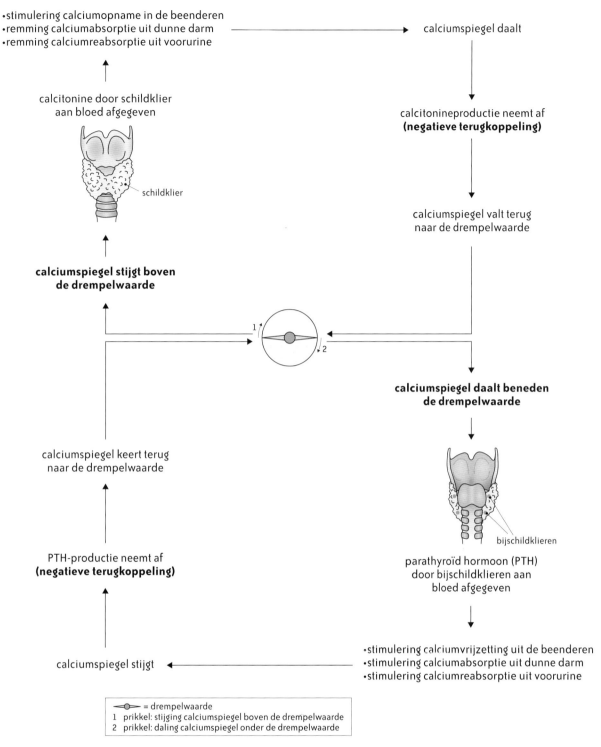

•stimulering calciumopname in de beenderen
•remming calciumabsorptie uit dunne darm ⟶ calciumspiegel daalt
•remming calciumreabsorptie uit voorurine

calcitonine door schildklier
aan bloed afgegeven

schildklier

calciumspiegel stijgt boven
de drempelwaarde

calcitonineproductie neemt af
(negatieve terugkoppeling)

calciumspiegel valt terug
naar de drempelwaarde

calciumspiegel keert terug
naar de drempelwaarde

calciumspiegel daalt beneden
de drempelwaarde

bijschildklieren

parathyroïd hormoon (PTH)
door bijschildklieren aan
bloed afgegeven

PTH-productie neemt af
(negatieve terugkoppeling)

•stimulering calciumvrijzetting uit de beenderen
•stimulering calciumabsorptie uit dunne darm
•stimulering calciumreabsorptie uit voorurine

calciumspiegel stijgt ⟵

= drempelwaarde
1 prikkel: stijging calciumspiegel boven de drempelwaarde
2 prikkel: daling calciumspiegel onder de drempelwaarde

Fig. 10.17 Schema van de hormonale regeling van de calciumspiegel

De regeling door calcitonine, PTH en vitamine D zorgt ervoor dat het calciumgehalte in het bloedplasma (inwendig milieu) binnen nauwe grenzen stabiel wordt gehouden. Die stabiele toestand van de calciumspiegel levert een bijdrage aan de **homeostase**.

Uit het voorbeeld van de regeling van de calciumspiegel blijkt dat het **hormonaal stelsel** een **coördinerende werking** uitoefent tussen verschillende organen nl. schildklier, bijschildklieren, beenderen, dunne darm en nieren.

Bouw en functie van het hormonaal stelsel
Samenvatting

1 Het hormonaal stelsel als conductor

- Het hormonaal stelsel of **endocrien stelsel** fungeert als **conductor** of geleider omdat het **informatie in het lichaam doorgeeft**.
- **Hormonen** zijn stoffen die in endocriene weefsels worden gemaakt. Ze worden via de bloedbaan vervoerd en hebben **zowel een stimulerende als een remmende invloed op organen en weefsels**.
- **Endocrien weefsel** kan voorkomen als een **volledig orgaan, deel uitmaken van een orgaan** of bestaan uit **hormoonproducerende cellen** die **verspreid** liggen **in bepaalde weefsels**.
- De **aanwezigheid van hormonen in het bloed is slechts tijdelijk** omdat ze continu in de lever en de nieren worden afgebroken.

2 Gevoeligheid van cellen voor hormonen

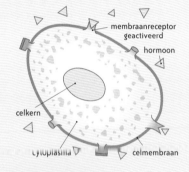

- Een hormoon zal alleen bij **hormoongevoelige cellen of doelwitcellen** een reactie uitlokken.
- In het celmembraan van doelwitcellen komen **membraanreceptoren** – moleculen die precies passen bij de moleculestructuur van een bepaald hormoon – voor (sleutel-slotmodel).
- Vanaf het ogenblik dat er een **binding tussen membraanreceptor en hormoon** gerealiseerd is, wordt de doelwitcel beïnvloed en volgt er een reactie van de cel.

3 Voorbeelden van hormonale klieren en de functie van hun hormonen

hormoonklier	hypofyse				
hormoon + functie	groeihormoon ↓ stimuleert celstofwisseling en lichaamsgroei	prolactine ↓ stimuleert de melkklieren tot melkproductie	schildklier-stimulerend hormoon (TSH) ↓ stimuleert de werking van de schildklier	follikel-stimulerend hormoon (FSH) ↓ invloed op eierstokken en teelballen	luteïniserend hormoon (LH) ↓ invloed op eierstokken en teelballen

hormoonklier	schildklier	eilandjes van Langerhans	bijnier	eierstok	teelbal
hormoon + functie	thyroxine (TH) ↓ invloed op celstofwisseling en celgroei	insuline glucagon ↓ regeling van bloedsuikerwaarde	adrenaline ↓ lichaam aanpassen aan acute stress	oestrogeen progesteron ↓ invloed op baarmoeder	testosteron ↓ stimuleert zaadcelproductie in teelballen

4 Regelende werking van hormonen

4.1 Regelsystemen met negatieve terugkoppeling

Het hormonaal stelsel is een regelsysteem dat dikwijls werkt met **negatieve terugkoppeling** d.w.z. de **toename** van een bepaald hormoon zal de eigen hormoonproductie **afremmen**; omgekeerd zal een **afname** van dat hormoon de eigen hormoonproductie **stimuleren**.

4.2 Regeling van het glucosegehalte in het bloed

normaal functionerend regelsysteem	falend regelsysteem: diabetes mellitus of suikerziekte
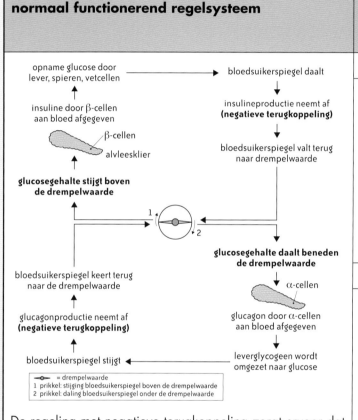	**diabetes type 1** • meestal voor 30ste levensjaar • **afbraak van de insulineproducerende β-cellen** door het eigen afweersysteem → **insulineafhankelijke diabetes** • voor elke maaltijd **insuline toedienen** om de gestegen bloedsuikerspiegel weer te kunnen normaliseren **diabetes type 2** • meestal na 40ste levensjaar • **doelwitcellen reageren onvoldoende** op de geproduceerde insuline → **insulineonafhankelijke diabetes**. • heeft vooral te maken met **verkeerde voedingsgewoonten** en **verkeerde levensstijl**

De regeling met negatieve terugkoppeling zorgt ervoor dat het glucosegehalte in het bloedplasma (inwendig milieu) binnen nauwe grenzen stabiel wordt gehouden.
Het **kunnen handhaven van een stabiel inwendig milieu** noemen we **homeostase**.

4.3 Regeling van het calciumgehalte in het bloed

- **Calcitonine**, een schildklierhormoon, **doet het calciumgehalte in het bloedplasma dalen** door de calciumopname in de beenderen te stimuleren en de calciumabsorptie uit de dunne darm en de calciumreabsorptie uit de voorurine te remmen.

- **Parathyroïd hormoon (PTH)**, een bijschildklierhormoon, **doet het calciumgehalte in het bloedplasma stijgen** door de calciumvrijzetting uit de beenderen, de calciumabsorptie uit de dunne darm en de calciumreabsorptie uit de voorurine te stimuleren.

- Via negatieve terugkoppeling **het calciumgehalte in het bloedplasma (inwendig milieu)** binnen nauwe grenzen **stabiel houden** levert een bijdrage aan de **homeostase**.

THEMA
11

SAMENHANG TUSSEN ZENUWSTELSEL EN HORMONAAL STELSEL

DEEL 3 Organismen verwerken prikkels

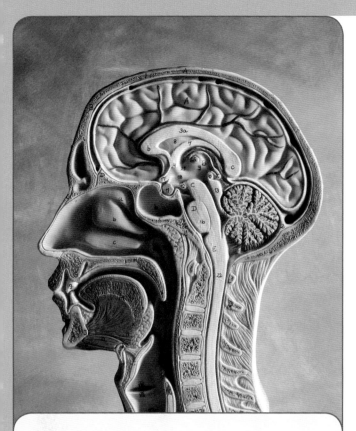

INHOUD

Waarover gaat dit thema?

Zowel het zenuwstelsel als het hormonaal stelsel zijn elk op zich coördinerende stelsels omdat ze de **werking van organen op elkaar afstemmen**.

Dit thema wil benadrukken dat er een **samenhang** is tussen het **zenuwstelsel** en het **hormonaal stelsel** bij de **coördinatie van reacties op prikkels**.

Dat beide stelsels elkaar beïnvloeden en samenhangend functioneren, blijkt uit de werking van het **hypothalamus-hypofysesysteem**. Daarbij wordt de hypofyseactiviteit voortdurend gestuurd door de hypothalamus. Dat is bijvoorbeeld het geval bij de **regeling van de uitdrijving van moedermelk** tijdens de borstvoeding.

Een tweede voorbeeld van coördinatie tussen zenuwstelsel en hormonaal stelsel is de **invloed van het sympathisch zenuwstelsel op de adrenalinesecretie door het bijniermerg**.

1 Coördinatie van reacties op prikkels

In de voorbije thema's heb je kunnen vaststellen dat het opvangen, verwerken en reageren op prikkels in organismen altijd op een gelijkaardige manier gebeurt.
Prikkels worden door **receptoren** in zintuigen opgevangen en leiden tot **reacties** in spieren en klieren, de **effectoren**.
Het verband of de **samenhang** tussen receptor en effector wordt **gecoördineerd door conductoren** nl. door het zenuwstelsel en het hormonaal stelsel.

De **coördinerende rol van het zenuwstelsel** bij reacties op prikkels hebben we in thema 9 besproken. Effectoren reageren hierbij op elektrische signalen of **impulsen**.

In thema 10 kwam de **coördinerende rol van het hormonaal stelsel** aan bod. Effectoren reageren hierbij op chemische signalen of **hormonen**.

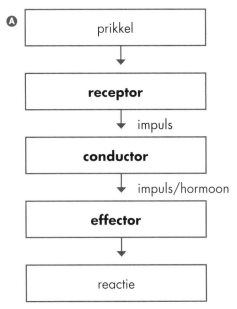

Fig. 11.1 Samenhang tussen receptoren, conductoren en effectoren bij de reactie op een prikkel
A Schema
B Je oren afsluiten is een beschermende reactie op hels lawaai.

Bij reacties op prikkels is er ook **samenhang** en **coördinatie tussen zenuwstelsel en hormonaal stelsel**.

De **samenhang** tussen zenuwstelsel en hormonaal stelsel bestuderen we **vanuit twee invalshoeken**:

* de **bouw** van hormoonklieren
  Je weet al dat de hypofyse en de bijnieren hormoonklieren zijn. In dit thema leer je dat er in de **hypofyse zenuwvezels** voorkomen die hormonen produceren en in het **bijniermerg** speciale hormoonproducerende **neuronen**.

* de **werking** van hormoonklieren
  We bespreken hoe de hormoonproductie door de **hypofyse** wordt geregeld door de **hypothalamus** en hoe de hormoonproductie door het **bijniermerg** wordt beïnvloed door het **sympathisch zenuwstelsel**.

2 Hypothalamus-hypofysesysteem

2.1 Hypothalamus

Zoals je al weet uit thema 9, is de hypothalamus een onderdeel van de tussenhersenen, die gelegen zijn tussen de grote hersenen en de hersenstam.

Bepaalde zones in de hypothalamus zijn opgebouwd uit neuronen waarvan de zenuwvezels eindigen in de hypofyse. Daardoor zijn de functies van de hypothalamus en de hypofyse nauw met elkaar verweven. De neuronen van de hypothalamus scheiden ter hoogte van de hypofyse hormonen af, de zogenaamde **neurohormonen**. Daarom noemen we die neuronen van de hypothalamus **secretorische neuronen**.

2.2 Hypofyse

Je weet al dat de hypofyse een **hersenaanhangsel** is, dat met de **hypofysesteel** onderaan de hypothalamus verbonden is. De hypofyse is opgebouwd uit twee delen, elk met een verschillende functie.

- **Hypofyseachterkwab**

  De hypofyseachterkwab is het achterste deel van de hypofyse. Dat deel is opgebouwd uit **zenuwweefsel**, nl. uit axonen van secretorische neuronen waarvan de cellichamen in de hypothalamus liggen.
  Vandaar dat de hypofyseachterkwab ook **neurohypofyse** wordt genoemd.

- **Hypofysevoorkwab**

  De hypofysevoorkwab is het voorste deel van de hypofyse. Ze bestaat uit **endocrien weefsel**, wat betekent dat ze is opgebouwd uit kliercellen die hormonen produceren.

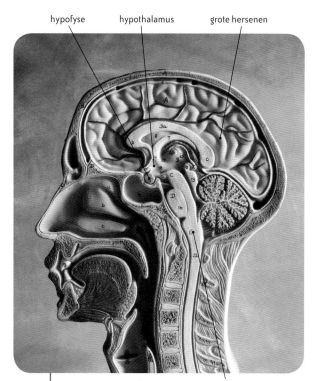

Fig. 11.2 Ligging van de hypothalamus en hypofyse

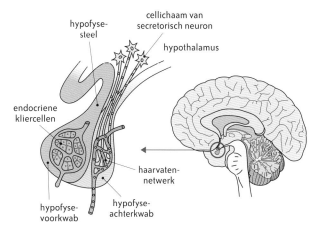

Fig. 11.3 Samenhang tussen hypothalamus en hypofyseachterkwab

2.3 Werking van het hypothalamus-hypofysesysteem

2.3.1 Samenhang tussen hypothalamus en hypofyseachterkwab

De secretorische neuronen van de hypothalamus produceren **neurohormonen**. Deze hormonen worden via de zenuwvezels (axonen) vervoerd naar de hypofyseachterkwab, waar ze worden opgeslagen in de axonuiteinden. Wanneer het nodig is, worden de hormonen aan het bloed afgegeven. Dat proces noemen we **neurosecretie**.
De **hypofyseachterkwab** is dus zelf geen hormoonproducerende klier, maar een **doorgeefluik** voor hormonen die afkomstig zijn van de hypothalamus. Daarom spreken we over **samenhang** tussen de hypothalamus en de hypofyseachterkwab.

We illustreren de werking van het hypothalamus-hypofysesysteem aan de hand van de **regeling van de melkejectie** of uitdrijving van moedermelk uit de tepel tijdens de borstvoeding. Daarvoor is het neurohormoon **oxytocine** nodig.

Volgende stappen leiden tot de secretie van oxytocine en de melkejectie:

1 Als gevolg van het zuigen van de baby worden de tepelreceptoren geprikkeld en ontstaat er een impuls in **sensorische neuronen**. Die neuronen geleiden de impuls naar de **secretorische neuronen** in de hypothalamus.
2 Er is impulsoverdracht op secretorische neuronen die daardoor gestimuleerd worden tot productie van het neurohormoon **oxytocine**.
3 Oxytocine wordt vervoerd naar de **axonuiteinden** in de hypofyseachterkwab.
4 Oxytocine wordt **vrijgegeven aan het bloed**.
5 Via de bloedbaan bereikt oxytocine de **gladde spiercellen** rondom de melkgangen. Die spiercellen worden gestimuleerd tot **contractie**, waardoor **melk uit de tepel** spuit.

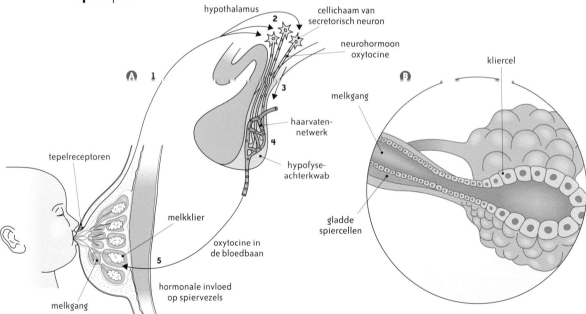

Fig. 11.4
A Samenhang tussen zenuwstelsel en hormonaal stelsel bij de melkejectie
B Detail van een melkklier

De productie van oxytocine boven een bepaalde drempelwaarde heeft een remmende werking op het regelsysteem voor oxytocine zelf. Het is een regeling met **negatieve terugkoppeling**.

De samenhang tussen de hypothalamus en de hypofyseachterkwab illustreert de **samenhang tussen zenuwstelsel en hormonaal stelsel**. Bovendien is het feit dat de prikkel ter hoogte van de tepel leidt tot afscheiding van het hormoon oxytocine een illustratie van **coördinatie van reacties op prikkels**.

2.3.2 Samenhang tussen hypothalamus en hypofysevoorkwab

De hypothalamus staat via zenuwvezels (axonen) ook in verbinding met de hypofysevoorkwab. Zoals je al weet, is de **hypofysevoorkwab** een **endocriene klier**. In de hypofyse komen **twee op elkaar aansluitende haarvatennetwerken** voor:

- het eerste netwerk bevindt zich in de hypofysesteel en ontvangt neurohormonen van de zenuwvezels die vertrekken uit de hypothalamus.

- het tweede haarvatennetwerk ligt in de hypofysevoorkwab en ontvangt hormonen van de endocriene kliercellen.

De secretorische neuronen van de **hypothalamus** produceren **neurohormonen** die de activiteit van de **hypofysevoorkwab** ofwel **stimuleren** ofwel **remmen**.

Stel dat de **hypofysevoorkwab gestimuleerd** moet worden, dan leiden volgende stappen tot hormoonsecretie door de hypofysevoorkwab:

1 **Secretorische neuronen in de hypothalamus** produceren **activerende neurohormonen** die de activiteit van de hypofysevoorkwab zullen **stimuleren**.

2 Via zenuwvezels komen die activerende hormonen in het **eerste haarvatennetwerk** van de hypofysevoorkwab terecht.

3 De neurohormonen stimuleren de **endocriene kliercellen** tot het produceren van eigen hormonen.

4 De **hormonen van de hypofysevoorkwab** komen terecht in het **tweede haarvatennetwerk**, waarin ze door het bloed naar hun doelwitcellen worden getransporteerd.

Uit dit voorbeeld kunnen we de samenhang tussen de hypothalamus en de hypofyseachterkwab en dus ook de **samenhang tussen zenuwstelsel en hormonaal stelsel** afleiden.

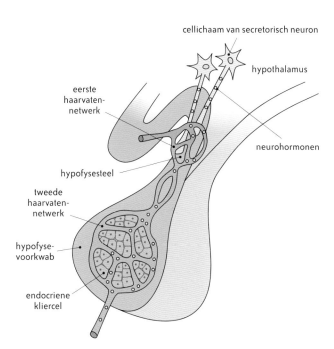

Fig. 11.5 Samenhang tussen hypothalamus en hypofysevoorkwab

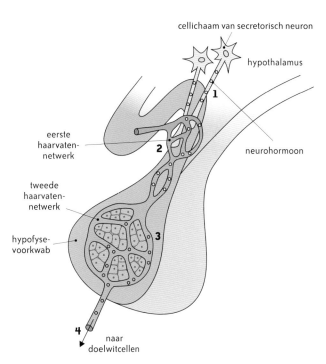

Fig. 11.6 De hypothalamus stimuleert met activerende neurohormonen de hypofysevoorkwab tot eigen hormoonproductie.

De endocriene cellen van de hypofysevoorkwab produceren verschillende hormonen. Volgens hun functie kunnen we ze in twee groepen indelen:

- hormonen die de **werking van andere hormoonklieren regelen**

  voorbeeld 1
  Schildklierstimulerend hormoon (TSH) zet de schildklier aan tot de vorming van het schildklierhormoon thyroxine (TH).

  voorbeeld 2
  Follikelstimulerend hormoon (FSH) en luteïniserend hormoon (LH) stimuleren de eierstok tot productie van de geslachtshormonen oestrogeen en progesteron.
  FSH en LH stimuleren de teelbal tot productie van het geslachtshormoon testosteron.

- hormonen die **rechtstreeks bepaalde lichaamsfuncties beïnvloeden**

  voorbeeld 1
  Groeihormoon stimuleert de celstofwisseling in alle weefsels en bevordert de celdeling en de celgroei.

  voorbeeld 2
  Prolactine bevordert de ontwikkeling van borstklierweefsel en stimuleert de melkproductie in de melkklieren als er na de geboorte borstvoeding wordt gegeven.

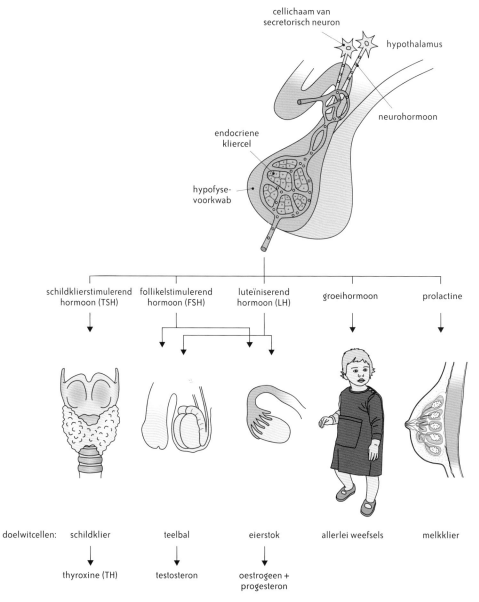

Fig. 11.7 Voorbeelden van hormoonsecretie door de endocriene kliercellen van de hypofysevoorkwab

3 Regelsysteem voor adrenalinesecretie door het bijniermerg

De bijnieren, die al ter sprake zijn gekomen in thema 8 en thema 10, liggen op de bovenkant van de nieren. Elke bijnier bestaat uit een buitenste zone, de bijnierschors, en een centraal gedeelte, het **bijniermerg**. Zowel de bijnierschors als het bijniermerg produceren aparte hormonen. In wat volgt bespreken we alleen de secretie van **adrenaline** door het bijniermerg.

Net als de hypofyseachterkwab bestaat het bijniermerg uit **zenuwweefsel**. **Bijniermergcellen** zijn nl. speciale neuronen. Omdat die cellen het **neurohormoon adrenaline** afscheiden, spreken we ook hier van **neurosecretie**.

Adrenaline wordt afgegeven bij stress, schrik, opwinding en inspanning. Het hormoon bereidt het lichaam voor op snelle actie en wordt daarom ook wel het **angst-vlucht-aanvalshormoon** genoemd.

Volgende stappen leiden tot de **secretie van adrenaline door het bijniermerg**:

1 Zenuwimpulsen van het **sympathisch zenuwstelsel** vertrekken uit het **ruggenmerg** en passeren via een grensstrengganglion om uit te komen in het bijniermerg.
2 De axonuiteinden van het ruggenmergneuron vormen synapsen met zenuwweefsel in het bijniermerg en laten daar neurotransmitter vrij.
3 De **bijniermergcellen** (secretorische neuronen) worden door neurotransmitter geactiveerd om **adrenaline** te secreteren.
4 Adrenaline komt in de bloedbaan en wordt naar de doelwitorganen gevoerd.

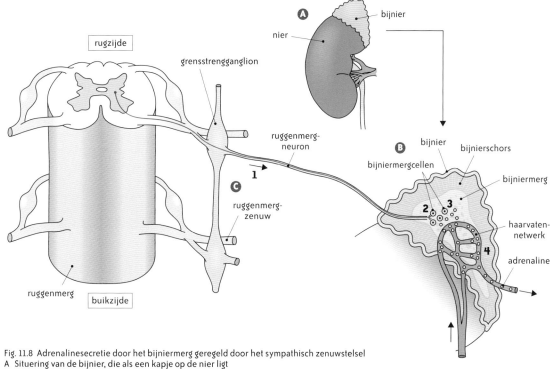

Fig. 11.8 Adrenalinesecretie door het bijniermerg geregeld door het sympathisch zenuwstelsel
A Situering van de bijnier, die als een kapje op de nier ligt
B Doorsnede van de bijnier
C Een ruggenmergneuron dat deel uitmaakt van het sympathisch zenuwstelsel activeert bijniermergcellen tot secretie van adrenaline.

We vermelden enkele **effecten van adrenaline** op verschillende organen.

- Adrenaline bevordert de omzetting van glycogeen in glucose in de spieren en de lever. Hierdoor wordt de bloedsuikerspiegel verhoogd, wat nodig is voor de verhoogde energievraag van het lichaam.

- Adrenaline verhoogt de hartslag en de ademhalingsfrequentie, waardoor meer zuurstof naar de spieren kan worden gebracht.

- Adrenaline doet de pupillen verwijden, wat de schrikogen in angstsituaties verklaart.

- Adrenaline verwijdt de bloedvaten in de skeletspieren. Op andere plaatsen in het lichaam echter zorgt adrenaline voor bloedvatvernauwing, zoals in het spijsverteringskanaal en de huid (je kunt bleek zien van de schrik, of wit van woede). Hierdoor is er meer bloed beschikbaar voor de skeletspieren.

- Adrenaline kan verslapping van de sluitspieren van de anus en de blaas veroorzaken. (Soms hoor je dat men het in zijn broek doet van angst.)

Fig. 11.9
Dankzij adrenaline kan het lichaam beter reageren op gevaar.

De productie van adrenaline boven een bepaalde drempelwaarde in het bloed heeft een remmende werking op het regelsysteem van adrenalinesecretie zelf. Dit is een regelsysteem met **negatieve terugkoppeling**.

Het regelsysteem voor de secretie van het neurohormoon adrenaline illustreert de **samenhang tussen zenuwstelsel en hormonaal stelsel**.
Het effect van adrenaline op verschillende organen tijdens een stresssituatie is dan weer een illustratie van **coördinatie van reacties op prikkels**.

Samenhang tussen zenuwstelsel en hormonaal stelsel **Samenvatting**

1 Coördinatie van reacties op prikkels

Zenuwstelsel en hormonaal stelsel zijn **elk op zich coördinerende stelsels** omdat ze als schakel tussen receptoren en effectoren fungeren.
Er is echter ook **samenhang tussen zenuwstelsel en hormonaal stelsel** voor de **coördinatie van reacties op prikkels**.

2 Hypothalamus-hypofysesysteem

hypothalamus	hypofyse
bevat **secretorische neuronen** die **neurohormonen** afscheiden ter hoogte van de hypofyse	• **hypofyseachterkwab** (= neurohypofyse) met **zenuwweefsel** • **hypofysevoorkwab** met **endocrien weefsel**

werking van het hypothalamus-hypofysesysteem

samenhang hypothalamus en hypofyseachterkwab voor secretie van oxytocine en melkejectie	
impuls van tepelreceptoren ⟶ via sensorische neuronen ⟶ naar secretorische neuronen in **hypothalamus** ⟶ productie van neurohormoon oxytocine ⟶ vervoer oxytocine naar **hypofyseachterkwab** ⟶ vervoer oxytocine via bloedbaan naar melkklieren ⟶ melkejectie	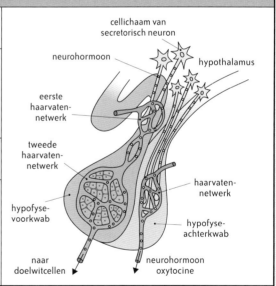
samenhang hypothalamus en hypofysevoorkwab voor secretie van allerlei hormonen	
neurohormoon van secretorische neuronen in de **hypothalamus** ⟶ naar eerste haarvatennetwerk in hypofysesteel ⟶ neurohormoon stimuleert endocriene kliercellen in **hypofysevoorkwab** ⟶ eigen hormonen van hypofysevoorkwab in tweede haarvatennetwerk ⟶ via bloedbaan naar doelwitcellen	

3 Regelsysteem voor adrenalinesecretie door het bijniermerg

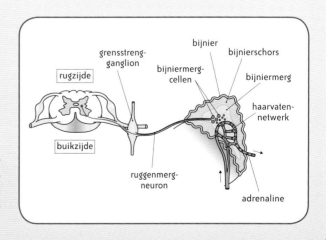

Impuls van sympathisch zenuwstelsel vanuit ruggenmergneuron ⟶ via grensstrengganglion ⟶ naar bijniermerg ⟶ secretie van adrenaline door bijniermergcellen ⟶ via bloedbaan naar doelwitcellen

Begrippenlijst en register

A

Aambeeld 50
Gehoorbeentje gelegen tussen de hamer en de stijgbeugel en ermee verbonden.

Accommodatie 26
Scherpstelling door de kromming van de ooglens aan te passen om scherpe beelden te vormen van voorwerpen op verschillende afstanden.

Accommodatiespier 19, 27
Kringspier in het straallichaam om de kromming van de ooglens te wijzigen (= accommoderen).

Achterste oogkamer 20
Ruimte tussen iris en lensbanden, gevuld met waterig vocht.

Actiepotentiaal 171
Kortstondige en plaatselijke ladingswijziging opschuivend langs het membraan van een zenuwvezel, waarbij de intracellulaire zijde positief en de extracellulaire zijde negatief geladen wordt.

Actine 125, 128
Eiwit dat voorkomt in actinefilamenten.

Adrenaline 151, 213, 231, 232
Neurohormoon afgescheiden door het bijniermerg; stelt het lichaam in staat zich aan te passen aan stresssituaties door verhoging van hart- en ademhalingsfrequentie, stijging van de bloedsuikerspiegel en verhoogde bloedtoevoer naar hart, spieren en hersenen.

Afferent neuron 166
Sensorisch neuron; geleidt een impuls van een receptor naar het centraal zenuwstelsel.

Alfacellen 153
α-cellen; cellen in de eilandjes van Langerhans die het hormoon glucagon produceren.

Amfetamine 174
Drug die de afgifte van de normale neurotransmitter stimuleert.

Amoeboïde beweging 140
Kruipbeweging van een cel door het vormen van schijnvoetjes of pseudopodiën.

Ampullaire verdikking 63
Verbreding aan de basis van een halfcirkelvormig kanaal in het inwendig oor.

Ampullaorgaan 63, 66
Evenwichtszintuig voor rotatiezin, gelegen in de ampullaire verdikkingen van de halfcirkelvormige kanalen; bestaat uit haarcellen met haartjes in een gelatineuze massa.

Animaal zenuwstelsel 163, 199
Deel van het zenuwstelsel dat de interactie tussen het individu en zijn omgeving regelt; controleert alle bewuste handelingen en staat in voor de zintuiglijke waarneming en de verwerking van die informatie.

Antagonisten 122
Spieren die een tegengestelde werking hebben en daardoor een tegengestelde beweging veroorzaken.

Astigmatisme 20
Oogafwijking te wijten aan een ongelijkmatige kromming van het hoornvlies waardoor een wazig of vervormd beeld ontstaat.

Autonoom zenuwstelsel 163, 200
Deel van het zenuwstelsel dat alle onbewuste levensprocessen binnen het individu controleert.

Auxine 155
Groeihormoon dat de lengtegroei van planten regelt.

Axon 164
Lange uitloper van een neuron met eindknopjes aan zijn vertakte uiteinde; geleidt de impuls van het cellichaam weg.

B

Basaalmembraan 53
Deel van het vliezig labyrint in het slakkenhuis; vormt de scheiding tussen de middengang en de onderste gang.

Basissmaken 86
Smaken die de mens kan waarnemen, nl. zout, zoet, bitter, zuur en umami.

Benig labyrint 52
Holten en gangen in het rotsbeen gevuld met perilymfe.

Bètacellen 153
β-cellen; cellen in de eilandjes van Langerhans die het hormoon insuline produceren.

Bewegingsziekte 70
Evenwichtsstoornis, te wijten aan overprikkeling van de evenwichtszintuigen en tegenstrijdige informatie tussen de ogen en de evenwichtszintuigen; bv. wagenziekte, zeeziekte, luchtziekte.

Biceps 122
Skeletspier aan de voorkant van de bovenarm die bij samentrekking de arm buigt in het elbooggewricht; buiger.

Bijnier 213
Hormoonklier, gelegen op de bovenkant van de nier; bestaat uit de bijnierschors en het bijniermerg, die elk aparte hormonen produceren.

Bijniermergcellen 231
Secretorische neuronen in het bijniermerg die het neurohormoon adrenaline afscheiden.

Bijziendheid 28
Accommodatieafwijking waarbij de oogbol langer is dan normaal of de ooglens te bol is; men ziet alleen dichtbij scherp.

Binoculair zien 34
Met twee ogen zien.

Bipolaire cellen 31, 32
Doorzichtige zenuwcellen in het netvlies, geschakeld tussen de fotoreceptoren en de ganglioncellen; geven zenuwimpulsen door.

Blinde vlek 19, 25, 30
Plaats op het netvlies waar de oogzenuw ontspringt; bevat noch kegeltjes, noch staafjes.

Bloedsuikerspiegel 216
Glucosegehalte in het bloedplasma.

Bolle lens 24
Doorzichtig voorwerp met een gebogen oppervlak en aan de rand dunner dan in het midden.

Borstel 135
Stijf haar in de huidspierzak op de buikzijde en de zijkant van de regenworm; heeft de functie van weerhaakje bij de voortbeweging.

Botcellen 114
Beencellen.

Botmassaverlies 115
Osteoporose; beenderziekte waarbij de botmassa afneemt en de beenderen poreus worden als gevolg van een verminderde botopbouw en een toegenomen botafbraak vanaf de middelbare leeftijd.

Brandhaar 154
Klierhaar.

Brandpunt 24
Punt waar convergerende lichtstralen na lichtbreking door een bolle lens elkaar kruisen.

Brandwonde 103
Beschadiging van de huid door vuur of hitte of inwerking van chemische stoffen.

Brug van Varol 180
Deel van de hersenstam tussen middenhersenen en verlengde merg; verbindt de linker- en rechterhemisfeer van de kleine hersenen.

Buiger 122, 133
Skeletspier die door samentrekking een buiging veroorzaakt in een gewricht.

Buis van Eustachius 50
Buisvormige verbinding tussen de trommelholte en de keelholte om de luchtdruk aan weerszijden van het trommelvlies gelijk te houden.

Bundelschede 124
Bindweefselschede rond een spierbundel.

C

Calciumspiegel 220
Calciumgehalte in het bloedplasma.

Calcitonine 220
Schildklierhormoon; doet de calciumspiegel dalen.

Cataract 21
Grijze staar; oogafwijking waarbij de ooglens troebel wordt met 'vuilvensterzicht' tot gevolg.

Centraal zenuwstelsel 163, 178
Deel van het zenuwstelsel dat bestaat uit hersenen en ruggenmerg.

Centrum van Broca 189
Motorisch spraakcentrum.

Centrum van Wernicke 191
Sensorisch spraakcentrum.

Chemische prikkel 11
Prikkel in de vorm van een prikkelende stof, bv. reukstof, smaakstof.

Chitine 132, 133
Hoornachtige stof in de cuticula van insecten; verstevigt de lichaamswand.

Ciliën 137
Trilharen.

Cochleair implantaat 56
Apparaat waarvan het uitwendige gedeelte geluiden opvangt en doorstuurt naar het geïmplanteerde gedeelte dat met elektrische signalen de gehoorzenuw prikkelt.

Compact been 114
Beenweefsel aan de buitenkant van lange beenderen; heeft een dichte en stevige structuur, opgebouwd uit regelmatig gerangschikte buizen, die bestaan uit concentrische lamellen rond een centraal gelegen kanaal.

Conductor 13, 162, 210, 226
Informatiegeleider tussen receptor en effector, nl. zenuwstelsel en hormoonstelsel.

Contractiegolf 136
Het na elkaar samentrekken van de kringspieren, gevolgd door lengtespiercontractie, in opeenvolgende segmenten van de regenworm.

Convergeren 24
Het samenkomen van lichtstralen na lichtbreking door een bolle lens.

Coördinatie 226
Het met elkaar in samenwerking brengen.

Cuticula 132
Laag gevormd door de opperhuid; heeft een beschermende en verstevigende functie.

Cytoplasmastroming 140
Trage stroming van het cytoplasma, waardoor de celvorm verandert en schijnvoetjes gevormd worden.

D

Dakmembraan 54
Membraan in het orgaan van Corti dat rust op de haartjes van de haarcellen.

Darmbeenlendenspier 123
Skeletspier die bij samentrekking het been buigt in het heupgewricht; buiger.

Decibelschaal 44
Schaal voor geluidssterkte met aanduiding van gevarengrens en pijngrens voor het oor; per tien dB die erbij komt, wordt de geluidssterkte tienmaal groter.

Dendriet 164
Uitloper van een neuron die impulsen naar het cellichaam vervoert.

Diabetes 218
Suikerziekte; ontregeling van het glucosegehalte in het bloed.

Dieptezicht 34
Vermogen om afstanden tussen voorwerpen in te schatten; gevolg van de overlapping van de gezichtsvelden van beide ogen.

Dijbiceps 123
Skeletspier aan de achterkant van het bovenbeen die bij samentrekking het been buigt in het kniegewricht; buiger.

Doelwitcellen 211
Cellen voorzien van specifieke membraanreceptoren waarop welbepaalde hormonen aangrijpen.

Dorsale hoorn 183
Aan de rugzijde gelegen uitloper van de grijze stof in het ruggenmerg.

Dorsale wortel 185
Aan de rugzijde gelegen tak van de ruggenmergzenuw die aansluit op de dorsale hoorn van het ruggenmerg; bevat zenuwvezels van afferente neuronen.

Draaigewricht 119
Gewricht dat het ene been laat draaien rond een as die door een uitsteeksel van het andere been gevormd wordt.

Drug 174
Stof die inwerkt op de neurotransmissie en daardoor onze waarnemingen, gevoelens, gedrag en bewustzijn beïnvloedt.

Druklichaampje 100
Gevoelsreceptor in de lederhuid bestaande uit een vrij zenuwuiteinde dat tussen steuncellen ligt; gevoelig voor harde aanraking.

Dwarsgestreepte spier 126
Spier waarop dwarse strepen zijn waar te nemen, toe te schrijven aan de geordende ligging van de actine- en myosinefilamenten in de spiervezels; bv. skeletspier en hartspier.

E

Echolocatie 46
Het vermogen van dieren om voorwerpen te lokaliseren door geluid uit te zenden en het echogeluid op te vangen.

EEG 188
Elektro-encefalogram.

Effector 12, 108, 226
Structuur om te reageren op een prikkel, nl. spieren en klieren.

Efferent neuron 166
Motorisch neuron.

Eilandjes van Langerhans 153, 213
Groepjes endocriene kliercellen in de alvleesklier die de hormonen insuline en glucagon afscheiden.

Eindknopje 164
Uiterste puntje van elke vertakking van een axon dat aansluit bij een volgende cel.

Elektro-encefalogram 188
EEG; grafische weergave van de elektrische activiteit in de hersenen die wordt gemeten door het plaatsen van elektroden op het hoofd.

Endocrien stelsel 210
Hormonaal stelsel.

Endocriene klier 150, 152
Hormoonklier; klier waarvan het klierproduct wordt afgescheiden in het bloed; bv. schildklier.

Endolymfe 52
Vloeistof in het vliezig labyrint.

Ethyleen 156
Hormoon bij bloemplanten dat onder meer de rijping van fruit bevordert.

Evenwichtsreceptoren 62, 64
Receptoren gevoelig voor zwaartekracht, voor veranderingen van lichaamshouding en van beweging.

Evenwichtszenuw 64
Zenuw die impulsen afvoert van de haarcellen in statoliet- en ampullaorganen naar de hersenen.

Exocriene klier 148, 149
Klier die het klierproduct via een afvoerbuis of rechtstreeks afgeeft aan het uitwendig milieu; bv. talgklier, zweetklier en maagwandklier.

Exoskelet 132
Verstevigde lichaamswand van insecten door de aanwezigheid van chitine in de cuticula.

F

Fagocytose 140
Vorm van voedselopname door een cel waarbij een voedseldeeltje door schijnvoetjes wordt ingesloten in een voedselvacuole.

Filament 125
Draadvormige structuur in een spierfibril; bestaat uit de eiwitten actine of myosine.

Fixatiepunt 18
Punt waarop beide ogen gericht worden door samenwerking van de oogspieren.

Flagel 139
Zweephaar.

Follikelstimulerend hormoon 212
FSH; stimuleert bij de vrouw de follikelgroei en de eicelrijping en zet de eierstok aan tot secretie van oestrogeen; stimuleert bij de man de vorming van zaadcellen in de teelballen.

Fonoreceptor 42
Geluidsreceptor.

Fotonastie 142
Beweging van een plantendeel als reactie op licht.

Fotopigment 32
Lichtgevoelige kleurstof in een fotoreceptor.

Fotoreceptor 19, 139
Lichtreceptor; receptor gevoelig voor lichtprikkels; bv. kegeltje en staafje.

Fototropie 141
Krommingsbeweging van een plantendeel, veroorzaakt en gericht door licht.

Frequentie 43
Toonhoogte; het aantal trillingen per seconde; wordt uitgedrukt in Hertz (Hz).

Fysische prikkel 11
Prikkel die te maken heeft met kracht en energie, bv. druk, warmte.

G

Ganglion 185
Zenuwknoop; opeenhoping van cellichamen van neuronen.

Ganglioncellen 31, 32
Doorzichtige zenuwcellen in het netvlies waarvan de zenuwvezels zich bundelen tot de oogzenuw.

Gehoorbeentjes 50
Drie onderling verbonden beentjes nl. hamer, aambeeld en stijgbeugel, gelegen in de trommelholte.

Gehoorgang 48
Verbinding tussen de oorschelp en het trommelvlies; bezet met haartjes en smeerklieren; gevuld met lucht.

Gehoorspectrum 45
Waaier van frequenties die door de geluidsreceptoren kunnen waargenomen worden; voor de mens tussen 16 Hz en 20 000 Hz.

Gehoorverlies 55
Niet goed horen als gevolg van beschadiging van haarcellen in het slakkenhuis of van schade aan de gehoorzenuw.

Gehoorzenuw 55
Zenuw die impulsen afvoert van de haarcellen in het slakkenhuis naar het gehoorcentrum in de slaaplob.

Gele vlek 19, 25, 30
Centrale plaats op het netvlies voor scherpe beeldvorming; bevat alleen kegeltjes.

Geluid 42
Trillingen die luchtdrukschommelingen veroorzaken in de vorm van golven.

Geluidsbron 42
Voorwerp dat door te trillen geluid voortbrengt.

Geluidsintensiteit 44
Geluidssterkte.

Geluidsreceptor 42, 54
Fonoreceptor; receptor gevoelig voor geluidsprikkels.

Geluidssterkte 44
Geluidsintensiteit, volume; hoeveelheid trillingsenergie; komt overeen met de uitwijking (amplitude) van een trilling; wordt uitgedrukt in decibel (dB).

Gemengde klier 153
Klier die zowel exocrien als endocrien klierweefsel bevat; bv. alvleesklier.

Gemengde zenuw 167
Zenuw die zowel zenuwvezels van afferente als efferente neuronen bevat.

Geotropie 141
Krommingsbeweging van een plantendeel, veroorzaakt en gericht door zwaartekracht.

Gevoelsreceptor 94, 97, 100, 102
Receptor gevoelig voor gevoelsprikkels nl. tastlichaampje, druklichaampje, thermoreceptor, pijnreceptor en haarzakzenuwvezels; vooral in de huid maar ook binnenin het lichaam gelegen.

Gewricht 69, 118, 119
Verbinding tussen beenderen die ten opzichte van elkaar kunnen bewegen.

Gewrichtsreceptoren 69
Proprioreceptoren in de gewrichtsbanden die de stand en de standsveranderingen van de beenderen in een gewricht registreren.

Gezichtsbedrog 35
Optische illusie; waarneming die niet overeenkomt met wat werkelijk gegeven is.

Gladde spier 127
Spier die bestaat uit glad spierweefsel; bv. in de wand van buisvormige en holle organen.

Glad spierweefsel 127
Groep spoelvormige, korte spiercellen met één celkern en cytoplasma met spierfibrillen, opgebouwd uit actine- en myosinefilamenten die niet geordend liggen.

Glasachtig lichaam 20
Doorzichtige, geleiachtige massa die de oogbol opvult en van binnenuit steunt; houdt het netvlies op zijn plaats door het tegen het vaatvlies te drukken.

Glaucoom 33
Schade aan de oogzenuw door een te hoge oogdruk die een gevolg is van een verstoring van de vochthuishouding in de oogkamers.

Gliacellen 168
Belangrijkste groep steuncellen in het centraal zenuwstelsel; werken in dienst van de neuronen.

Glucagon 153, 213, 217
Hormoon gevormd in de α-cellen van de eilandjes van Langerhans in de alvleesklier; verhoogt de bloedsuikerspiegel.

Glycogeen 129
Reservesuiker in lever- en spiercellen.

Golflengte 16
Afstand tussen twee opeenvolgende toppen van een golf; uitgedrukt in nanometer (nm).

Grensstreng 184, 185
Streng van onderling verbonden zenuwknopen aan weerszijden van de wervelkolom; staat in verbinding met de ruggenmergzenuwen.

Grijze stof 167, 183
Grijs gedeelte van het centraal zenuwstelsel, nl. hersenschors en centraal deel van het ruggenmerg; bestaat uit cellichamen en niet-gemyeliniseerde uitlopers van neuronen.

Groef van Rolando 179
Groef tussen de voorhoofdslob en de wandlob.

Groef van Sylvius 179
Groef die de voorhoofdslob en de wandlob scheidt van de slaaplob.

Groeihormoon 212
Hypofysehormoon dat de celstofwisseling van alle weefsels stimuleert, en de lichaamsgroei bevordert door celdeling en celgroei te activeren.

Grote bilspier 123
Skeletspier die bij samentrekking het been strekt in het heupgewricht; strekker.

Grote hersenen 179
Grootste deel van de hersenen met windingen en groeven aan het oppervlak en bestaande uit twee hemisferen.

H

Haarcellen 54, 64, 66
Geluidsreceptoren voorzien van haartjes; gelegen in het basaalmembraan in het orgaan van Corti.
Evenwichtsreceptoren voorzien van haartjes; gelegen in het statolietorgaan en het ampullaorgaan.

Haarspiertje 99
Spiertje aan een haar dat bij samentrekking het haar recht doet komen.

Haarwortel 99
Cellen onderaan in een haarzakje die door voortdurend te delen een haar doen groeien.

Haarzakje 99
Instulping van de opperhuid in de lederhuid waarin een haar groeit vanaf de haarwortel.

Haarzakzenuwvezels 100
Vrije zenuwuiteinden rond een haarzakje; gevoelsreceptoren gevoelig voor de aanraking van een haar.

Halfcirkelvormige kanalen 52
Kanalen in het inwendig oor, gelegen in drie vlakken die loodrecht op elkaar staan; bevatten de ampullaorganen.

Hallucinatie 174
Zintuiglijke waarneming die niet met de werkelijkheid overeenkomt, maar door degene die hallucineert als werkelijk wordt ervaren.

Hallucinogene drug 174
Drug die hallucinaties doet ontstaan; bv. lsd, marihuana, hasj en xtc.

Hamer 50
Gehoorbeentje gelegen tussen het trommelvlies en het aambeeld en ermee verbonden.

Harde oogvlies 19
Buitenste oogrok, wit van kleur en erg dik.

Hars 157
Taai, kleverig product afgescheiden door kliercellen rond harskanalen.

Heffer 134
Verticale vliegspier die de rugplaat met de buikplaat verbindt en door samentrekking de vleugel van een insect doet opslaan.

Hemisfeer 179
Hersenhelft.

Hersenbalk 179, 192
Verbinding tussen de linker- en rechterhemisfeer.

Hersencentrum 188
Hersenschorsgebied dat bestaat uit een groep cellichamen van neuronen die de informatie van bepaalde groepen receptoren verwerken of de activiteiten van bepaalde effectoren regelen.

Hersenholte 181
Ventrikel.

Hersenmerg 181
Witte stof die binnen de hersenschors ligt.

Hersenschors 181
Buitenste laag van grijze stof zowel in de grote als in de kleine hersenen.

Hersenstam 180
Onderste deel van de hersenen, bestaande uit middenhersenen, brug van Varol en verlengde merg; is verbonden met het ruggenmerg.

Hersenvocht 180, 181
Vocht in de hersenen dat afgescheiden wordt door het vaatrijk weefsel van de ventrikels.

Hersenzenuwen 184
12 paar zenuwen die ontspringen uit de hersenstam.

Homeostase 217, 221
Het kunnen handhaven van een stabiel inwendig milieu.

Honingklieren 154
Nectariën; klieren bij bloemplanten die nectar afscheiden om insecten te lokken.

Hoornlaag 98
Bovenste laag van de opperhuid bestaande uit dode cellen die afslijten en loskomen.

Hoornvlies 19
Doorzichtig deel van het harde oogvlies, vooraan het oog gelegen.

Hormoon 150, 210, 211, 212
Stof gevormd door een endocriene klier en via het bloed vervoerd naar organen of doelwitcellen waarop het een specifieke uitwerking heeft.

Huidspierzak 135
Geheel van opperhuid, kringspieren en lengtespieren in de lichaamswand van de regenworm.

Hydroskelet 135
Lichaamsvloeistof in segmenten of ringen van de regenworm, waardoor de lichaamswand onder spanning staat en het lichaam een zekere stevigheid heeft.

Hypofyse 179, 212, 227
Hersenaanhangsel; hormonale klier die de activiteit van andere hormonale klieren regelt en zelf onder controle van de hypothalamus staat.

Hypoglycemie 218
Plotse daling van de bloedsuikerspiegel beneden de drempelwaarde.

Hypothalamus 179, 227
Deel van de tussenhersenen dat de afscheiding van hormonen door de hypofyse beïnvloedt, en waar ook het dorst-, honger- en temperatuurcentrum voorkomen.

I

Impulsgeleiding 170, 171
Geleiding van een impuls, een elektrisch signaal langs het celmembraan van een neuron.

Inertie 62
Traagheid.

Infrageluid 45
Geluid met zeer lage frequentie, lager dan de onderste gehoorgrens van de mens.

Insuline 153, 213, 216, 218
Hormoon gevormd in de β-cellen van de eilandjes van Langerhans in de alvleesklier; verlaagt de bloedsuikerspiegel.

Intercellulaire matrix 114
Tussencelstof.

Inwendig milieu 150
Milieu in het lichaam waartoe het bloed behoort.

Inwendig oor 47, 52
Prikkelverwerkend gedeelte van het oor, bestaande uit de drie halfcirkelvormige kanalen, de voorhof en het slakkenhuis.

Inwendige prikkel 11
Waarneembare verandering in het lichaam van een organisme die een reactie uitlokt.

Ion 170
Elektrisch geladen deeltje.

Iris 19
Regenboogvlies; deel van het vaatvlies, vooraan in de oogbol; is rijk aan pigment.

Iriskringspieren 22
Kringspieren in de iris die bij samentrekking de pupil vernauwen.

Irisstraalspieren 22
Straalsgewijs lopende spieren in de iris die bij samentrekking de pupil verwijden.

K

Kegeltje 30, 32
Fotoreceptor in het netvlies; heeft een hoge prikkeldrempel en laat kleurwaarneming toe.

Kiemlaag 98
Onderste laag van de opperhuid met cellen die voortdurend delen om de opperhuid te vernieuwen.

Kleine hersenen 180
Achteraan en onder de grote hersenen gelegen deel van de hersenen; de twee hemisferen vertonen fijne evenwijdige groeven.

Kleurenslechtziendheid 33
Kleurenblindheid; stoornis in de werking van de kegeltjes, waardoor sommige kleuren niet worden waargenomen.

Middenoor 47, 50
Prikkelgeleidend deel van het oor bestaande uit de trommelholte en de gehoorbeentjes.

Middenoorontsteking 51
Otitis media; vochtophoping in het middenoor en ontsteking veroorzaakt door bacteriën en virussen.

Middenstof 42
Medium; materie met eigen dichtheid, bv. lucht, water of vaste stof.

Motorisch neuron 166
Efferent neuron; geleidt impulsen van het centraal zenuwstelsel naar een effector.

Motorisch spraakcentrum 189
Centrum van Broca; centrum in de hersenschors van de voorhoofdslob van de linkerhemisfeer; coördineert de werking van de spieren die betrokken zijn bij de spraak.

Motorische eenheid 177
Alle spiervezels die impulsen krijgen van hetzelfde motorisch neuron.

Motorische eindplaat 177
Synaps tussen het axon van een motorisch neuron en een spiervezel.

Motorische zenuw 167
Zenuw die uitsluitend uit zenuwvezels van efferente neuronen bestaat.

Multiple sclerose 172
Aandoening waarbij hersen- en ruggenmergzenuwen myeline verliezen, met verstoring van de impulsgeleiding tot gevolg.

Myeline 167, 168
Witte, vetachtige stof rond een axon, geproduceerd door Schwann-cellen en bepaalde gliacellen; verbetert de impulsgeleiding en isoleert zenuwvezels.

Myelineschede 165, 168
Vetachtig laagje rond zenuwvezels.

Myoglobine 130, 131
Rood pigment in het cytoplasma van spiervezels, dat net zoals hemoglobine, zuurstofgas kan binden en opnieuw loslaten.

Myosine 125, 128
Eiwit dat voorkomt in myosinefilamenten.

N

Nabeeld 37
Beeld dat je nog ziet omdat het vorige beeld blijft nawerken.

Nabijheidspunt 27
Minimumafstand tussen het oog en een voorwerp, waarbij de ooglens maximaal gekromd is en het voorwerp nog scherp kan gezien worden.

Nachtblindheid 33
Stoornis in de werking van de staafjes, waardoor je slecht of helemaal niet ziet als er weinig licht is.

Nastie 142
Beweging van een plantendeel, veroorzaakt maar niet gericht door een uitwendige prikkel.

Nectariën 154
Honingklieren.

Negatieve terugkoppeling 214, 215, 216, 217, 220, 228, 232
Systeem waarbij de toename van bepaalde stoffen de eigen productie ervan gaat afremmen, en waarbij de afname van die stoffen de productie ervan gaat stimuleren.

Negatieve tropie 141
Krommingsbeweging van een plantendeel van de uitwendige prikkel weg.

Netvlies 19
Binnenste oogrok die de fotoreceptoren bevat.

Netvliesloslating 21
Oogaandoening waarbij het glasachtig lichaam krimpt en het netvlies loskomt van het vaatvlies.

Neurohormoon 227, 228
Hormoon, door een secretorisch neuron geproduceerd.

Neuron 164
Zenuwcel.

Neurosecretie 231
Afscheiding van neurohormonen door een secretorisch neuron.

Neurotransmissie 173
Overdracht van een impuls van cel naar cel ter hoogte van een synaps door middel van neurotransmitter.

Neurotransmitter 173, 177
Chemische stof die voor impulsoverdracht zorgt in de synaptische spleet door binding aan een specifieke membraanreceptor van de aansluitende cel.

Neusbijholten 81
Sinussen; holle ruimten in schedelbeenderen die in verbinding staan met de neusholte.

Neusholte 78
Holte in de neus, bovenaan begrensd door het zeefbeen, onderaan door het gehemelte en achteraan door de keelholte.

Neusschelp 79
Uitstekende botrand op de zijwand van de neusholte.

Neusslijmvlies 78
Slijmvlies dat de binnenkant van de neusholte bedekt.

Neustussenschot 78
Scheidingswand tussen de linker- en de rechterneusholte; bestaat deels uit kraakbeen en deels uit been.

Neusverkoudheid 79
Ontsteking van het neusslijmvlies veroorzaakt door een verkoudheidsvirus.

Nyctinastie 142
Beweging van een plantendeel als reactie op het dag- en nachtritme.

O

Oestrogeen 213
Vrouwelijk geslachtshormoon geproduceerd in de eierstokken; stimuleert de ontwikkeling van de vrouwelijke geslachtsorganen, de secundaire geslachtskenmerken en beïnvloedt het gedrag; bevordert de aangroei van het baarmoederslijmvlies tijdens de menstruatiecyclus.

Omwalde papil 88, 89
Smaakpapil achteraan op de tong; cilindervormige papil omgeven door een geul en een wal.

Onderhuids bindweefsel 97
Elastisch bindweefsel onder de lederhuid om de huid beweeglijk te verbinden met spieren en pezen.

Oogkas 17
Trechtervormige holte, gevormd door meerdere beenstukken van de aangezichtsschedel.

Ooglens 20
Doorzichtige bolle lens achter de pupil gelegen; is elastisch en kan vervormen.

Ooglid 17
Dunne huidplooi boven en onder het oog.

Ooglidopheffer 17
Spier die bij samentrekking het bovenste ooglid omhoogtrekt.

Oogrok 19
Oogvlies; één van de drie lagen van de oogbolwand.

Oogspieren 18
Rechte oogspieren om de oogbol naar links en rechts en boven en onder te bewegen; schuine oogspieren om de draaiing van de oogbol te beperken, zodat scheel kijken wordt belet.

Oogvlies 19
Oogrok.

Oogzenuw 19
Zenuw die impulsen afvoert van het netvlies naar het gezichtscentrum in de achterhoofdslob.

Oorschelp 48
Trechter om geluiden op te vangen en te versterken.

Oorstop 49
Ophoping van oorsmeer in de gehoorgang met minder goed horen tot gevolg.

Oorsuizen 57
Tinnitus; verschijnsel waarbij men geluiden hoort die niet van buitenaf komen; oorzaak dikwijls niet bekend.

Opperhuid 97, 98
Bovenste huidlaag bestaande uit hoornlaag en kiemlaag.

Optische illusie 35
Gezichtsbedrog.

Orgaan van Corti 54
Orgaan opgebouwd uit basaalmembraan, haarcellen en dakmembraan; gelegen in de middengang van het slakkenhuis.

Osteoporose 115
Botmassaverlies.

Otoscoop 49
Instrument om het uitwendig oor te onderzoeken.

Ouderdomsverziendheid 29
Accommodatieafwijking te wijten aan vermindering van de elasticiteit van de ooglens of verslapping van de accommodatiespier door veroudering.

Ovaal blaasje 63
Deel van het vliezig labyrint, gelegen in de voorhof; bevat een statolietorgaan.

Ovaal venster 50
Vlies tussen de stijgbeugel en het inwendig oor.

Oxytocine 228
Neurohormoon, afgescheiden door secretorische neuronen van de hypothalamus die eindigen in de hypofyseachterkwab; doet de gladde spiercellen rond de melkgangen samentrekken.

P

Papil 98
Uitsteeksel van de lederhuid om de opperhuid stevig te verankeren.

Parasympathisch zenuwstelsel 201
Deel van het autonoom zenuwstelsel dat het lichaam na inspanning tot de normale rusttoestand brengt; stimuleert o.a. de spijsvertering.

Parathyroïd hormoon 220
PTH; Bijschildklierhormoon; doet de calciumspiegel stijgen.

Pees 69, 121
Uiteinde van een skeletspier voor vasthechting aan een been.

Peesontsteking 121
Tendinitis; reactie van het lichaam op beschadiging van peesweefsel.

Peesorganen 69
Proprioreceptoren in de pezen die informatie geven over de spierspanning.

Perifeer zenuwstelsel 163
Netwerk van zenuwen dat de hersenen en het ruggenmerg verbindt met de rest van het lichaam; omvat hersen- en ruggenmergzenuwen en twee grensstrengen.

Perilymfe 52
Vloeistof in het benig labyrint.

Peristaltiek 109
Golfbeweging van de wand van een hol of buisvormig orgaan als gevolg van de afwisselende werking van lengte- en kringspieren.

Pigmentlaag 30, 31
Buitenste, lichtabsorberende laag van het netvlies; bestaat uit cellen met donkere pigmentkorrels.

Pijnreceptor 94, 101
Gevoelsreceptor gevoelig voor weefselbeschadiging; vrij zenuwuiteinde in de opperhuid.

Pijpbeenderen 112
Lange beenderen.

Platte beenderen 112, 113
Dunne, afgeplatte en dikwijls ietwat gebogen beenderen; bv. schouderblad.

Positieve tropie 141
Krommingsbeweging van een plantendeel naar de uitwendige prikkel toe.

Prikkel 10, 226
Waarneembare verandering die bij een organisme een reactie uitlokt.

Prikkeldrempel 11
Minimumsterkte waarbij een prikkel nog waarneembaar is.

Primaire motorische centra 189
Hersenschorsgebieden in de voorhoofdslob die de skeletspieren activeren; net voor de groef van Rolando gelegen.

Primaire sensorische centra 190
Hersenschorsgebieden die de zintuiglijke gewaarwordingen verwerken, zoals een centrum voor huidgevoeligheid en een gezichts-, gehoor-, reuk- en smaakcentrum.

Proprioreceptoren 69
Receptoren (vrije zenuwuiteinden) in pezen, spieren en gewrichten, gevoelig voor de houding van het lichaam.

Pseudopodiën 140
Schijnvoetjes.

Pupil 19
Rond gaatje in de iris waarvan de diameter kan gewijzigd worden naargelang de lichtsterkte.

Pupilreflex 22, 194
Reflex van de iriskringspieren en de irisstraalspieren op verschillen in lichtintensiteit.

Q

Quadriceps 123
Skeletspier aan de voorkant van het bovenbeen die bij samentrekking het been strekt in het kniegewricht; strekker.

R

Reactie 10, 226
Activiteit van een organisme uitgelokt door een prikkel.

Receptor 12, 226
Gespecialiseerde cel (soms een vrij zenuwuiteinde) die een specifieke prikkel kan registreren en die prikkel omvormt tot een impuls.

Reflex 194
Snelle, ongewilde reactie van spieren op een prikkel.

Reflexboog 194
Traject dat door een impuls bij een reflex wordt afgelegd van de plaats van de prikkel (receptor) tot de plaats van reactie (effector) en alleen via het ruggenmerg of de hersenstam loopt.

Regenboogvlies 19
Iris.

Resonantie 45
Meetrillen van een voorwerp onder invloed van de – via de middenstof – overgedragen trillingsenergie van een ander trillend voorwerp.

Reukcel 79, 80
Reukreceptor.

Reukreceptor 79
Reukcel gelegen in het reukslijmvlies en voorzien van reukhaartjes, gevoelig voor reukstoffen.

Reukslijmvlies 79, 80
Neusslijmvlies, gelegen op een deel van de bovenste neusschelp en bovenaan het neustussenschot; bestaat uit steuncellen, reukcellen en slijmklieren.

Reukstof 76
Stof in gasvormige toestand die waarneembaar is door een reukreceptor.

Reukzenuw 80
Zenuw die impulsen afvoert van de reukreceptoren naar het reukcentrum in de slaaplob.

Rodopsine 32
Fotopigment in een staafje; de molecule wordt door licht afgebroken waarbij chemische energie vrijkomt waarmee een zenuwimpuls wordt opgewekt.

Rolgewricht 119
Gewricht dat het ene been laat draaien in de lengteas om het andere been.

Rond blaasje 63
Deel van het vliezig labyrint, gelegen in de voorhof; bevat een statolietorgaan.

Rond venster 50
Vlies tussen de trommelholte en het inwendig oor.

Rotsbeen 47
Hard en dik onderdeel van het slaapbeen waarin het gehoorzintuig ligt.

Ruggenmergvocht 183
Vocht in het ruggenmergkanaal, dat één geheel vormt met het hersenvocht in de ventrikels.

Ruggenmergzenuwen 185
31 paar zenuwen die ontspringen aan weerszijden van het ruggenmerg.

Ruggenmergzenuwknoop 185
Spinaal ganglion.

Rustpotentiaal 170
Ladingsverschil tussen de intra- en extracellulaire kant van het celmembraan van een neuron in de rustfase.

S

Sarcolemma 124
Celmembraan van een spiervezel.

Sarcomeer 125
Segment van een spierfibril dat aan beide kanten begrensd is door een Z-plaat.

Sarcoplasma 124
Cytoplasma van een spiervezel.

Schakelneuron 166
Neuron dat uitsluitend informatie geleidt binnen het centraal zenuwstelsel; vormt een schakel tussen afferent en efferent neuron.

Scharniergewricht 119
Gewricht dat beweging in één vlak mogelijk maakt.

Scheelzien 19
Loensen; strabisme; oogafwijking, te wijten aan de oogspieren die de ogen niet kunnen coördineren op het fixatiepunt.

Schijnvoetjes 137, 140
Pseudopodiën; celuitstulpingen als gevolg van cytoplasmastroming, waardoor de celvorm verandert.

Schildklier 213
Klier gelegen vooraan in de hals; vormt het hormoon thyroxine.

Schildklierstimulerend hormoon 212
TSH; hypofysehormoon dat de schildklier stimuleert tot de productie en secretie van het schildklierhormoon thyroxine.

Schwann-cel 165, 168
Steuncel in het perifeer zenuwstelsel; vormt een myelineschede rond zenuwvezels.

Secretie 148
Afscheiding van stoffen als reactie op een prikkel.

Secretorisch neuron 227
Neuron dat neurohormonen produceert.

Secundaire motorische centra 189
Centra voor motorische vaardigheden in de hersenschors van de voorhoofdslob; net voor de primaire motorische centra gelegen; vormen het geheugen van motorische vaardigheden.

Secundaire sensorische centra 191
Herinneringsgebieden in de buurt van de primaire sensorische centra, waar beelden, geluiden, geuren en smaken of een bepaalde manier van aanraking worden opgeslagen, waardoor we deze gewaarwordingen kunnen herkennen.

Sensorisch neuron 166, 176
Afferent neuron.

Sensorisch spraakcentrum 191
Centrum van Wernicke; zone in de hersenschors van de wandlob van de linkerhemisfeer in de buurt van het primaire gehoorcentrum, waar de betekenis van woorden wordt opgeslagen.

Sensorische zenuw 167
Zenuw die alleen zenuwvezels van afferente neuronen bevat.

Sinus 81
Neusbijholte.

Sinusitis 81
Ontsteking van het slijmvlies van de sinussen door bacteriën of virussen.

Sinusknoop 109
Pacemaker; vlechtwerk van bijzondere hartspiercellen in de wand van de rechtervoorkamer; geeft de impuls voor de samentrekking van de voorkamers.

Skeletspier 111, 121, 124
Spier die met pezen vastzit aan de beenderen van het skelet.

Slakkenhuis 52, 53
Deel van het inwendig oor bestaande uit drie gangen nl. bovenste gang, middengang en onderste gang; bevat de geluidsreceptoren; gevuld met perilymfe en endolymfe.

Sluitspier 110
Kringspier om door samentrekking een doorgang tijdelijk af te sluiten.

Smaakcel 89
Smaakreceptor.

Smaakknop 89
Onderdeel van een smaakpapil, bestaande uit steuncellen en smaakcellen.

Smaakpapil 87
Uitsteeksel op het tongslijmvlies; naar vorm onderverdeeld in draadvormige, paddenstoelvormige, bladvormige en omwalde papil.

Smaakreceptor 87, 89
Smaakcel gelegen in een smaakknop en voorzien van smaakhaartjes, gevoelig voor smaakstoffen.

Smaakstof 86
Stof waarneembaar door een smaakreceptor op voorwaarde dat de stof opgelost is in water.

Smaakzenuw 89
Zenuw die impulsen afvoert van de smaakreceptoren naar het smaakcentrum in de hersenen.

Spierbuik 124
Dikker, rood middengedeelte van een skeletspier.

Spierbundel 124
Onderdeel van een spier; verzameling van spiervezels.

Spierfibril 124, 125, 128
Draadvormige structuur in het sarcoplasma van een spiervezel.

Spierschede 124
Stevig vlies van bindweefsel rond een skeletspier.

Spierspoelen 69
Proprioreceptoren in de spieren die de rekking van de spieren registreren.

Spiertonus 123
Voortdurende lichte contractietoestand van de skeletspieren, waardoor het lichaam zijn houding kan handhaven en het hoofd rechtop kan houden.

Spiervezel 124, 131
Spiercel; geheel van sarcolemma en sarcoplasma, met meerdere celkernen en spierfibrillen.

Spinaal ganglion 185
Verdikking van de dorsale wortel van het ruggenmerg waarin cellichamen van sensorische neuronen liggen; ook ruggenmergzenuwknoop genoemd.

Sponsachtig been 114
Beenweefsel aan de uiteinden en in het centrum van de schacht van lange beenderen; bestaat uit onregelmatig gevormde lamellen met grote holten ertussen, waarin zich rood beenmerg bevindt.

Spotten 68
Oogfixatie; na draaibewegingen de ogen richten op een vast punt om niet duizelig te worden.

Staafje 30, 32
Fotoreceptor in het netvlies; heeft een lage prikkeldrempel en laat geen kleurwaarneming toe.

Statolieten 64
Kalksteentjes gelegen op de gelatineuze massa van een statolietorgaan.

Statolietorgaan 63, 64
Evenwichtszintuig voor positiezin, gelegen in ovaal en rond blaasje; bestaat uit haarcellen met haartjes in een gelatineuze massa waarop statolieten rusten.

Stereofonisch horen 57
Horen met beide oren om richting en afstand van een geluid te bepalen.

Steuncellen 164, 168
Cellen die een essentiële rol spelen bij de werking en instandhouding van neuronen; bv. cellen van Schwann in het perifeer zenuwstelsel en gliacellen in het centraal zenuwstelsel.

Steunweefsel 114
Weefsel opgebouwd uit gespecialiseerde cellen ingebed in tussencelstof, die door de cellen zelf wordt gemaakt en aan hun buitenkant afgezet.

Stijgbeugel 50
Gehoorbeentje gelegen tussen het aambeeld en het ovaal venster en ermee verbonden.

Straallichaam 19
Deel van het vaatvlies, vooraan in de oogbol; bevat de accommodatiespier.

Strekker 122, 133
Skeletspier die door samentrekking een strekking in een gewricht veroorzaakt.

Suikerziekte 218
Diabetes.

Sympathisch zenuwstelsel 200
Deel van het autonoom zenuwstelsel dat in werking treedt wanneer je uiterlijk actief bent; stimuleert o.a. de hartactiviteit en de ademhaling en remt o.a. spijsvertering en urinevorming.

Synaps 173, 176
Plaats waar impulsoverdracht plaatsvindt tussen twee neuronen, tussen receptor en neuron of tussen neuron en effector.

Synaptisch blaasje 173
Blaasje in een receptor of een neuron dat neurotransmitter vrijgeeft in de synaptische spleet.

Synaptische spleet 173
Nauwe ruimte tussen de cellen die deel uitmaken van een synaps.

T

Talg 18, 99
Vettige stof afgescheiden door de talgklier; houdt de huid en de haren soepel en beschermt tegen het binnendringen van ziekteverwekkers.

Talgklier 18, 99
Klier in de lederhuid die uitmondt aan het huidoppervlak of in een haarzakje; exocriene klier voor talgsecretie.

Tapetum 31
Lichtweerkaatsende laag gelegen tussen de pigmentlaag en het vaatvlies; komt voor bij nachtdieren.

Tastlichaampje 100
Gevoelsreceptor op de grens van de opperhuid en de lederhuid en in de papillen van de lederhuid gelegen; bestaat uit een vrij zenuwuiteinde dat tussen steuncellen ligt; gevoelig voor lichte aanraking.

Tendinitis 121
Peesontsteking.

Testosteron 213
Mannelijk geslachtshormoon, geproduceerd in de teelballen; stimuleert de ontwikkeling van de mannelijke geslachtsorganen, de secundaire geslachtskenmerken en beïnvloedt het gedrag; bevordert de aanmaak van zaadcellen.

Thalamus 179
Deel van de tussenhersenen dat het schakelstation vormt tussen de meeste sensorische neuronen en de grote hersenen.

Thermonastie 142
Beweging van een plantendeel als reactie op temperatuursverandering.

Thermoreceptor 94, 101
Receptor gevoelig voor warmte- of koudeprikkels en voor temperatuursverandering.

Thigmonastie 142
Beweging van een plantendeel als reactie op aanraking.

Thigmotropie 141
Krommingsbeweging van een plantendeel, veroorzaakt en gericht door aanraking.

Thyroxine 213
TH; schildklierhormoon; regelt de stofwisselingsintensiteit en de celgroei.

Tinnitus 57
Oorsuizen.

Tongbeslag 90
Aanslag op het tongoppervlak bestaande uit slijm, afgestorven cellen van het tongslijmvlies en bacteriën.

Toonaudiogram 46
Audiogram; grafiek als resultaat van een gehoortest; gehoorverlies voor bepaalde frequenties kan eruit afgeleid worden.

Toonhoogte 43
Frequentie.

Traagheid 62
Inertie; neiging van een lichaam om zich te verzetten tegen een snelheidsverandering (een lichaam in rust wil uit zichzelf in rust blijven; een lichaam in beweging wil uit zichzelf in beweging blijven).

Traanbuisje 18
Buisje om traanvocht af te voeren van het traanzakje naar de neusholte.

Traankanaaltje 18
Kanaaltje om traanvocht af te voeren van de oogbol naar het traanzakje.

Traanklier 18
Klier, zijdelings gelegen op de bovenhoek van de oogbol; scheidt traanvocht af.

Traanvocht 18
Water en zout afgescheiden door de traanklier en door ooglidbewegingen uitgesmeerd op de oogbol.

Traanzakje 18
Zakje om traanvocht van de traankanaaltjes op te vangen.

Triceps 122
Skeletspier aan de achterkant van de bovenarm die bij samentrekking de arm strekt in het ellebooggewricht; strekker.

Trilharen 137
Ciliën; talrijke kleine beweeglijke haren ingeplant in het celmembraan van cellen.

Trommelholte 50
Smalle, hoge ruimte in het rotsbeen, gelegen tussen het trommelvlies en het inwendig oor; gevuld met lucht.

Trommelvlies 49
Zeer dun vlies op de grens van uitwendig oor en middenoor; trilt door resonantie mee met de opgevangen geluiden.

Trommelvliesbuisje 51
Buisje dat in het trommelvlies geplaatst wordt om een open verbinding tussen de trommelholte en de gehoorgang te maken.

Tropie 141
Krommingsbeweging van een plantendeel, veroorzaakt en gericht door een uitwendige prikkel.

Tussencelstof 114
Intercellulaire matrix; stof die meestal rijk is aan eiwitvezels en zich tussen de steunweefselcellen bevindt en die door die cellen zelf is gevormd.

Tussenhersenen 179
Deel van de hersenen dat zich bevindt tussen grote hersenen en hersenstam; bestaat uit thalamus, hypothalamus en hypofyse.

Tweelingkuitspier 123
Skeletspier aan de achterkant van het onderbeen, die bij samentrekking de voet strekt in het enkelgewricht; strekker.

U

Uitwendig milieu 148
Buitenwereld, maar ook inwendige holten die met de buitenwereld in contact staan.

Uitwendig oor 47, 48
Prikkelopvangend deel van het oor bestaande uit oorschelp, gehoorgang en trommelvlies.

Uitwendige prikkel 11
Waarneembare verandering in de omgeving die een reactie van het organisme uitlokt.

Ultrageluid 45
Geluid met zeer hoge frequentie, hoger dan de bovenste gehoorgrens van de mens.

Umami 86
Hartige smaak van vlees, vis, groenten en kaas, overeenkomend met de smaakstof glutamaat.

V

Vaatvlies 19
Middelste oogrok, rijk aan bloedvaten.

Ventrale hoorn 183
Aan de buikzijde gelegen uitloper van de grijze stof in het ruggenmerg.

Ventrale wortel 185
Aan de buikzijde gelegen tak van de ruggenmergzenuw die begint in de ventrale hoorn van het ruggenmerg; bevat zenuwvezels van efferente neuronen.

Ventrikel 181
Hersenholte; holte binnenin de hersenen, gevuld met hersenvocht.

Verziendheid 28
Accommodatieafwijking waarbij de oogbol korter is dan normaal of de ooglens te plat is; men ziet alleen verafgelegen voorwerpen scherp.

Vetweefsel 97
Cellen tussen het onderhuids bindweefsel waarin vet kan worden opgeslagen.

Vliezig labyrint 52
Geheel van vliezen met ongeveer dezelfde vorm als het benig labyrint, gevuld met endolymfe.

Voorhof 52
Ruimte in het inwendig oor tussen de halfcirkelvormige kanalen en het slakkenhuis; bevat de statolietorganen.

Voorste oogkamer 20
Ruimte tussen hoornvlies en iris, gevuld met waterig vocht.

Voorste scheenbeenspier 123
Skeletspier aan de voorkant van het onderbeen die bij samentrekking de voet buigt in het enkelgewricht; buiger.

Vrij zenuwuiteinde 101
Receptor; vrij liggend uiteinde van een zenuwvezel; dendriet van een sensorisch neuron.

W

Warmtereceptor 101
Vrij zenuwuiteinde diep in de lederhuid gelegen; gevoelig voor warmte.

Witte stof 167, 183
Wit gedeelte van hersenen en ruggenmerg dat bestaat uit gemyeliniseerde axonen.

Z

Zadelgewricht 119
Gewricht dat beenderen ten opzichte van elkaar in twee loodrecht op elkaar staande richtingen laat bewegen.

Zeefbeen 78
Schedelbeen doorzeefd met kleine gaatjes; vormt het dak van de neusholte.

Zenuw 167
Verzameling van zenuwbundels die bestaan uit zenuwvezels en omgeven zijn door een bindweefselschede.

Zenuwbaan 194
Traject dat door een zenuwimpuls wordt afgelegd.

Zenuwimpuls 171, 194
Elektrisch signaal veroorzaakt door een actiepotentiaal ter hoogte van het celmembraan van een neuron.

Zenuwknoop 185
Ganglion; verzameling van cellichamen van neuronen die buiten het centraal zenuwstelsel liggen.

Zenuwvezel 167
Lange uitloper van een neuron, dikwijls een axon.

Zichtbaar licht 16
Licht met golflengte tussen 400 en 700 nm, overeenkomend met bepaalde kleuren (roggbiv).

Zin 12
Vermogen om een zintuig te gebruiken.

Zinker 134
Lengtespier die door samentrekking de vleugel van een insect naar beneden slaat.

Zintuig 12
Lichaamsdeel/orgaan dat receptoren bevat.

Zintuigpunt 95
Gevoelig punt aan het huidoppervlak, overeenkomend met dieper gelegen gevoelsreceptoren.

Z-plaat 125
Zone van een spierfibril gelegen tussen twee sarcomeren.

Zwaartekracht 62
Aantrekkingskracht van de aarde op elk voorwerp in haar omgeving.

Zwaartekrachtreceptoren 62
Receptoren gevoelig voor zwaartekracht, voor veranderingen van lichaamshouding en van beweging.

Zweephaar 137, 139
Flagel; lang, beweeglijk haar ingeplant in het celmembraan van bepaalde cellen.

Zweetklier 98
Gekronkelde, buisvormige klier in de lederhuid die aan het huidoppervlak uitmondt in een huidporie; exocriene klier voor zweetsecretie.

Zwervende zenuw 184
Hersenzenuw X; ontspringt in de hersenstam en heeft vertakkingen naar organen van de romp; parasympathische zenuw.